电气工程师
自学一本通 微视频版

蔡杏山 / 主编

电子工业出版社
Publishing House of Electronics Industry
北京·BEIJING

内容简介

本书介绍了电气基础与安全用电、电工工具、电工仪表、低压电器、电子元器件、变压器与传感器、电动机及控制线路、家装电工技能、电工识图基础、照明与动力配电线路的识读、PLC 基础与入门实战、PLC 编程软件的使用、PLC 指令说明与应用实例、变频器的使用、变频器与 PLC 的应用电路、触摸屏与 PLC 的综合应用、步进电动机与步进驱动技术、伺服电动机与伺服驱动技术、单片机入门实战。

本书具有起点低、由浅入深、语言通俗易懂的特点，内容结构安排符合学习认知规律，适合作为电气工程师的自学图书，也适合作为职业学校和社会培训机构的电工教材。

未经许可，不得以任何方式复制或抄袭本书之部分或全部内容。
版权所有，侵权必究。

图书在版编目（CIP）数据

电气工程师自学一本通：微视频版/蔡杏山主编. —北京：电子工业出版社，2022.1
ISBN 978-7-121-37906-2

Ⅰ. ①电… Ⅱ. ①蔡… Ⅲ. ①电工技术－教材 Ⅳ.①TM

中国版本图书馆 CIP 数据核字（2021）第 270801 号

责任编辑：张　楠
印　　刷：河北鑫兆源印刷有限公司
装　　订：河北鑫兆源印刷有限公司
出版发行：电子工业出版社
　　　　　北京市海淀区万寿路 173 信箱　邮编：100036
开　　本：787×1 092　1/16　印张：24　字数：614.4 千字
版　　次：2022 年 1 月第 1 版
印　　次：2022 年 1 月第 1 次印刷
定　　价：99.00 元

凡所购买电子工业出版社图书有缺损问题，请向购买书店调换。若书店售缺，请与本社发行部联系，联系及邮购电话：（010）88254888，88258888。
质量投诉请发邮件至 zlts@phei.com.cn，盗版侵权举报请发邮件至 dbqq@phei.com.cn。
本书咨询联系方式：（010）88254579。

前 言

随着科学技术的发展，社会各领域的电气化程度越来越高，使得电气及相关行业需要越来越多的电工技术人才。对于一些对电工技术一无所知或略有一点基础的人来说，若想成为一名电气工程师或达到相同的技术程度，既可通过在培训机构培训实现，也可通过在职业学校系统学习实现，还可以自学成才。不管采用哪种方式，都需要选择一些合适的图书来学习，从而让读者轻松迈入电工技术大门，快速成为电工技术领域的行家里手。

《电气工程师自学一本通（微视频版）》是一本零基础起步、由浅入深、知识技能系统全面的电工技术图书，读者只要具有初中文化程度，通过系统阅读本书，就能很快达到电气工程师的技术水平。**本书主要具有以下特点：**

◆**基础起点低**。读者只要具有初中文化程度即可阅读本书。

◆**语言通俗易懂**。书中少用专业化术语，利用形象的比喻描述较难理解的内容，尽量避免复杂的理论分析和烦琐的公式推导。

◆**内容解说详细**。考虑到自学时一般无人指导，因此在编写过程中对书中的知识技能进行详细解说，让读者能轻松理解所学内容。

◆**采用图文并茂的表现方式**。书中大量采用读者喜欢的直观、形象的图表方式表现内容，使阅读变得非常轻松，不易产生阅读疲劳。

◆**内容安排符合认知规律**。本书按照循序渐进、由浅入深的原则来确定各章的先后顺序，读者只需从前往后阅读，便会水到渠成。

◆**配置大量的教学视频**。对于书中的一些难点和关键内容，由经验丰富的老师现场讲解并录制视频，读者可扫描书中的二维码观看教学视频。

◆**网络免费辅导**。读者可登录易天电学网（www.xxITee.com）索取相关的学习资源，也可在该网站了解新书信息。

本书在编写过程中得到了许多教师的支持，在此一并表示感谢。由于水平有限，书中的错误和疏漏在所难免，望广大读者和同仁予以批评指正。

编　者

目 录

第1章 电路基础与安全用电 ··· 1
 1.1 电路基础 ··· 1
  1.1.1 电路与电路图 ··· 1
  1.1.2 电流与电阻 ··· 1
  1.1.3 电位、电压和电动势 ··· 3
  1.1.4 电路的三种状态 ··· 4
  1.1.5 接地与屏蔽 ··· 5
 1.2 欧姆定律 ··· 6
  1.2.1 部分电路欧姆定律 ··· 6
  1.2.2 全电路欧姆定律 ··· 6
 1.3 电功、电功率和焦耳定律 ··· 7
  1.3.1 电功 ··· 7
  1.3.2 电功率 ··· 8
  1.3.3 焦耳定律 ··· 8
 1.4 电阻的串联、并联和混联 ··· 9
  1.4.1 电阻的串联 ··· 9
  1.4.2 电阻的并联 ··· 9
  1.4.3 电阻的混联 ··· 10
 1.5 直流电与交流电 ··· 10
  1.5.1 直流电 ··· 10
  1.5.2 单相交流电 ··· 11
  1.5.3 三相交流电 ··· 13
 1.6 安全用电与急救 ··· 15
  1.6.1 电流对人体的伤害 ··· 15
  1.6.2 人体触电的几种方式 ··· 16
  1.6.3 接地与接零 ··· 18
  1.6.4 触电的急救方法 ··· 19

第2章 电工工具 ··· 20
 2.1 常用测试工具 ··· 20

  2.1.1 氖管式测电笔······20
  2.1.2 数显式测电笔······21
  2.1.3 校验灯······22
 2.2 绝缘导线······23
  2.2.1 绝缘层的剥离······23
  2.2.2 绝缘导线间的连接······25
  2.2.3 绝缘导线与接线柱的连接······28
  2.2.4 绝缘层的恢复······29

第3章 电工仪表······30

 3.1 指针式万用表的使用······30
  3.1.1 面板介绍······30
  3.1.2 使用准备······31
  3.1.3 测量直流电压······33
  3.1.4 测量交流电压······33
  3.1.5 测量直流电流······34
  3.1.6 测量电阻······35
  3.1.7 万用表使用注意事项······36
 3.2 数字式万用表······37
  3.2.1 面板介绍······37
  3.2.2 测量直流电压······38
  3.2.3 测量交流电压······38
  3.2.4 测量直流电流······39
  3.2.5 测量电阻······39
  3.2.6 测量线路通/断······40
 3.3 电能表······41
  3.3.1 种类与外形······41
  3.3.2 单相电能表的接线······41
  3.3.3 三相电能表的接线······42
  3.3.4 机械式电能表与电子式电能表的区分······42
  3.3.5 电能表的型号与铭牌含义······43
  3.3.6 电能表的电流规格选用······44
 3.4 钳形表······45
  3.4.1 钳形表的结构与测量原理······45
  3.4.2 指针式钳形表的使用······45
  3.4.3 数字式钳形表的使用······47
 3.5 摇表（兆欧表）······49
  3.5.1 实物介绍······49
  3.5.2 工作原理······50

		3.5.3 使用方法	51
		3.5.4 使用注意事项	53

第4章 低压电器 ································ 54

4.1 开关 ································ 54
  4.1.1 照明开关 ································ 54
  4.1.2 按钮开关 ································ 54
  4.1.3 闸刀开关 ································ 56
  4.1.4 组合开关 ································ 56
  4.1.5 倒顺开关 ································ 57
  4.1.6 万能转换开关 ································ 57
  4.1.7 行程开关 ································ 58
  4.1.8 开关的检测 ································ 58

4.2 熔断器 ································ 59
  4.2.1 RC 插入式熔断器 ································ 60
  4.2.2 RL 螺旋式熔断器 ································ 60
  4.2.3 RM 无填料封闭式熔断器 ································ 60
  4.2.4 RS 有填料快速熔断器 ································ 61
  4.2.5 RT 有填料封闭管式熔断器 ································ 61
  4.2.6 熔断器的检测 ································ 62

4.3 断路器 ································ 62
  4.3.1 外形与符号 ································ 62
  4.3.2 结构与工作原理 ································ 62
  4.3.3 面板参数的识读 ································ 63
  4.3.4 断路器的检测 ································ 64

4.4 漏电保护器 ································ 64
  4.4.1 外形与符号 ································ 64
  4.4.2 结构与工作原理 ································ 65
  4.4.3 面板参数的识读 ································ 65
  4.4.4 漏电模拟测试 ································ 66
  4.4.5 漏电保护器的检测 ································ 67

4.5 交流接触器 ································ 68
  4.5.1 结构、符号与工作原理 ································ 68
  4.5.2 外形与接线端 ································ 68
  4.5.3 辅助触点组的安装 ································ 69
  4.5.4 面板参数和型号识读 ································ 69
  4.5.5 交流接触器的检测 ································ 70
  4.5.6 交流接触器的选用 ································ 71

4.6 热继电器 ································ 72

- 4.6.1 结构与工作原理 72
- 4.6.2 接线端子与操作部件 73
- 4.6.3 面板参数的识读 73
- 4.6.4 选用 74
- 4.6.5 热继电器的检测 75
- 4.7 中间继电器 76
  - 4.7.1 外形与符号 76
  - 4.7.2 参数与触点引脚图的识读 76
  - 4.7.3 选用 77
  - 4.7.4 中间继电器的检测 77
- 4.8 时间继电器 78
  - 4.8.1 时间继电器的外形与符号 78
  - 4.8.2 时间继电器的种类与特点 79
  - 4.8.3 时间继电器的选用 79
  - 4.8.4 时间继电器的检测 80

第5章 电子元器件 81

- 5.1 电阻器 81
  - 5.1.1 固定电阻器 81
  - 5.1.2 电位器 85
  - 5.1.3 敏感电阻器 87
- 5.2 电感器 89
  - 5.2.1 外形与符号 89
  - 5.2.2 主要参数与标注方法 90
  - 5.2.3 性能 91
  - 5.2.4 检测 93
- 5.3 电容器 93
  - 5.3.1 外形、结构与符号 93
  - 5.3.2 主要参数 93
  - 5.3.3 性能 94
  - 5.3.4 容量的标注方法 97
  - 5.3.5 检测 97
- 5.4 二极管 98
  - 5.4.1 PN结的形成 98
  - 5.4.2 二极管结构、符号和外形 98
  - 5.4.3 二极管的性能 99
  - 5.4.4 二极管的极性判别 99
  - 5.4.5 二极管的常见故障及检测 100
  - 5.4.6 二极管的常见应用：发光二极管 101

		5.4.7 二极管的常见应用：稳压二极管	102
5.5	三极管		102
	5.5.1	外形与符号	102
	5.5.2	结构	103
	5.5.3	电流和电压规律	104
	5.5.4	检测	105
5.6	其他常用元器件		108
	5.6.1	光电耦合器	108
	5.6.2	晶闸管	109
	5.6.3	场效应管	110
	5.6.4	IGBT	112
	5.6.5	集成电路	113

第6章 变压器与传感器 … 115

6.1	变压器		115
	6.1.1	变压器的基础知识	115
	6.1.2	三相变压器及接线方式	117
	6.1.3	电力变压器	120
	6.1.4	自耦变压器	121
	6.1.5	交流弧焊变压器	122
6.2	温度传感器		124
	6.2.1	金属热电阻温度传感器	124
	6.2.2	红外线温度传感器	125
6.3	接近开关与光电开关		127
	6.3.1	电感式接近开关	127
	6.3.2	电容式接近开关	128
	6.3.3	霍尔式接近开关	128
	6.3.4	对射型光电开关	129
	6.3.5	反射型光电开关	129
	6.3.6	U槽型光电开关	130
	6.3.7	接近开关的输出电路及接线	130
	6.3.8	接近开关的选用	132
6.4	位移（测距）传感器		132
	6.4.1	电位器式位移传感器	132
	6.4.2	电感式位移传感器	133
	6.4.3	磁致伸缩位移传感器	133
	6.4.4	超声波位移传感器	134
	6.4.5	位移传感器的接线	135
6.5	压力传感器		135

- 6.5.1 种类与工作原理 ······ 136
- 6.5.2 外形及型号含义 ······ 136
- 6.5.3 接线 ······ 137

第7章 电动机及控制线路 ······ 138

7.1 三相异步电动机 ······ 138
- 7.1.1 三相异步电动机的外形与结构 ······ 138
- 7.1.2 三相异步电动机的定子绕组接线方式 ······ 140
- 7.1.3 三相异步电动机的绕组检测 ······ 141
- 7.1.4 测量绕组的绝缘电阻 ······ 141

7.2 三相异步电动机的常用控制线路 ······ 142
- 7.2.1 简单的正转控制线路 ······ 142
- 7.2.2 点动正转控制线路 ······ 142
- 7.2.3 自锁正转控制线路 ······ 144
- 7.2.4 接触器联锁正、反转控制线路 ······ 145
- 7.2.5 限位控制线路 ······ 146
- 7.2.6 顺序控制线路 ······ 148
- 7.2.7 多地控制线路 ······ 149
- 7.2.8 星形-三角形降压启动控制线路 ······ 149

7.3 单相异步电动机及控制线路 ······ 151
- 7.3.1 单相异步电动机的结构与原理 ······ 151
- 7.3.2 判别启动绕组与主绕组 ······ 152
- 7.3.3 转向控制线路 ······ 152
- 7.3.4 调速控制线路 ······ 153

7.4 直流电动机 ······ 155
- 7.4.1 工作原理 ······ 155
- 7.4.2 外形与结构 ······ 156

7.5 无刷直流电动机 ······ 156
- 7.5.1 外形 ······ 157
- 7.5.2 结构与工作原理 ······ 157
- 7.5.3 驱动电路 ······ 158

7.6 直线电动机 ······ 161
- 7.6.1 外形 ······ 161
- 7.6.2 结构与工作原理 ······ 161
- 7.6.3 种类 ······ 161

第8章 家装电工技能 ······ 163

8.1 照明光源 ······ 163
- 8.1.1 白炽灯 ······ 163
- 8.1.2 荧光灯 ······ 164

目录

  8.1.3 卤钨灯 ·································· 165
  8.1.4 高压汞灯 ································ 165
 8.2 室内配电布线 ·································· 167
  8.2.1 了解整幢楼的配电系统 ···················· 167
  8.2.2 室内配电原则 ···························· 167
  8.2.3 配电布线 ································ 168
 8.3 开关、插座和配电箱的安装 ······················ 173
  8.3.1 开关的安装 ······························ 173
  8.3.2 插座的安装 ······························ 174
  8.3.3 配电箱的安装 ···························· 175

第9章 电工识图基础 ·································· 177

 9.1 电气图的分类 ·································· 177
  9.1.1 系统图 ·································· 177
  9.1.2 电路图 ·································· 178
  9.1.3 接线图 ·································· 178
  9.1.4 电气平面图 ······························ 178
  9.1.5 设备元件和材料表 ························ 179
 9.2 电气图的制图与识图规则 ························ 180
  9.2.1 图纸格式、幅面尺寸和图纸分区 ············ 180
  9.2.2 图线和字体等规定 ························ 182
  9.2.3 电气图的布局 ···························· 184
 9.3 电气图的表示方法 ······························ 185
  9.3.1 电气连接线的表示方法 ···················· 185
  9.3.2 电气元件的表示方法 ······················ 188
  9.3.3 电气线路的表示方法 ······················ 190
 9.4 电气符号的含义、构成和表示方法 ················ 191
  9.4.1 图形符号 ································ 191
  9.4.2 文字符号 ································ 193

第10章 照明与动力配电线路的识读 ···················· 194

 10.1 基础知识 ···································· 194
  10.1.1 照明灯具的标注 ·························· 194
  10.1.2 配电线路的标注 ·························· 195
  10.1.3 用电设备的标注 ·························· 196
  10.1.4 电力和照明设备的标注 ···················· 196
  10.1.5 开关与熔断器的标注 ······················ 197
  10.1.6 电缆的标注 ······························ 197
  10.1.7 常用电气设备符号的说明 ·················· 197
 10.2 住宅照明配电电气图的识读 ···················· 199

- 10.2.1 整幢楼总电气系统图的识读 ………………………………………… 199
- 10.2.2 楼层配电箱电气系统图的识读 ……………………………………… 200
- 10.2.3 户内配电箱电气系统图的识读 ……………………………………… 200
- 10.2.4 住宅照明与插座电气平面图的识读 ………………………………… 201
- 10.3 动力配电电气图的识读 …………………………………………………… 203
  - 10.3.1 动力配电系统的三种接线方式 ……………………………………… 203
  - 10.3.2 动力配电系统图的识图实例 ………………………………………… 204
  - 10.3.3 动力配电平面图的识图实例 ………………………………………… 205
  - 10.3.4 动力配电线路图和接线图的识图实例 ……………………………… 206

第 11 章 PLC 基础与入门实战 …………………………………………………… 210

- 11.1 认识 PLC …………………………………………………………………… 210
  - 11.1.1 两种类型的 PLC ……………………………………………………… 210
  - 11.1.2 PLC 控制与继电器控制比较 ………………………………………… 211
- 11.2 PLC 的组成与工作原理 …………………………………………………… 212
  - 11.2.1 PLC 的组成方框图 …………………………………………………… 212
  - 11.2.2 输入接口电路 ………………………………………………………… 212
  - 11.2.3 输出接口电路 ………………………………………………………… 213
  - 11.2.4 PLC 的工作方式 ……………………………………………………… 214
  - 11.2.5 实例：PLC 程序控制电气线路的工作过程 ………………………… 215
- 11.3 三菱 FX_{3U} 系列 PLC 介绍 ………………………………………………… 216
  - 11.3.1 面板组成部件 ………………………………………………………… 216
  - 11.3.2 规格概要 ……………………………………………………………… 217
- 11.4 PLC 入门实战 ……………………………………………………………… 218
  - 11.4.1 PLC 控制双灯先后点亮的硬件线路及说明 ………………………… 218
  - 11.4.2 DC 24V 电源适配器与 PLC 的电源接线 …………………………… 219
  - 11.4.3 编程电缆（下载线）及驱动程序的安装 …………………………… 221
  - 11.4.4 编写程序并下载到 PLC …………………………………………… 223
  - 11.4.5 实物接线 ……………………………………………………………… 225
  - 11.4.6 实际通电操作测试 …………………………………………………… 226

第 12 章 PLC 编程软件的使用 …………………………………………………… 228

- 12.1 编程软件的安装 …………………………………………………………… 228
  - 12.1.1 安装软件环境 ………………………………………………………… 228
  - 12.1.2 安装 GX Developer 编程软件 ……………………………………… 228
  - 12.1.3 软件启动、软件窗口及梯形图工具 ………………………………… 230
- 12.2 编程软件的使用 …………………………………………………………… 233
  - 12.2.1 创建新工程 …………………………………………………………… 233
  - 12.2.2 编写梯形图程序 ……………………………………………………… 233
  - 12.2.3 梯形图的编辑 ………………………………………………………… 237

第13章 PLC 指令说明与应用实例 ... 240

13.1 PLC 指令说明 ... 240
13.1.1 逻辑取及驱动指令 ... 240
13.1.2 触点串联指令 ... 240
13.1.3 触点并联指令 ... 241
13.1.4 串联电路块的并联指令 ... 242
13.1.5 并联电路块的串联指令 ... 242
13.1.6 边沿检测指令 ... 243
13.1.7 多重输出指令 ... 244
13.1.8 主控和主控复位指令 ... 247
13.1.9 取反指令 ... 248
13.1.10 置位与复位指令 ... 248
13.1.11 结果边沿检测指令 ... 248
13.1.12 脉冲微分输出指令 ... 249
13.1.13 空操作指令 ... 250
13.1.14 程序结束指令 ... 251

13.2 PLC 基本控制线路与梯形图 ... 251
13.2.1 启动、自锁和停止控制的 PLC 线路与梯形图 ... 251
13.2.2 正、反转联锁控制的 PLC 线路与梯形图 ... 252
13.2.3 多地控制的 PLC 线路与梯形图 ... 253
13.2.4 定时控制的 PLC 线路与梯形图 ... 255
13.2.5 定时器与计数器组合延长定时控制的 PLC 线路与梯形图 ... 257
13.2.6 多重输出控制的 PLC 线路与梯形图 ... 258
13.2.7 过载报警控制的 PLC 线路与梯形图 ... 259
13.2.8 闪烁控制的 PLC 线路与梯形图 ... 261

13.3 PLC 控制喷泉的开发实例 ... 262
13.3.1 控制要求 ... 262
13.3.2 PLC 用到的 I/O 端子与连接的输入/输出设备 ... 262
13.3.3 PLC 控制线路 ... 263
13.3.4 PLC 控制程序及详解 ... 263

13.4 PLC 控制交通信号灯的开发实例 ... 264
13.4.1 控制要求 ... 264
13.4.2 PLC 用到的 I/O 端子与连接的输入/输出设备 ... 265
13.4.3 PLC 控制线路 ... 265
13.4.4 PLC 控制程序及详解 ... 266

第14章 变频器的使用 ... 268

14.1 变频器的基本结构原理 ... 268

- 14.1.1 异步电动机的两种调速方式 ... 268
- 14.1.2 变频器的基本结构及原理 ... 269
- 14.2 变频器的操作面板组件（三菱 FR-A740 型） ... 270
  - 14.2.1 变频器的外形 ... 270
  - 14.2.2 变频器的操作面板拆卸与安装 ... 271
- 14.3 变频器的端子功能与接线 ... 272
  - 14.3.1 总接线图 ... 272
  - 14.3.2 主回路端子接线及说明 ... 274
- 14.4 变频器的操作面板使用 ... 275
  - 14.4.1 变频器的操作面板说明 ... 275
  - 14.4.2 切换运行模式 ... 276
  - 14.4.3 查看输出频率、输出电流和输出电压 ... 277
  - 14.4.4 设置输出频率 ... 277
  - 14.4.5 设置参数 ... 278
  - 14.4.6 清除参数 ... 278
  - 14.4.7 复制参数 ... 279
  - 14.4.8 锁定操作面板 ... 279
- 14.5 变频器的运行操作 ... 280
  - 14.5.1 面板操作 ... 280
  - 14.5.2 外部操作 ... 281
  - 14.5.3 组合操作 ... 283

第15章 变频器与PLC的应用电路 ... 286

- 15.1 变频器控制电动机正转的电路与参数设置 ... 286
  - 15.1.1 开关控制式正转控制电路 ... 286
  - 15.1.2 继电器控制式正转控制电路 ... 287
- 15.2 变频器控制电动机正、反转的电路与参数设置 ... 287
  - 15.2.1 开关控制式正、反转控制电路 ... 287
  - 15.2.2 继电器控制式正、反转控制电路 ... 288
- 15.3 工频/变频切换电路与参数设置 ... 289
  - 15.3.1 变频器跳闸保护电路 ... 289
  - 15.3.2 工频与变频的切换电路 ... 290
- 15.4 变频器控制电动机多挡转速的电路与参数设置 ... 291
  - 15.4.1 多挡转速控制说明 ... 292
  - 15.4.2 多挡转速控制参数 ... 292
  - 15.4.3 多挡转速控制电路 ... 293
- 15.5 PLC控制变频器驱动电动机正、反转的电路与程序 ... 294
- 15.6 PLC控制变频器驱动电动机多挡转速运行的电路与程序 ... 296

第 16 章 触摸屏与 PLC 的综合应用 ··················300

16.1 触摸屏的基础知识 ··················300
- 16.1.1 基本组成 ··················300
- 16.1.2 工作原理 ··················300

16.2 三菱触摸屏与硬件的连接 ··················301
- 16.2.1 参数规格 ··················302
- 16.2.2 型号含义 ··················302
- 16.2.3 连接硬件设备 ··················303

16.3 三菱触摸屏组态软件的使用 ··················304
- 16.3.1 软件的安装、启动及窗口介绍 ··················304
- 16.3.2 软件的使用 ··················307
- 16.3.3 画面数据的上传与下载 ··················310

16.4 用触摸屏操作 PLC 实现电动机正、反转控制的开发实例 ··················312
- 16.4.1 根据控制要求确定需要为触摸屏制作的画面 ··················312
- 16.4.2 用 GT Designer 软件制作各个画面并设置画面切换方式 ··················312
- 16.4.3 连接计算机与触摸屏并下载画面数据 ··················317
- 16.4.4 用 PLC 编程软件编写电动机正、反转控制程序 ··················318
- 16.4.5 触摸屏、PLC 和电动机控制电路的硬件连接和触摸操作测试 ··················318

第 17 章 步进电动机与步进驱动技术 ··················319

17.1 步进电动机 ··················319
- 17.1.1 步进电动机的外形 ··················319
- 17.1.2 步进电动机的工作原理 ··················319

17.2 步进驱动器 ··················322
- 17.2.1 步进驱动器的内部组成与工作原理 ··················322
- 17.2.2 步进驱动器的接线及说明 ··················323
- 17.2.3 步进电动机的接线及说明 ··················324
- 17.2.4 细分设置 ··················325
- 17.2.5 工作电流的设置 ··················326
- 17.2.6 静态电流的设置 ··················326
- 17.2.7 脉冲输入模式的设置 ··················327

17.3 步进电动机正、反向定角循环运行的电气线路及 PLC 程序 ··················327
- 17.3.1 控制要求 ··················327
- 17.3.2 电气线路及说明 ··················328
- 17.3.3 细分、工作电流和脉冲输入模式的设置 ··················329
- 17.3.4 PLC 控制程序及说明 ··················329

17.4 步进电动机定长运行的电气线路及 PLC 程序 ··················331
- 17.4.1 控制要求 ··················331
- 17.4.2 电气线路及说明 ··················332

17.4.3　细分、工作电流和脉冲输入模式的设置························333
　　　17.4.4　PLC 控制程序及说明························333

第 18 章　伺服电动机与伺服驱动技术························336

18.1　交流伺服系统的三种控制模式························336
　　18.1.1　交流伺服系统的位置控制模式························336
　　18.1.2　交流伺服系统的速度控制模式························336
　　18.1.3　交流伺服系统的转矩控制模式························337

18.2　伺服电动机与伺服驱动器的说明························337
　　18.2.1　伺服电动机························337
　　18.2.2　伺服驱动器························339

18.3　伺服电动机在速度控制模式下的应用电路与标准接线························342
　　18.3.1　伺服电动机多段速运行的伺服驱动线路························342
　　18.3.2　工作台往返限位运行的伺服驱动线路························344
　　18.3.3　伺服电动机在速度控制模式下的标准接线························347

18.4　伺服驱动器在转矩控制模式下的应用电路与标准接线························348
　　18.4.1　卷纸机的收卷恒张力控制实例························348
　　18.4.2　伺服驱动器在转矩控制模式下的标准接线························350

18.5　伺服驱动器在位置控制模式下的应用电路与标准接线························351
　　18.5.1　工作台往返定位运行的伺服驱动线路························351
　　18.5.2　伺服驱动器在位置控制模式下的标准接线························353

第 19 章　单片机入门实战························354

19.1　单片机简介························354
　　19.1.1　什么是单片机························354
　　19.1.2　单片机应用系统的组成及实例························355
　　19.1.3　单片机的分类························356
　　19.1.4　单片机的应用领域························357

19.2　实例：单片机应用系统的开发过程························357
　　19.2.1　明确控制要求并选择合适型号的单片机························357
　　19.2.2　设计单片机电路原理图························358
　　19.2.3　制作单片机电路························359
　　19.2.4　用 Keil 软件编写单片机控制程序························360
　　19.2.5　计算机、下载器和单片机的连接························363
　　19.2.6　用烧录软件将程序写入单片机························365
　　19.2.7　单片机电路的供电与测试························367

电路基础与安全用电

1.1 电路基础

1.1.1 电路与电路图

图 1-1（a）所示是一个简单的实物电路。图 1-1（b）所示的图形就是图 1-1（a）所示实物电路的电路图。

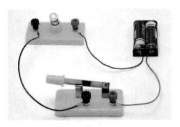

(a) 实物电路

该电路由电源（电池）、开关、导线和灯泡组成：电源的作用是提供电能；开关、导线的作用是控制和传递电能，称为中间环节；灯泡是消耗电能的用电器，它能将电能转变为光能，称为负载。因此，**电路是由电源、中间环节和负载组成的**。

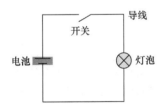

(b) 电路图

使用实物图来绘制电路很不方便，为此人们就采用一些简单的图形符号代替实物的方法来绘制电路，即电路图。

图 1-1 一个简单的电路

1.1.2 电流与电阻

1. 电流

大量的电荷朝一个方向移动（也称定向移动）就形成了电流，这就像公路上有大量的汽车朝一个方向移动就形成"车流"一样，电流说明图如图 1-2 所示。实际上，我们把电子运动的反方向作为电流方向，**即把正电荷在电路中的移动方向规定为电流方向**。图 1-2

所示电路的电流方向：电源正极→开关→灯泡→电源负极。

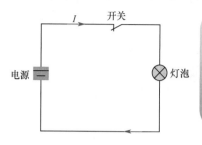

将开关闭合，灯泡会发光，为什么会这样呢？原来当开关闭合时，带负电荷的电子源源不断地从电源负极经导线、灯泡、开关流向电源正极。这些电子在流经灯泡内的钨丝时，钨丝会因发热、温度急剧上升而发光。

图 1-2　电流说明图

电流用字母"I"表示，单位为安培（简称安，用"A"表示），比安培小的单位有毫安（mA）、微安（μA），它们之间的关系为

$$1A=10^3 mA=10^6 \mu A$$

2．电阻

在图 1-3 所示的电阻说明图中，给电路增加一个元器件——电阻器，发现灯光会变暗。为什么在电路中增加了电阻器后灯泡会变暗呢？原来电阻器对电流有一定的阻碍作用，从而使流过灯泡的电流减小，灯泡变暗。

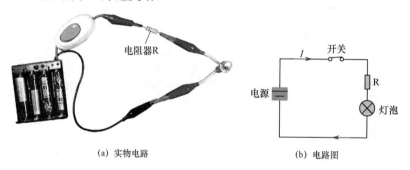

(a) 实物电路　　　(b) 电路图

图 1-3　电阻说明图

导体对电流的阻碍称为该导体的电阻。电阻用字母"R"表示，电阻的单位为欧姆（简称欧），用"Ω"表示。比欧姆大的单位有千欧（kΩ）、兆欧（MΩ），它们之间的关系为

$$1M\Omega =10^3 k\Omega =10^6 \Omega$$

导体的电阻计算公式为

$$R=\rho \frac{L}{S}$$

式中：L 为导体的长度（单位：m）；S 为导体的横截面积（单位：m²）；ρ 为导体的电阻率（单位：Ω·m）。不同的导体，一般 ρ 值也不同。表 1-1 列出了一些常见导体的电阻率（20℃时）。

在长度 L 和横截面积 S 相同的情况下，电阻率越大的导体，其电阻越大。例如，L、S 相同的铁导线和铜导线，铁导线的电阻约是铜导线的 5.9 倍。由于铁导线的电阻率较铜导线大很多，为了减少电能在导线上的损耗，让负载得到较大电流，供电线路通常采用铜导线。

表 1-1 一些常见导体的电阻率（20℃时）

导体	电阻率（Ω·m）	导体	电阻率（Ω·m）
银	1.62×10^{-8}	锡	11.4×10^{-8}
铜	1.69×10^{-8}	铁	10.0×10^{-8}
铝	2.83×10^{-8}	铅	21.9×10^{-8}
金	2.4×10^{-8}	汞	95.8×10^{-8}
钨	5.51×10^{-8}	碳	$3\,500\times10^{-8}$

导体的电阻除了与材料有关，还受温度影响。一般情况下，导体的温度越高，其电阻越大。例如，在常温下，灯泡（白炽灯）内部钨丝的电阻很小；在通电后，钨丝的温度上升到千度以上，其电阻急剧增大；在导体温度下降后，电阻减小。**某些导电材料在温度下降到某一值时（如-109℃），电阻会突然变为零，这种现象称为超导现象，具有这种性质的材料称为超导材料。**

1.1.3 电位、电压和电动势

对于初学者而言可能较难理解电位、电压和电动势的概念。下面通过图 1-4 所示的水流示意图说明这些术语。

水泵将河中的水抽到山顶的 A 处，水到达 A 处后再流到 B 处，水到达 B 处后流往 C 处（河中），同时水泵又将河中的水抽到 A 处，使得水不断循环流动。水为什么能从 A 处流到 B 处，又从 B 处流到 C 处呢？这是因为 A 处水位较 B 处水位高，B 处水位较 C 处水位高。

若要测量 A 处和 B 处水位的高度，则必须找一个基准点（零点），就像测量人的身高时要选择脚底为基准点一样，这里以河的水面为基准（C 处）。A、C 之间的垂直高度为 A 处水位的高度，用 H_A 表示；B、C 之间的垂直高度为 B 处水位的高度，用 H_B 表示；由于 A 处和 B 处的水位高度不一样，因此存在水位差，该水位差用 H_{AB} 表示，等于 A 处水位高度 H_A 与 B 处水位高度 H_B 之差，即 $H_{AB}=H_A-H_B$。为了让 A 处有水，需要水泵将低水位的河水抽到高处的 A 点。在这一过程中水泵需要消耗能量（如耗油）。

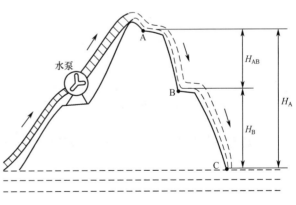

图 1-4 水流示意图

1. 电位

电路中的电位、电压和电动势与上述水流情况相似，其说明图如图1-5所示。

电源的正极先输出电流，流到A点；再经R_1流到B点；然后通过R_2流到C点；最后流到电源的负极。

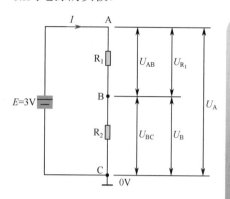

图1-5 电位、电压和电动势说明图

与水流示意图相似，图1-5中的A、B点也有高低之分，只不过不是水位，而称为电位（A点电位较B点电位高）。为了计算电位的高低，需要找一个基准点作为零点。为了表明某点为基准点，通常在该点处画一个"⊥"符号。该符号称为接地符号，接地符号处的电位规定为0V，电位的单位不是米，而是伏特（简称伏），用"V"表示。在图1-5中，C点的电位为0V（该点标有接地符号）；A点的电位为3V，表示为U_A=3V；B点的电位为1V，表示为U_B=1V。

2. 电压

在图1-5中，A点和B点的电位是不同的，有一定的差距，**这种电位之间的差距称为电位差，又称电压**。A点和B点之间的电位差用U_{AB}表示，等于A点电位U_A与B点电位U_B的差，即$U_{AB}=U_A-U_B=3V-1V=2V$。因为A点和B点之间的电位差，实际上就是电阻器R_1两端的电位差（R_1两端的电压用U_{R1}表示），所以$U_{AB}=U_{R1}$。

3. 电动势

为了让电路中始终有电流流过，电源需要在内部将流到负极的电流源源不断地"抽"到正极，使电源正极具有较高的电位，这样正极才会输出电流。当然，电源内部将负极的电流"抽"到正极需要消耗能量（如干电池会消耗化学能）。**电源通过消耗能量在两极建立的电位差称为电动势，电动势的单位也为伏特**。在图1-5中，电源的电动势为3V。

由于电源内部的电流方向是由负极流向正极的，故电源的电动势方向为从电源负极指向正极。

 1.1.4 电路的三种状态

电路有三种状态：通路、开路和短路。电路的三种状态如图1-6所示。

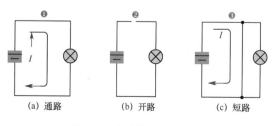

图1-6 电路的三种状态

❶ 电路特点：电路畅通，有正常的电流流过负载，负载正常工作。

❷ 电路特点：电路断开，无电流流过负载，负载不工作。

❸ 电路特点：电路中有很大电流流过，但电流不流过负载，负载不工作；由于电流很大，很容易烧坏电源和导线。

1.1.5 接地与屏蔽

1. 接地

接地在电工电子技术中应用广泛,常用图 1-7 所示的符号表示。接地符号含义说明如图 1-8 所示。

- 在电路图中,接地符号处的电位规定为 0V,如图 1-8(a)所示。
- 在电路图中,标有接地符号处的地方是相通的。图 1-8(b)所示的两个电路图,虽然从形式上看不一样,但实际的电路连接是一样的,因此两个电路中的灯泡都会亮。

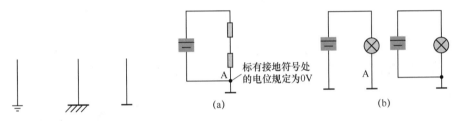

图 1-7 接地符号　　　　图 1-8 接地符号含义说明

- 在强电设备中,常常将设备的外壳与大地连接,当设备的绝缘性能变差而使外壳带电时,可迅速通过接地线将电泄放到大地,从而避免人体触电。强电设备的接地如图 1-9 所示。

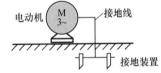

图 1-9 强电设备的接地

2. 屏蔽

在电气设备中,为了防止某些元器件和电路在工作时受到干扰,或者为了防止某些元器件和电路在工作时产生影响其他电路正常工作的干扰信号,通常对这些元器件和电路采取隔离措施,这种隔离称为屏蔽。屏蔽符号如图 1-10 所示。

屏蔽的具体做法是先用金属材料(称为屏蔽罩)将元器件或电路封闭起来,再将屏蔽罩接地(通常为电源负极)。图 1-11 所示为带有屏蔽罩的元器件和导线,外界干扰信号无法穿过金属屏蔽罩干扰内部元器件和电路。

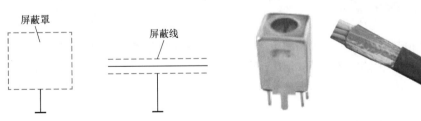

图 1-10 屏蔽符号　　　　图 1-11 带有屏蔽罩的元器件和导线

1.2 欧姆定律

欧姆定律是电工电子技术中的基本定律，它反映了电路中电阻、电流和电压之间的关系。欧姆定律分为部分电路欧姆定律和全电路欧姆定律。

1.2.1 部分电路欧姆定律

部分电路欧姆定律的内容：在电路中，流过导体的电流 I 的大小与导体两端的电压 U 成正比，与导体的电阻 R 成反比，即

$$I = \frac{U}{R}$$

也可以表示为 $U = IR$ 或 $R = \frac{U}{I}$。

为了让大家更好地理解欧姆定律，下面给出欧姆定律的几种形式，如图 1-12 所示。

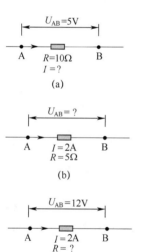

在图 1-12（a）中，已知电阻 $R=10\Omega$，电阻两端电压 $U_{AB}=5V$，那么流过电阻的电流 $I = \frac{U_{AB}}{R} = \frac{5V}{10\Omega} = 0.5A$。

在图 1-12（b）中，已知电阻 $R=5\Omega$，流过电阻的电流 $I=2A$，那么电阻两端的电压 $U_{AB} = I \cdot R = (2 \times 5)V = 10V$。

在图 1-12（c）中，流过电阻的电流 $I=2A$，电阻两端的电压 $U_{AB}=12V$，那么电阻的大小 $R = \frac{U}{I} = \frac{12V}{2A} = 6\Omega$。

图 1-12 欧姆定律的几种形式

1.2.2 全电路欧姆定律

全电路是指含有电源和负载的闭合回路。全电路欧姆定律又称闭合电路欧姆定律：闭合电路中的电流与电源的电动势成正比，与电路的内、外电阻之和成反比，即

$$I = \frac{E}{R + R_0}$$

全电路欧姆定律的应用如图 1-13 所示。

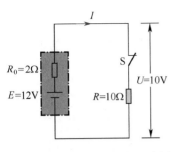

在图1-13中，虚线框内为电源，R_0表示电源的内阻。在开关S闭合后，电路中有电流I流过，根据全电路欧姆定律可求得I，即$I = \dfrac{E}{R+R_0} = \dfrac{12V}{(10+2)\Omega} = 1A$；电源输出电压U（电阻R两端的电压），即$U=IR=(1×10)V=10V$；内阻$R_0$两端的电压$U_0$，即$U_0=IR_0=(1×2)V=2V$。如果将开关S断开，电路中的电流I为0，那么内阻$R_0$上消耗的电压$U_0$为0，电源输出电压U与电源电动势相等，即$U=E=12V$。

图1-13 全电路欧姆定律的应用

根据全电路欧姆定律不难看出以下几点。

- 在电源未接负载时，不管电源内阻多大，内阻消耗的电压始终为0V，电源两端电压与电动势相等。
- 当电源与负载构成闭合电路后，由于有电流流过内阻，内阻会消耗电压，从而使电源的输出电压减小。内阻越大，内阻消耗的电压越大，电源的输出电压越小。
- 在电源内阻不变的情况下，外阻越小，则电路中的电流越大、内阻消耗的电压越大、电源的输出电压越小。

由于正常电源的内阻很小，内阻消耗的电压很低，故一般情况下可认为电源的输出电压与电源电动势相等。

利用全电路欧姆定律可以解释很多现象。比如，用仪表测得旧电池两端电压与正常电压相同，但将旧电池与电路连接后，除了输出电流很小外，电池的输出电压也会急剧下降，这是因为旧电池内阻变大的缘故；又如将电源正、负极直接短路时，电源会发热甚至烧坏，这是因为短路时流过电源内阻的电流很大，内阻消耗的电压与电源电动势相等，大量的电能在电源内阻上消耗并转换成热能，故电源会发热。

1.3 电功、电功率和焦耳定律

1.3.1 电功

电流流过灯泡，灯泡会发光；电流流过电炉丝，电炉丝会发热；电流流过电动机，电动机会运转。由此可以看出，**在电流流过一些用电设备时会做功，电流做的功称为电功。** 用电设备的做功大小不但与加到用电设备两端的电压及流过的电流有关，还与通电时间有关。电功可用下面的公式计算：

$$W=UIt$$

式中，W表示电功，单位是焦耳（J）；U表示电压，单位是伏（V）；I表示电流，单位是安（A）；t表示时间，单位是秒（s）。

在电学中电功还常用到另一个单位：千瓦时（kW·h），也称度。 1kW·h=1度。千瓦时与焦耳的换算关系：

$$1kW \cdot h = 1 \times 10^3 W \times (60 \times 60) s = 3.6 \times 10^6 W \cdot s = 3.6 \times 10^6 J$$

1kW·h 可以这样理解：一个电功率为 100W 的灯泡连续使用 10h，消耗的电功为 1kW·h（即消耗 1 度电）。

1.3.2 电功率

电流需要通过一些用电设备才能做功。为了衡量这些设备做功能力的大小，引入一个电功率的概念。**电流在单位时间内做的功称为电功率。电功率（可简称为功率）用 P 表示，单位是瓦（W）。** 此外，还有千瓦（kW）和毫瓦（mW），它们之间的换算关系：

$$1kW = 10^3 W = 10^6 mW$$

电功率的计算公式：

$$P = UI$$

根据欧姆定律可知，$U = I \cdot R$，$I = U/R$，所以电功率还可以用公式 $P = I^2 \cdot R$ 和 $P = U^2/R$ 来求。

电功率的计算举例如图 1-14 所示。

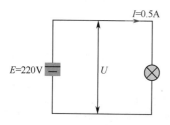

图 1-14 电功率的计算举例

1.3.3 焦耳定律

电流流过导体时导体会发热，这种现象称为电流的热效应。电饭煲和电热水器等都是利用电流的热效应来工作的。

焦耳定律的具体内容：电流流过导体产生的热量，与电流的平方、导体的电阻、通电时间成正比。 由于这个定律除了由焦耳发现，俄国科学家楞次也通过实验独立发现，故该定律又称焦耳-楞次定律。

焦耳定律可用下面的公式表示：

$$Q = I^2 R t$$

式中，Q 表示热量，单位是焦耳（J）；R 表示电阻，单位是欧姆（Ω）；t 表示时间，单位是秒（s）。

注意：假设某台电动机的额定电压是 220V，线圈的电阻为 0.4Ω，当电动机连接 220V 的电压时，流过的电流是 3A，求电动机的功率和线圈每秒发出的热量。

电动机的功率：$P = UI = 220V \times 3A = 660W$

线圈每秒发出的热量：$Q = I^2 R t = (3A)^2 \times 0.4Ω \times 1s = 3.6J$

1.4 电阻的串联、并联和混联

电阻是电路中应用最多的一种元器件。电阻在电路中的连接形式主要有串联、并联和混联三种。

1.4.1 电阻的串联

两个或两个以上的电阻头尾相连串接在电路中，称为电阻的串联，如图 1-15 所示。电阻串联的电路具有以下特点。

- 流过各串联电阻的电流相等，都为 I。
- 电阻串联后的总电阻 R 增大，总电阻等于各串联电阻之和，即 $R=R_1+R_2$。
- 总电压 U 等于各串联电阻上的电压之和，即 $U=U_{R_1}+U_{R_2}$。
- 串联电阻越大，两端电压越高（因为 $R_1<R_2$，所以 $U_{R_1}<U_{R_2}$）。

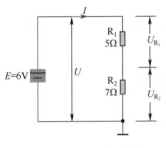

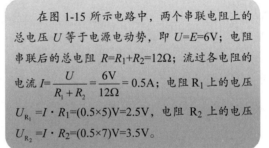

在图 1-15 所示电路中，两个串联电阻上的总电压 U 等于电源电动势，即 $U=E=6V$；电阻串联后的总电阻 $R=R_1+R_2=12\Omega$；流过各电阻的电流 $I=\dfrac{U}{R_1+R_2}=\dfrac{6V}{12\Omega}=0.5A$；电阻 R_1 上的电压 $U_{R_1}=I\cdot R_1=(0.5\times5)V=2.5V$，电阻 R_2 上的电压 $U_{R_2}=I\cdot R_2=(0.5\times7)V=3.5V$。

图 1-15 电阻的串联

1.4.2 电阻的并联

两个或两个以上的电阻并接（头头相接、尾尾相连）在电路中，称为电阻的并联，如图 1-16 所示。

电阻并联的电路具有以下特点。

- 并联的电阻两端的电压相等，即 $U_{R_1}=U_{R_2}$。
- 总电流等于流过各个并联电阻的电流之和，即 $I=I_1+I_2$。
- 电阻并联的总电阻减小，总电阻的倒数等于各并联电阻的倒数之和，即

$$\frac{1}{R}=\frac{1}{R_1}+\frac{1}{R_2}$$

该式可变形为

$$R=\frac{R_1\cdot R_2}{R_1+R_2}$$

- 在并联电路中，电阻越小，流过的电流越大（因为 $R_1<R_2$，所以流过 R_1 的电流 I_1 大于流过 R_2 的电流 I_2）。

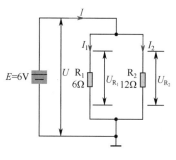

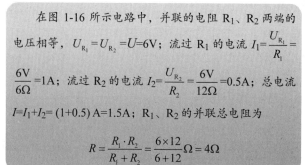

在图 1-16 所示电路中，并联的电阻 R_1、R_2 两端的电压相等，$U_{R_1}=U_{R_2}=U=6V$；流过 R_1 的电流 $I_1=\dfrac{U_{R_1}}{R_1}=\dfrac{6V}{6\Omega}=1A$；流过 R_2 的电流 $I_2=\dfrac{U_{R_2}}{R_2}=\dfrac{6V}{12\Omega}=0.5A$；总电流 $I=I_1+I_2=(1+0.5)A=1.5A$；R_1、R_2 的并联总电阻为

$$R=\dfrac{R_1\cdot R_2}{R_1+R_2}=\dfrac{6\times 12}{6+12}\Omega=4\Omega$$

图 1-16　电阻的并联

1.4.3　电阻的混联

一个电路中的电阻既有串联又有并联时，称为电阻的混联，如图 1-17 所示。

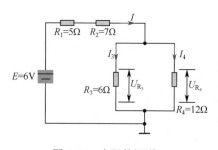

对于电阻混联电路，总电阻可以这样求：先求并联电阻的总电阻，然后再求串联电阻与并联电阻的总电阻之和。在图 1-17 所示电路中，并联电阻 R_3、R_4 的总电阻为

$$R_0=\dfrac{R_3\cdot R_4}{R_3+R_4}=\dfrac{6\times 12}{6+12}\Omega=4\Omega$$

电路的总电阻为

$$R=R_1+R_2+R_0=(5+7+4)\Omega=16\Omega$$

图 1-17　电阻的混联

请试着求出图 1-17 中电路的总电流 I、R_1 两端电压 U_{R_1}、R_2 两端电压 U_{R_2}、R_3 两端电压 U_{R_3}，以及流过 R_3、R_4 的电流 I_3、I_4 的大小。

1.5　直流电与交流电

1.5.1　直流电

1. 符号

直流电具有方向始终固定不变的电压或电流。能产生直流电的电源称为直流电源。常见的干电池、蓄电池和直流发电机等都是直流电源。直流电源的图形符号如图 1-18（a）所示。在图 1-18（b）所示的直流电路中，电流从直流电源的正极流出，经电阻 R 和灯泡流到负极。

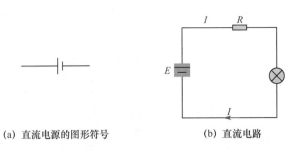

(a) 直流电源的图形符号　　　　　　(b) 直流电路

图 1-18　直流电源的图形符号与直流电路

2．种类

直流电又分为稳定直流电和脉动直流电。

- **稳定直流电是指方向固定不变并且大小也不变的直流电。**稳定直流电可用图 1-19（a）所示波形表示：电流 I 的大小始终保持恒定（6mA）；电流方向保持不变（从电源正极流向负极）。
- **脉动直流电是指方向固定不变，但大小随时间发生变化的直流电。**脉动直流电可用图 1-19（b）所示的波形表示：电流 I 的大小随时间发生变化（如在 t_1 时刻电流为 6mA，在 t_2 时刻电流变为 4mA）；电流方向始终不变（从电源正极流向负极）。

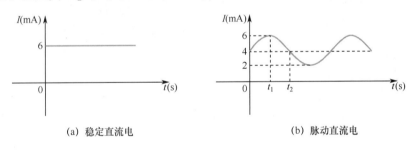

(a) 稳定直流电　　　　　　　　　　(b) 脉动直流电

图 1-19　直流电

 ### 1.5.2　单相交流电

交流电具有方向和大小都随时间进行周期性变化的电压或电流。单相交流电是电路中只有单一交流电压的交流电。单相交流电的类型很多，其中最常见的是正弦交流电，因此这里以正弦交流电为例进行介绍。

1．符号、电路和波形

正弦交流电的符号、电路和波形如图 1-20 所示。

2．周期和频率

周期和频率是交流电中最常用的两个概念，正弦交流电的周期、频率示意图如图 1-21 所示。

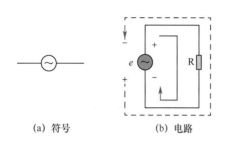

- 在 0～t_1 期间：交流电源的电压极性是上正下负，电流 I 的方向：交流电源正极→电阻 R→交流电源负极，并且电流 I 逐渐增大，在 t_1 时刻电流达到最大值。
- 在 t_1～t_2 期间：交流电源的电压极性仍是上正下负，电流 I 的方向：交流电源正极→电阻 R→交流电源负极，但电流 I 逐渐减小，在 t_2 时刻电流为 0。
- 在 t_2～t_3 期间：交流电源的电压极性变为上负下正，电流 I 的方向也发生改变：交流电源正极→电阻 R→交流电源负极，反方向电流逐渐增大，在 t_3 时刻反方向电流达到最大值。
- 在 t_3～t_4 期间：交流电源的电压极性仍为上负下正，电流仍是反方向，电流的方向：交流电源正极→电阻 R→交流电源负极，反方向电流逐渐减小，在 t_4 时刻反方向电流减小到 0。
- 在 t_4 时刻以后，交流电源的电流大小和方向变化与 0～t_4 期间的变化相同。实际上，不但电流大小和方向按正弦波变化，其电压大小和方向变化也像电流一样，按正弦波变化。

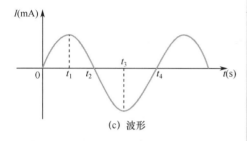

图 1-20 正弦交流电的符号、电路和波形

（1）周期

从图 1-21 可以看出，交流电的变化过程是不断重复的。**交流电重复变化一次所需的时间称为周期，周期用 T 表示，单位是秒（s）**。图 1-21 所示交流电的周期：$T=0.02s$，说明该交流电每隔 0.02s 就会重复变化一次。

（2）频率

交流电在每秒内重复变化的次数称为频率，频率用 f 表示，它是周期的倒数，即

$$f=\frac{1}{T}$$

频率的单位是赫兹（Hz）。图 1-21 所示交流电的周期：$T=0.02s$，那么它的频率 $f=1/T=1/0.02=50Hz$，说明在 1s 内交流电能重复 0～t_4 这个过程 50 次。交流电的变化越快，变化一次所需的时间越短，即周期越短，频率越高。

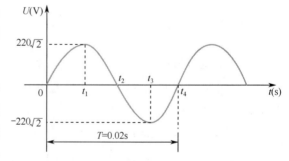

图 1-21 正弦交流电的周期、频率示意图

3．瞬时值和有效值

（1）瞬时值

**交流电的大小和方向是不断变化的，交流电在某一时刻的值称为交流电在该时刻的瞬

时值。以图 1-21 所示的交流电压为例，它在 t_1 时刻的瞬时值为 $220\sqrt{2}$ V（约为 311V），该值为最大瞬时值，在 t_2 时刻的瞬时值为 0V，该值为最小瞬时值。

（2）有效值

交流电的大小和方向是不断变化的，这给电路计算和测量带来不便，为此引入有效值的概念。对交流电有效值的说明图如图 1-22 所示。

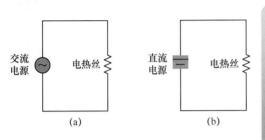

图 1-22 所示两个电路中的电热丝完全一样，现分别给电热丝通交流电和直流电，如果两个电路的通电时间相同，并且电热丝发出的热量也相同，则对电热丝来说，这里的交流电和直流电是等效的，此时就将图 1-22（b）中直流电的电压值或电流值称为图 1-22（a）中交流电的有效电压值或有效电流值。

图 1-22 对交流电有效值的说明图

正弦交流电的有效值与最大瞬时值的关系：最大瞬时值=$\sqrt{2}$ 有效值。例如，交流市电的有效电压值为 220V，它的最大瞬时电压值为 $220\sqrt{2}\approx 311$V。

 ### 1.5.3 三相交流电

1. 三相交流电的产生

目前应用的电能绝大多数是由三相交流发电机产生的，三相交流发电机与单相交流发电机的区别在于：三相交流发电机可以同时产生并输出三组电源，而单相交流发电机只能输出一组电源，因此，三相交流发电机的效率较单相更高。三相交流发电机的结构示意图如图 1-23 所示。

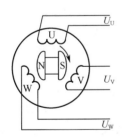

从图 1-23 中可以看出，三相交流发电机主要由互成 120° 且固定不动的 U、V、W 三组线圈和一块旋转磁铁组成。当磁铁旋转时，磁铁产生的磁场将切割这三组线圈，从而在 U、V、W 三组线圈中产生交流电动势，并在线圈两端分别输出交流电压 U_U、U_V、U_W。这三个频率相同、电动势振幅相等、相位差互为 120° 的交流电路就称为三相交流电。

图 1-23 三相交流发电机的结构示意图

不管磁铁旋转到哪个位置，穿过三组线圈的磁感线都会不同，因此，三组线圈产生的交流电压也就不同。

2. 三相交流电的供电方式

将三相交流电供给用户时，可采用三种方式：直接连接供电方式、星形连接供电方式和三角形连接供电方式。

(1) 直接连接供电方式

直接连接供电方式如图 1-24 所示。直接连接供电方式是用两根导线直接向用户供电。这种方式共用到 6 根导线,若在长距离供电时采用这种供电方式,则会使成本增加。

(2) 星形连接供电方式

星形连接供电方式如图 1-25 所示。星形连接是将发电机的三组线圈末端连接在一起,并接出一根线,称为中性线 N,从三组线圈的首端各引出一根线,称为相线,即 U 相线、V 相线和 W 相线。三根相线分别连接到单独的用户,而中性线则在用户端一分为三,同时连接三个用户。在这种供电方式中,三组线圈连接成星形,并且采用四根线来传送三相电压,因此这种方式又称为三相四线制星形连接供电方式。

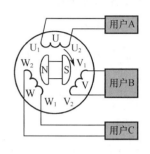

图 1-24 直接连接供电方式

如果相电压 U_P = 220V,则可计算出线电压约为 380V。在图 1-25 中,三相交流电动机的三根线分别与三相交流发电机的三根相线连接,若三相交流发电机的相电压为 220V,那么三相交流电动机中三根线的任意两根线之间的电压就为 380V。

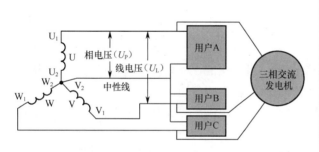

图 1-25 星形连接供电方式

任意一根相线与中性线之间的电压称为相电压 U_P,任意两根相线之间的电压称为线电压 U_L。从图 1-25 中可以看出,线电压实际上是由两组线圈上的相电压叠加得到的,但线电压 U_L 的值并不是相电压 U_P 的 2 倍。根据理论推导可知,在采用星形连接供电方式时,线电压是相电压的 $\sqrt{3}$ 倍,即 $U_L = \sqrt{3}\, U_P$。

(3) 三角形连接供电方式

三角形连接供电方式如图 1-26 所示。三角形连接是将三相交流发电机的三组线圈的首末端依次连接在一起,并在三个连接点处各接出一根线,分别称为 U 相线、V 相线和 W 相线。在这种供电方式中,三组线圈连接成三角形,并且采用三根线来传送三相电压,因此这种方式又称为三相三线制三角形连接供电方式。

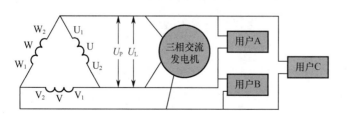

图 1-26 三角形连接供电方式

在采用三角形连接供电方式中,相电压 U_P(每组线圈上的电压)和线电压 U_L(两根相线之间的电压)是相等的,即 $U_L = U_P$。

在图 1-26 中，如果相电压为 220V，则三相交流电动机中三根线的任意两根线之间的电压也为 220V。

1.6 安全用电与急救

1.6.1 电流对人体的伤害

1. 人体在触电时表现出的症状

当人体不小心接触带电体时，就会有电流流过人体，即触电。人体在触电时表现出来的症状与流过人体的电流大小有关。表 1-2 是人体通过大小不同的交流电流、直流电流时的症状。

表 1-2 人体通过大小不同的交流电流、直流电流时的症状

电流（mA）	人体表现出来的症状	
	交流（频率为 50Hz 或 60Hz）	直 流
0.6~1.5	开始有感觉，手轻微颤抖	没有感觉
2~3	手指强烈颤抖	没有感觉
5~7	手部痉挛	感觉痒和热
8~10	难以摆脱带电体，但还能摆脱；手指尖部到手腕剧痛	热感增加
20~25	手迅速麻痹，不能摆脱带电体；剧痛，呼吸困难	热感大大增加，手部肌肉收缩
50~80	呼吸麻痹，心室开始颤动	热感强烈，手部肌肉收缩、痉挛，呼吸困难
90~100	呼吸麻痹，延续 3s 或更长时间；心脏麻痹，心室颤动	呼吸麻痹

从表 1-2 可以看出：流过人体的电流越大，人体表现出来的症状越强烈，电流对人体的伤害越大；对于相同大小的交流电流和直流电流来说，交流电流对人体的伤害更大。**一般规定，10mA 以下的（频率为 50Hz 或 60Hz）交流电流或 50mA 以下的直流电流对人体是安全的，故将该范围内的电流称为安全电流。**

2. 与触电伤害程度有关的因素

与触电伤害程度有关的因素如下。

- 人体电阻的大小。人体是一种有一定阻值的导电体，其阻值不是固定的：当人体皮肤干燥时，阻值较大（10~100kΩ）；当皮肤出汗或破损时，阻值较小（800~1000Ω）；当人体接触带电体的面积大、接触紧密时，阻值会减小。在接触大小相同的电压时，人体电阻越小，流过人体的电流就越大，触电对人体的伤害就越严重。
- 触电电压的大小。当人体触电时，接触的电压越高，流过人体的电流就越大，对人体的伤害就越严重。一般规定，在正常环境下，安全电压为 36V；在潮湿场所，安全电压为 24V 和 12V。

- 触电的时间。如果触电后长时间未能脱离带电体，则电流长时间流过人体会造成严重的伤害。

此外，即使相同大小的电流，流过人体的部位不同，对人体造成的伤害也不同。电流流过心脏和大脑时，对人体的伤害最大，因此，双手之间、头脚之间和手脚之间的触电更危险。

 ### 1.6.2 人体触电的几种方式

人体触电的方式主要有单相触电、两相触电和跨步触电。

1．单相触电

单相触电是指人体只接触一根相线时发生的触电。单相触电又分为电源中性点接地触电和电源中性点不接地触电。

（1）电源中性点接地触电

电源中性点接地触电是在电力变压器的低压侧中性点接地情况下发生的。 电源中性点接地触电方式如图1-27所示。

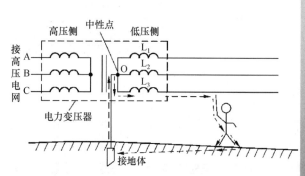

电力变压器的低压侧有三个绕组，它们的一端接在一起并且与大地相连，这个连接点称为中性点。每个绕组上有220V电压，每个绕组在中性点的另一端接出一根相线，每根相线与地面之间有220V的电压。当站在地面上的人体接触某一根相线时，就有电流流过人体，电流的流经途径是：变压器低压侧L_3相绕组的一端→相线→人体→大地→接地体→电力变压器中性点→L_3绕组的另一端，如图中虚线所示。

图1-27　电源中性点接地触电方式

电源中性点接地触电方式对人体的伤害程度和人体与地面的接触电阻有关。若赤脚站在地面上，则人与地面的接触电阻小，流过人体的电流大，触电伤害大；若穿着胶底鞋，则伤害轻。

（2）电源中性点不接地触电

电源中性点不接地触电方式如图1-28所示。**电源中性点不接地触电是在电力变压器低压侧中性点不接地的情况下发生的。**

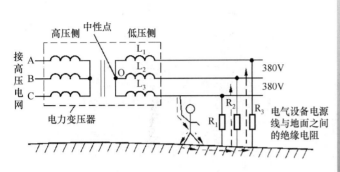

图 1-28 电源中性点不接地触电方式

电力变压器低压侧的三个绕组中性点未接地，任意两根相线之间有 380V 的电压（该电压是由两个绕组上的电压串联叠加得到的）。当站在地面上的人体接触某一根相线时，就有电流流过人体，电流的流经途径是：L_3 相线→人体→大地，之后分为两路：一路经电气设备与地面之间的绝缘电阻 R_2 流到 L_2 相线，另一路经 R_3 流到 L_1 相线。

该触电方式对人体的伤害程度除了与人体和地面的接触电阻有关，还与电气设备电源线和地面之间的绝缘电阻有关。若电气设备的绝缘性能良好，则一般不会发生短路；若电气设备严重漏电或某相线与地面短路，则加在人体上的电压将达到 380V，从而导致严重的触电事故。

2．两相触电

两相触电是指人体同时接触两根相线时发生的触电。两相触电如图 1-29 所示。

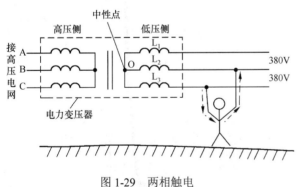

图 1-29 两相触电

当人体同时接触两根相线时，由于两根相线之间有 380V 的电压，因此有电流流过人体，电流流经途径是：一根相线→人体→另一根相线。由于加到人体的电压有 380V，故流过人体的电流很大，在这种情况下，即使触电者穿着绝缘鞋或站在绝缘台上，也起不到保护作用，因此两相触电对人体是很危险的。

3．跨步触电

当电线或电气设备与地面发生漏电或短路时，就会有电流向大地发生泄漏、扩散，在电流泄漏点周围会产生电压降，当人体在该区域行走时会发生触电，这种触电称为跨步触电。跨步触电如图 1-30 所示。

一般来说，在低压电路中，在距离电流泄漏点 1m 范围内，电压约为 60%；在 2～10m 范围内，电压约为 24%；在 11～20m 范围内，电压约为 8%；在 20m 以外电压就很低，通常不会发生跨步触电。

根据跨步触电的原理可知，只有两只脚的距离小才能让两只脚之间的电压小，才能减轻跨步触电的危害，所以当不小心进入跨步触电区域时，不要急于迈大步跑出来，而是迈小步或单足跳出。

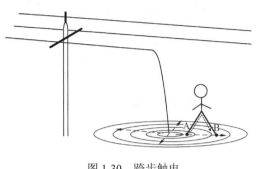

由于图中的一根相线掉到地面上,导线上的电压直接加到地面,因此以导线落地点为中心,导线上的电流向大地四周扩散,随着远离导线落地点,地面的电压逐渐下降,距离落地点越远,电压越低。当人在导线落地点周围行走时,由于两只脚的着地点与导线落地点的距离不同,两个着地点的电压也不同,图中 A 点与 B 点的电压不同,它们存在着电压差。比如,A 点电压为 110V,B 点电压为 60V,那么两只脚之间的电压差为 50V,该电压使电流流过两只脚,从而导致人体触电。

图 1-30 跨步触电

 1.6.3 接地与接零

电气设备在使用过程中,可能会出现绝缘层损坏、老化或导线短路等现象,从而使电气设备的外壳带电,如果人不小心接触外壳,就会发生触电事故。解决这个问题的方法就是将电气设备的外壳接地或接零。

1. 接地

接地是指将电气设备的金属外壳或金属支架直接与大地连接。接地如图 1-31 所示。

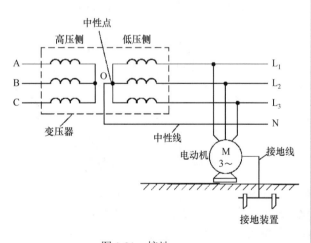

为了防止因电动机外壳带电而引起触电事故,可对电动机进行接地操作,即用一根接地线将电动机的外壳与埋入地下的接地装置连接起来。当电动机内部绕组与外壳漏电或短路时,外壳会带电,在将电动机外壳进行接地后,外壳上的电会沿接地线、接地装置向大地泄放掉。在这种情况下,即使人体接触电动机外壳,也会由于人体电阻远大于接地线与接地装置的接地电阻(接地电阻通常小于 4),外壳上的绝大多数电流从接地装置泄入大地,而沿人体进入大地的电流很小,不会对人体造成伤害。

图 1-31 接地

2. 接零

接零是将电气设备的金属外壳或金属支架等与零线连接起来。接零如图 1-32 所示。

对电气设备进行接零,在电气设备出现短路或漏电时,会让电气设备呈现单相短路,**可以让保护装置迅速触发操作,继而切断电源。**另外,通过将零线接地,可以拉低电气设备外壳的电压,从而避免在人体接触外壳时造成触电伤害。

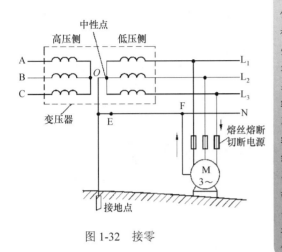

图 1-32　接零

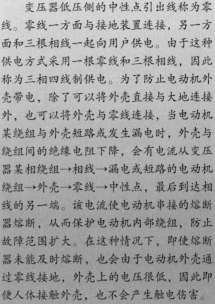

变压器低压侧的中性点引出线称为零线。零线一方面与接地装置连接，另一方面和三根相线一起向用户供电。由于这种供电方式采用一根零线和三根相线，因此称为三相四线制供电。为了防止电动机外壳带电，除了可以将外壳直接与大地连接外，也可以将外壳与零线连接，当电动机某绕组与外壳短路或发生漏电时，外壳与绕组间的绝缘电阻下降，会有电流从变压器某相绕组→相线→漏电或短路的电动机绕组→外壳→零线→中性点，最后到达相线的另一端。该电流使电动机串接的熔断器熔断，从而保护电动机内部绕组，防止故障范围扩大。在这种情况下，即使熔断器未能及时熔断，也会由于电动机外壳通过零线接地，外壳上的电压很低，因此即便人体接触外壳，也不会产生触电伤害。

1.6.4　触电的急救方法

当发现有人触电后，第一步是让触电者迅速脱离带电体，第二步是对触电者进行现场救护。

1. 让触电者迅速脱离带电体

让触电者迅速脱离带电体可采用以下方法：切断电源；用带有绝缘柄的利器切断电源线；用绝缘物使导线与触电者脱离；戴上手套或在手上包裹干燥的衣服、围巾、帽子等绝缘物拖曳触电者，使之脱离电源。

2. 现场救护

在触电者脱离带电体后，应先就地进行救护，并做好将触电者送往医院的准备工作。在现场救护时，根据触电者受伤害的轻重程度，可采取以下救护措施。

- 如果触电者所受的伤害不太严重，神志尚清醒，只是心悸、头晕、出冷汗、恶心、呕吐、四肢发麻、全身乏力，甚至一度昏迷，但未失去知觉，则应让触电者在通风、暖和的地方静卧休息，并派人严密观察，同时请医生前来或送往医院诊治。
- 如果触电者已失去知觉，但呼吸和心跳尚正常，则应使其平躺，解开衣服以利呼吸，四周不要围人，保持空气流通，冷天应注意保暖，同时立即请医生前来或送往医院诊治。若发现触电者呼吸困难或心跳失常，则应立即实施人工呼吸或胸外心脏按压。
- 如果触电者出现三种"假死"的临床症状：一是心跳停止，但尚能呼吸；二是呼吸停止，但心跳尚存（脉搏很弱）；三是呼吸和心跳均已停止，则应立即按心肺复苏法就地抢救，并立即请医生前来。心肺复苏法就是支持生命的三项基本措施：通畅气道，口对口（鼻）人工呼吸，胸外心脏按压（人工循环）。

第 2 章 电工工具

2.1 常用测试工具

2.1.1 氖管式测电笔

测电笔又称试电笔、验电笔和低压验电器等，用来检验导线、电器和电气设备的金属外壳是否带电。氖管式测电笔是一种常用的测电笔，测试时根据内部的氖管是否发光来判断物体是否带电。

1. 外形与结构

氖管式测电笔主要有笔式和螺丝刀式两种形式。其外形与结构如图 2-1 所示。

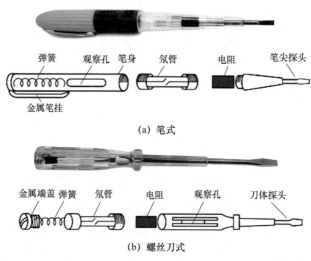

图 2-1 氖管式测电笔的外形与结构

2. 使用方法

在检验物体是否带电时，先将氖管式测电笔的探头接触带电体，然后用手接触测电笔的金属笔挂（或金属端盖）。如果物体的电压达到一定值（交流或直流 60V 以上），则其电压通过测电笔的探头、电阻到达氖管，氖管便发出红光；通过氖管的微弱电流再经弹簧、金属笔挂（或金属端盖）、人体到达大地。

在手持氖管式测电笔验电时,手一定要接触氖管式测电笔尾端的金属笔挂(或金属端盖)。氖管式测电笔的正确握持方法如图2-2所示,以便形成人体到大地的电流回路,否则氖管式测电笔的氖管不亮。

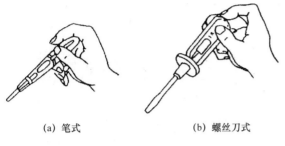

(a) 笔式　　　　(b) 螺丝刀式

图2-2　氖管式测电笔的正确握持方法

氖管式测电笔可以检验60~500V范围内的电压,在该范围内,电压越高,氖管越亮;若低于60V,则氖管不亮。为了安全起见,不要用氖管式测电笔检测高于500V的电压。

3．用途

在使用测电笔前,应先检查一下测电笔是否正常,即用测电笔测量带电线路,如果氖管能正常发光,则表明测电笔正常。

测电笔的主要用途如下:

❶ **判断电压的有无**。在测试被测物时,如果氖管亮,则表示被测物有电压存在,且电压不低于60V。在用测电笔测试电动机、变压器、电动工具、洗衣机和电冰箱等电气设备的金属外壳时,如果氖管发光,则说明该设备的外壳已带电(电源相线与外壳短路)。

❷ **判断电压的高低**。在测试时,被测电压越高,氖管发出的发线越亮,有经验的人可以根据光线强弱判断出大致的电压范围。

❸ **判断相线(火线)和零线(地线)**。在利用测电笔测相线时氖管会亮,而在测零线时氖管不亮。

 ## 2.1.2　数显式测电笔

数显式测电笔又称感应式测电笔,不仅可以测试物体是否带电,而且还能显示出大致的电压范围。另外,有些数显式测电笔可以检验出绝缘导线的断线位置。

1．外形

数显式测电笔的外形与各部分名称如图2-3、图2-4所示。图2-4所示的数显式测电笔上标有"12-240V AC.DC",表示该数显式测电笔可以测量12~240V范围内的交流或直流电压。数显式测电笔上的两个按键均为金属材料,测量时手应按住按键不放,以形成电流回路。通常情况下,直接测量按键距离显示屏较远,而感应测量按键距离显示屏较近。

2．使用方法

(1)直接测量法

直接测量法是将数显式测电笔的金属探头直接接触被测物来判断是否带电的测量方法。在使用直接测量法时,将数显式测电笔的金属探头接触被测物,同时手按住直接测量按键（DIRECT）不放。如果被测物带电，则数显式测电笔上的指示灯变亮，同时显示屏显示所测电压的大致值。一些测电笔可显示 12V、36V、55V、110V 和 220V 五段电压值，显示屏最后的显示数值为所测电压值（在未达到高端显示值的 70%时，显示低端值），比如，测电笔的最后显示值为 110V，实际电压可能在 77～154V 之间。

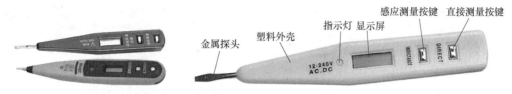

图 2-3　数显式测电笔的外形　　　　图 2-4　数显式测电笔的各部分名称

（2）感应测量法

感应测量法是将数显式测电笔的探头接近但不接触被测物，利用电压感应来判断被测物是否带电的测量方法。使用感应测量法时，将数显式测电笔的金属探头靠近但不接触被测物，同时手按住感应测量按键（INDUCTANCE）。如果被测物带电，则测电笔上的指示灯变亮，同时显示屏有高压符号显示。

感应测量法非常适合判断绝缘导线内部的断线位置，如图 2-5 所示。

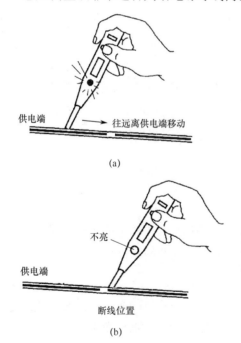

测试时，手按住数显式测电笔的感应测量按键，将探头接触导线绝缘层，如果指示灯亮，则表示当前位置的内部芯线带电，如图 2-5（a）所示；保持探头接触导线的绝缘层，并往远离供电端的方向移动，当指示灯突然熄灭、高压符号消失时，表明当前位置存在断线，如图 2-5（b）所示。利用感应测量法可以找出绝缘导线的断线位置，也可以对绝缘导线进行相线、零线判断，还可以检查微波炉辐射及泄漏情况。

图 2-5　利用感应测量法找出绝缘导线的断线位置

2.1.3　校验灯

校验灯是用灯泡连接两根导线制作而成的，如图 2-6 所示。

校验灯的使用举例如图 2-7 所示。在使用校验灯时，断开相线上的熔断器，将校验灯串在熔断器位置，并将支路的 S_1、S_2、S_3 开关都断开，可能会出现以下情况。

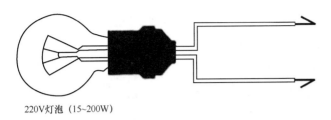

图 2-6 校验灯

校验灯使用额定电压为 220V、功率在 15~200W 的灯泡；使用的导线为单芯线，并将芯线的头部弯折成钩状，既可以碰触线路，也可以钩住线路。

- 校验灯不亮，说明校验灯之后的线路无短路故障。
- 校验灯很亮（亮度与直接接在 220V 电压上的亮度一样），说明校验灯之后的线路出现相线与零线短路，校验灯两端有 220V 电压。
- 将某支路的开关闭合（如闭合 S_1），如果校验灯会亮，但亮度不高，则说明该支路正常。校验灯的亮度不高是因为校验灯与该支路的灯泡串联接在 220V 之间，校验灯两端的电压低于 220V。
- 将某支路的开关闭合（如闭合 S_1），如果校验灯很亮，则说明该支路出现短路（灯泡 L_1 短路），校验灯两端有 220V 电压。

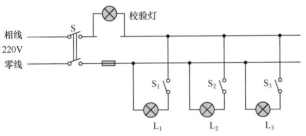

图 2-7 校验灯的使用举例

当校验灯与其他电路串联时，其他电路的功率越大，该电路的等效电阻就越小，校验灯两端的电压越高，灯泡越亮。

校验灯还可以按图 2-8 所示方法使用。

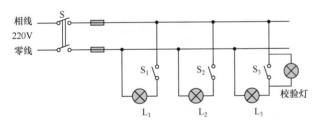

图 2-8 校验灯的使用举例

如果闭合 S_3，灯泡 L_3 不亮，则可能是开关 S_3 或灯泡 L_3 开路。为了判断到底是哪一个损坏，可将 S_3 置于接通位置，将校验灯并联在 S_3 两端，如果校验灯和灯泡 L_3 都亮，则说明开关 S_3 损坏；如果校验灯不亮，则说明灯泡 L_3 损坏。

2.2 绝缘导线

2.2.1 绝缘层的剥离

在连接绝缘导线前，需要先去掉导线连接处的绝缘层、露出金属芯线，再进行连接。

剥离的绝缘层长度为50~100mm,通常线径小的导线剥离短些,线径粗的导线剥离长些。绝缘导线的种类较多,绝缘层的剥离方法也有所不同。

1. 硬绝缘导线绝缘层的剥离

对于截面积在 0.4mm² 以下的硬绝缘导线,可以使用钢丝钳(俗称老虎钳)剥离绝缘层,如图2-9所示。

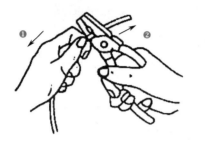

❶ 左手捏住导线,右手拿钢丝钳,将钳口钳住剥离处的导线,切不可用力过大,以免切伤内部芯线。
❷ 左、右手分别朝相反方向用力,绝缘层就会沿钢丝钳的运动方向脱离。

图2-9 截面积在 0.4mm² 以下的硬绝缘导线绝缘层的剥离

如果在剥离绝缘层时不小心伤及内部芯线,则在较严重时需要剪掉切伤部分的导线,重新剥离绝缘层。

对于截面积在 0.4mm² 以上的硬绝缘导线,可以使用电工刀来剥离绝缘层,如图2-10所示。

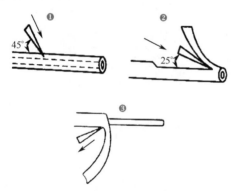

❶ 左手捏住导线,右手拿电工刀,将刀口以45°切入绝缘层,不可用力过大,以免切伤内部芯线。
❷ 刀口切入绝缘层后,让刀口和芯线保持25°,推动电工刀,将部分绝缘层削去。
❸ 将剩余的绝缘层反向扳过来,并用电工刀将剩余的绝缘层齐根削去。

图2-10 截面积在 0.4mm² 以上的硬绝缘导线绝缘层的剥离

2. 软绝缘导线绝缘层的剥离

可使用钢丝钳或剥线钳剥离软绝缘导线的绝缘层,但不可使用电工刀。因为软绝缘导线的芯线由多股细线组成,若用电工刀剥离,则容易切断部分芯线。用钢丝钳剥离软绝缘导线绝缘层的方法与剥离硬绝缘导线绝缘层的操作方法一样,这里只介绍如何用剥线钳剥离绝缘层,如图2-11所示。

3. 护套绝缘导线绝缘层的剥离

护套绝缘导线除了内部有绝缘层,在外面还有护套。在剥离护套绝缘导线的绝缘层时,先要剥离护套,再剥离内部的绝缘层。常用电工刀剥离护套,在剥离内部的绝缘层时,可根据情况使用钢丝钳、剥线钳或电工刀。护套绝缘导线绝缘层的剥离如图2-12所示。

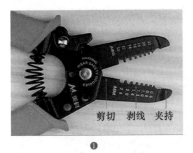 

① 将剥线钳钳入需要剥离的软绝缘导线，握住剥线钳手柄进行圆周运动，让钳口在导线的绝缘层上切出一个圆，注意不要切伤内部芯线。
② 往外推动剥线钳，绝缘层就会随钳口的移动方向脱离。

图 2-11 用剥线钳剥离绝缘层

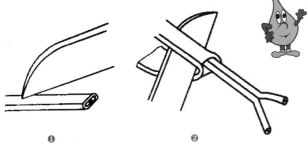

① 将护套绝缘导线平放在木板上，用电工刀的刀尖从中间划开护套。
② 将护套绝缘导线折弯，再用电工刀将护套齐根削去。根据护套绝缘导线内部芯线的类型，可选用钢丝钳、剥线钳或电工刀剥离内部绝缘层：若芯线是较粗的硬导线，则可使用电工刀；若芯线是细硬导线，则可使用钢丝钳；若芯线是软导线，则可使用剥线钳。

图 2-12 护套绝缘导线绝缘层的剥离

 2.2.2　绝缘导线间的连接

当导线长度不够或存在分支线路时，需要将导线与导线连接起来。导线的连接部位是线路的薄弱环节，正确进行导线连接可以增强线路的安全性、可靠性，使得用电设备能稳定、可靠地运行。在连接导线前，应先去除芯线上的污物和氧化层。本节主要介绍绝缘导线的连接方法。

1. 铜芯导线间的连接

（1）单股铜芯导线的直线连接

单股铜芯导线的直线连接如图 2-13 所示。

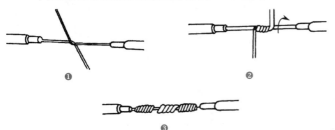

① 将去除绝缘层和氧化层的两根单股导线进行 X 形相交。
② 将两根导线向两边紧密、斜着缠绕 2～3 圈。
③ 将两根导线扳直，再向两边各绕 6 圈，多余的线头用钢丝钳剪掉。

图 2-13 单股铜芯导线的直线连接

25

（2）单股铜芯导线的T字形分支连接

单股铜芯导线的T字形分支连接如图2-14所示。

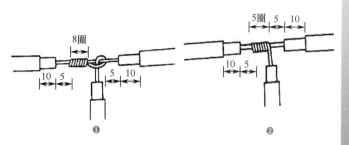

❶ 先将除去绝缘层和氧化层的支路芯线与主干芯线十字相交，然后将支路芯线在主干芯线上绕一圈并跨过支路芯线（即打结），再在主干芯线上缠绕8圈，将多余的支路芯线剪掉。

❷ 对于截面积小的导线，可以不打结，直接将支路芯线在主干芯线上缠绕几圈。

图2-14 单股铜芯导线的T字形分支连接

（3）7股铜芯导线的直线连接

7股铜芯导线的直线连接如图2-15所示。

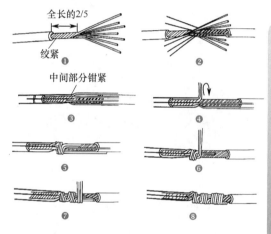

❶ 将去除绝缘层和氧化层的两根导线的7股芯线散开，并将绝缘层旁约2/5的芯线段绞紧。
❷ 将两根导线的芯线隔根交叉。
❸ 压平两端交叉的线头，并将中间部分钳紧。
❹ 将一端的7股芯线按2、2、3分成三组：把第一组的2股芯线扳直（即与主干芯线垂直）。
❺ 按顺时针方向在主干芯线上紧绕2圈，并将余下的扳到主干芯线上。
❻ 将第二组的2股芯线扳直，按顺时针方向在第一组芯线及主干芯线上紧绕2圈。
❼ 将第三组的3股芯线扳直，按顺时针方向在第一、二组芯线及主干芯线上紧绕2圈。
❽ 在三组芯线绕好后把多余的部分剪掉即可。

图2-15 7股铜芯导线的直线连接

（4）7股铜芯导线的T字形分支连接

7股铜芯导线的T字形分支连接如图2-16所示。

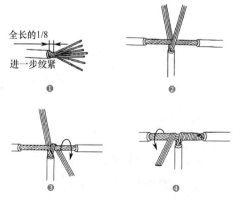

❶ 将去除绝缘层和氧化层的分支线的7股芯线散开，并将绝缘层旁约1/8的芯线段绞紧。
❷ 将分支线的7股芯线按3、4分成两组，并叉入主干芯线。
❸ 将第一组的3股芯线在主干芯线上按顺时针方向紧绕3圈，并将余下的芯线剪掉。
❹ 将第二组的4股芯线在主干芯线上按顺时针方向紧绕4圈，并将余下的芯线剪掉。

图2-16 7股铜芯导线的T字形分支连接

（5）不同直径的铜导线连接

不同直径的铜导线连接如图2-17所示。

图2-17　不同直径的铜导线连接

具体过程：将细导线的芯线在粗导线的芯线上绕5~6圈；将粗导线的芯线折弯压在细导线的芯线上，并把细导线的芯线在折弯的粗导线的芯线上绕3~4圈；将多余的细导线的芯线剪去。

（6）多股软导线与单股硬导线的连接

多股软导线与单股硬导线的连接如图2-18所示。

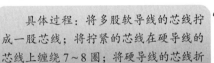

图2-18　多股软导线与单股硬导线的连接

具体过程：将多股软导线的芯线拧成一股芯线；将拧紧的芯线在硬导线的芯线上缠绕7~8圈；将硬导线的芯线折弯压在缠绕的软导线的芯线上。

（7）多芯导线的连接

多芯导线的连接如图2-19所示。从该图中可以看出，多芯导线的连接关键在于各连接点应相互错开，以防连接点之间短路。

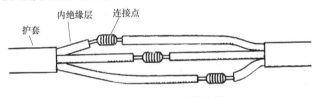

图2-19　多芯导线的连接

2．铝芯导线间的连接

铝芯导线采用铝材料作为芯线，铝材料易氧化，并在表面形成氧化铝。氧化铝的电阻率较高，如果线路安装的要求较高，则铝芯导线间一般利用铝压接管（见图2-20）进行连接。

图2-20　铝压接管

利用铝压接管连接铝芯导线的方法如图2-21所示。

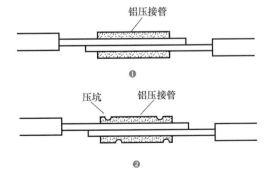
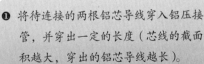
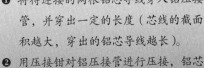

图2-21　用铝压接管连接铝芯导线

❶ 将待连接的两根铝芯导线穿入铝压接管，并穿出一定的长度（芯线的截面积越大，穿出的铝芯导线越长）。
❷ 用压接钳对铝压接管进行压接，铝芯导线的截面积越大，要求压坑越多。

如果需要将三根或四根铝芯导线压接在一起,则可按如图 2-22 所示的方法进行操作。

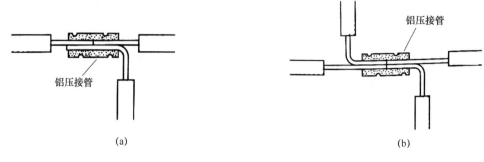

图 2-22　利用铝压接管连接三根或四根铝芯导线

3. 铝芯导线与铜芯导线的连接

当铝和铜接触时容易发生电化腐蚀,因此铝芯导线和铜芯导线不能直接连接,连接时需要用到铜铝压接管。铜铝压接管由铜和铝制作而成,如图 2-23 所示。

图 2-23　铜铝压接管

铝芯导线与铜芯导线的连接如图 2-24 所示。

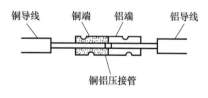

❶ 将铝芯导线从铜铝压接管的铝端穿入,芯线不要超过铜铝压接管的铜端;铜芯导线从铜铝压接管的铜端穿入,芯线不要超过铜铝压接管的铝端。
❷ 用压接钳压挤铜铝压接管,将铜芯导线与铜铝压接管的铜端压紧,铝芯导线与铜铝压接管的铝端压紧。

图 2-24　铝芯导线与铜芯导线的连接

 ## 2.2.3　绝缘导线与接线柱的连接

1. 绝缘导线与针孔式接线柱的连接

绝缘导线与针孔式接线柱的连接如图 2-25 所示。

2. 绝缘导线与螺钉平压式接线柱的连接

绝缘导线与螺钉平压式接线柱的连接如图 2-26 所示。

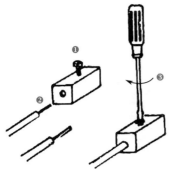

❶ 旋松接线柱上的螺钉。
❷ 将芯线插入针孔式接线柱内。
❸ 旋紧螺钉,如果芯线较细,可把它折成两股再插入接线柱。

图 2-25　绝缘导线与针孔式接线柱的连接

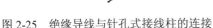

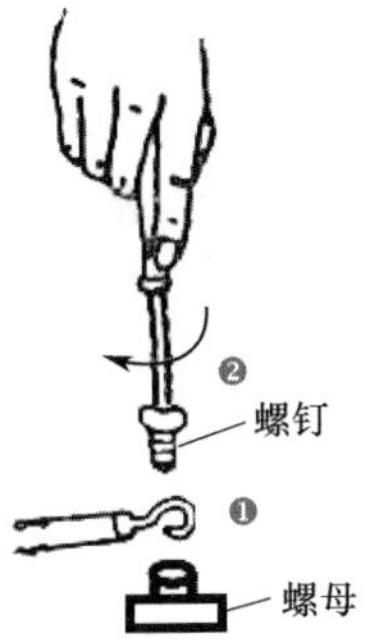

❶ 将芯线弯成圆环状,并保证芯线处于平分圆环的位置。
❷ 将圆环套在螺钉上,并旋紧螺钉,芯线就被紧压在螺钉和螺母之间。

图 2-26　绝缘导线与螺钉平压式接线柱的连接

 2.2.4　绝缘层的恢复

在芯线连接好后,为了安全起见,需要在芯线上缠绕绝缘材料,即恢复绝缘层。缠绕的绝缘材料主要有黄蜡带、黑胶带和涤纶薄膜胶带。缠绕绝缘材料的方法如图 2-27 所示。

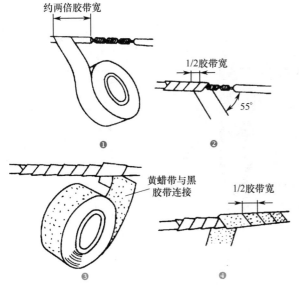

❶ 从左端绝缘层约两倍胶带宽处开始缠绕黄蜡带。
❷ 缠绕时,胶带保持与导线成55°,并且缠绕时胶带要压住上圈胶带的1/2,缠绕到导线右端绝缘层约两倍胶带宽处停止。
❸ 在导线右端将黑胶带与黄蜡带连接好。
❹ 从右往左斜向缠绕黑胶带,缠绕方法与黄蜡带相同,缠绕至导线左端黄蜡带的起始端结束。

图 2-27　缠绕绝缘材料的方法

第 3 章

电工仪表

3.1 指针式万用表的使用

指针式万用表是一种广泛使用的电子测量仪表，由一个灵敏度很高的直流电流表（微安表）、挡位开关和相关电路组成。指针式万用表可以测量电压、电流、电阻，还可以检测电子元器件的好坏。指针式万用表的种类很多，使用方法大同小异。本节以 MF-47 型万用表为例进行介绍。

3.1.1 面板介绍

MF-47 型万用表的面板如图 3-1 所示。**指针式万用表的面板主要由刻度盘、挡位开关、旋钮和插孔构成。**

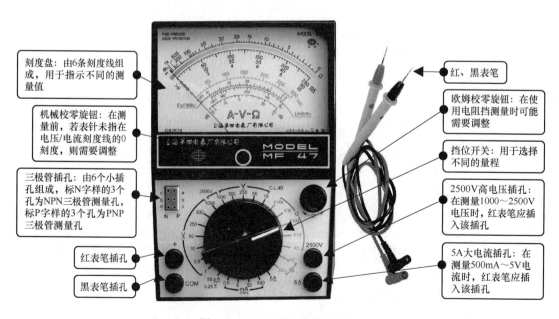

图 3-1　MF-47 型万用表的面板

1. 刻度盘

刻度盘用来指示测量值的大小，由 1 根表针和 6 条刻度线组成。刻度盘如图 3-2 所示。

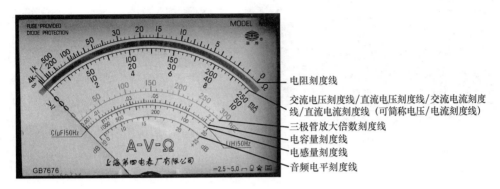

图 3-2　刻度盘

2. 挡位开关

挡位开关的功能是选择不同的测量挡位。挡位开关如图 3-3 所示。

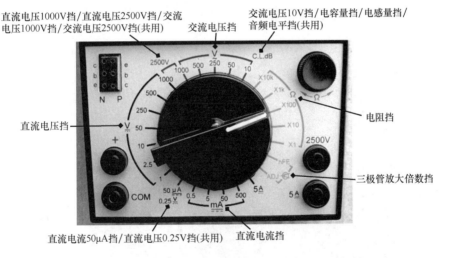

图 3-3　挡位开关

3.1.2　使用准备

指针万用表在使用前，需要安装电池、机械校零和安插表笔。

1. 安装电池

在使用指针式万用表前，需要安装电池，若不安装电池，则电阻挡和三极管放大倍数挡将无法使用，但电压、电流挡仍可使用。MF-47 型万用表需要 9V 和 1.5V 两个电池。万用表的电池安装如图 3-4 所示。

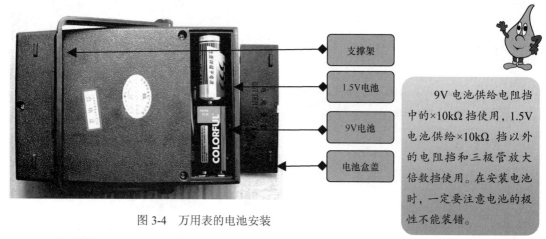

图 3-4　万用表的电池安装

2. 机械校零

在指针式万用表出厂时,大多数厂家已对万用表进行了机械校零。若由于某些原因造成表针未校零,则可自己进行机械校零。机械校零的过程如图 3-5 所示。

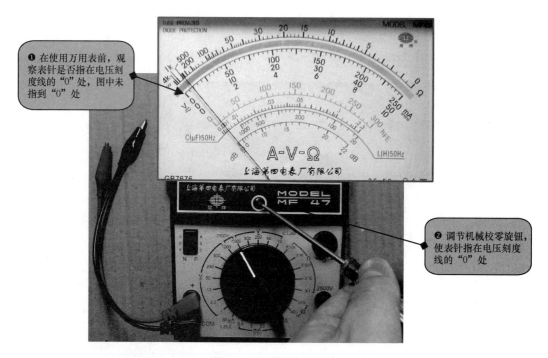

图 3-5　机械校零的过程

3. 安插表笔

万用表有红、黑两根表笔。在测量时,红表笔要插入标有"+"字样的插孔,黑表笔要插入标有"COM"或"-"字样的插孔。

3.1.3 测量直流电压

MF-47 型万用表的直流电压挡具体又分为 0.25V、1V、2.5V、10V、50V、250V、500V、1000V 和 2500V 挡。下面通过测量一节干电池的电压来说明直流电压的测量操作，如图 3-6 所示。

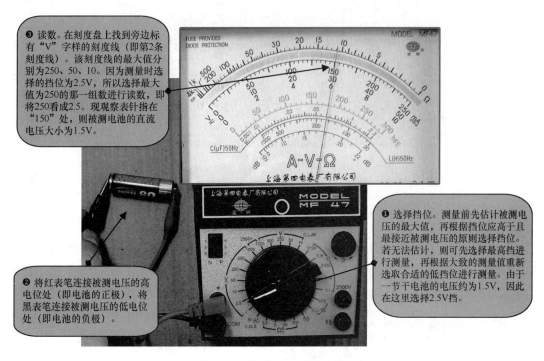

图 3-6 直流电压的测量操作（测量电池的电压）

补充说明：

❶ 在测量 1 000～2 500V 范围内的电压时，挡位开关应置于 1 000V 挡位，红表笔要插在 2 500V 专用插孔中，黑表笔仍插在 "COM" 插孔中，读数时选择最大值为 250 的那一组数。

❷ 直流电压 0.25V 挡与直流电流 50μA 挡是共用的，在测量直流电压时选择该挡可以测量 0～0.25V 范围内的电压，读数时选择最大值为 250 的那一组数，在测量直流电流时选择该挡可以测量 0～50μA 范围内的电流，读数时选择最大值为 50 的那一组数。

 ### 3.1.4 测量交流电压

MF-47 型万用表的交流电压挡具体又分为 10V、50V、250V、500V、1000V 和 2500V 挡。下面以测量市电电压的大小来说明交流电压的测量方法，测量操作如图 3-7 所示。

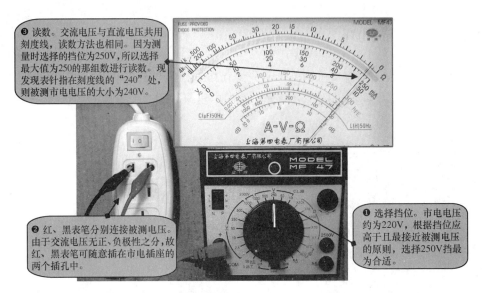

图 3-7 交流电压的测量操作（测量市电电压）

 3.1.5 测量直流电流

MF-47 型万用表的直流电流挡具体又分为 50μA、0.5mA、5mA、50mA、500mA 和 5A 挡。下面以测量流过灯泡的电流大小为例来说明直流电流的测量操作，如图 3-8 所示。如果流过灯泡的电流大于 500mA，则可将红表笔插入 5A 插孔，挡位仍置于 500mA 挡。

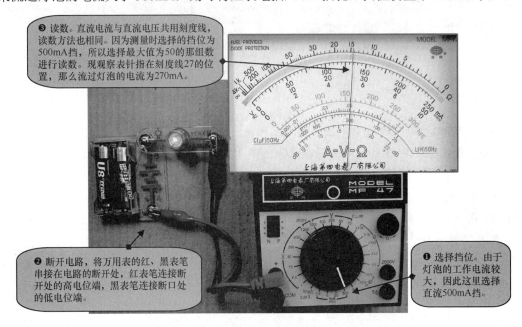

(a) 实际测量图

图 3-8 直流电流的测量操作

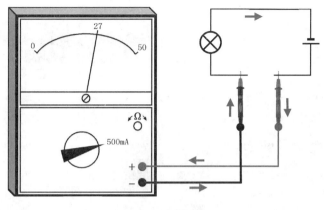

(b) 等效测量图

图 3-8 直流电流的测量操作（续）

注意：在测量电路的电流时，一定要断开电路，并将万用表串接在电路断开处，使得电流流过万用表，万用表才能测量电流的大小。

 ### 3.1.6 测量电阻

在测量电阻的阻值时需要选择电阻挡。MF-47 型万用表的电阻挡具体又分为×1Ω、×10Ω、×100Ω、×1kΩ 和×10kΩ 挡。下面通过测量一个电阻的阻值来说明电阻挡的使用，如图 3-9 所示。

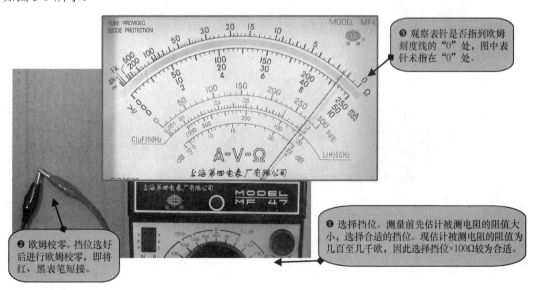

(a) 欧姆校零一

图 3-9 通过测量一个电阻的阻值来说明电阻挡的使用

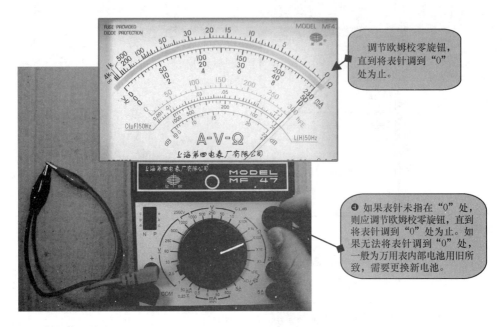

(b) 欧姆校零二

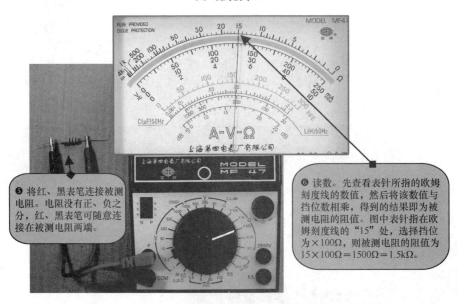

(c) 测量电阻值

图 3-9 通过测量一个电阻的阻值来说明电阻挡的使用（续）

3.1.7 万用表使用注意事项

在使用万用表时要按照正确的方法进行操作，否则会使测量值不准确，或者烧坏万用表，甚至会因触电而危害人身安全。**在使用万用表时要注意以下事项。**

- **测量时不要选错挡位，特别是不能用电流或电阻挡来测电压，这样极易烧坏万用表。**

万用表不用时，可将挡位置于交流电压的最高挡（如1000V挡）。
- 在测量直流电压或直流电流时，要将红表笔接电源或电路的高电位，黑表笔接电源或电路的低电位。若表笔接错会使表针反偏，这时应马上互换红、黑表笔位置。
- 若不能估计被测电压、电流或电阻的大小，应先选用最高挡进行测量。如果测量值偏小，则可根据测量值的大小选择相应的低挡位重新进行测量。
- 测量时，手不要接触表笔的金属部位，以免触电或影响测量的准确度。
- 在测量电阻值和三极管放大倍数时要进行欧姆校零，如果旋钮无法将表针调到电阻刻度线的"0"处，则可能原因为万用表内部电池失效，可更换新电池。

3.2 数字式万用表

数字式万用表与指针式万用表相比，具有测量准确度高、测量速度快、输入阻抗大、过载能力强和功能多等优点，因此它与指针式万用表一样，在电工电子技术的测量方面得到了广泛应用。数字式万用表的种类很多，但使用方法基本相同。下面以广泛使用的DT-830型数字式万用表为例来说明数字式万用表的使用方法。

3.2.1 面板介绍

数字式万用表的面板主要由显示屏、挡位开关和各种插孔构成。DT-830型数字式万用表的面板如图3-10所示。

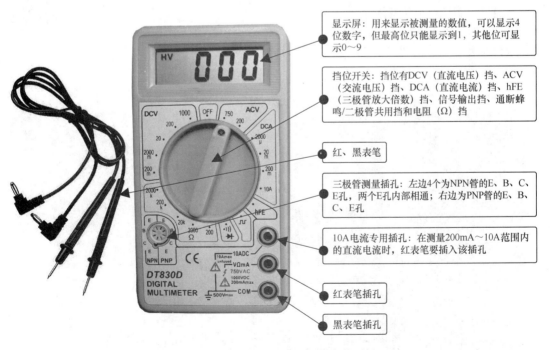

图3-10　DT-830型数字式万用表的面板

3.2.2 测量直流电压

DT-830型数字式万用表的直流电压挡具体又分为200mV挡、2000mV挡、20V挡、200V挡、1000V挡。下面通过测量一节电池的电压来说明直流电压的测量过程，如图3-11所示。

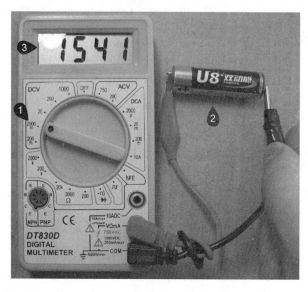

❶ 选择挡位。由于一节电池的电压约为1.5V，根据挡位应高于且最接近被测电压的原则，选择2000mV（2V）挡较为合适。

❷ 将红、黑表笔连接被测电压。红表笔连接被测电压的高电位处（即电池的正极），黑表笔连接被测电压的低电位处（即电池的负极）。

❸ 读数。显示屏显示的数值为"1541"，则被测电池的直流电压为1.541V。若显示屏显示的数字不断变化，则可选择其中较稳定的数字作为测量值。

图3-11 通过测量一节电池的电压来说明直流电压的测量过程

3.2.3 测量交流电压

DT-830型数字式万用表的交流电压挡具体又分为200V挡和750V挡。下面通过测量市电的电压值来说明交流电压的测量过程，如图3-12所示。

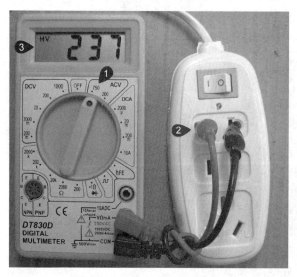

❶ 选择挡位。市电电压约为220V，根据挡位应高于且最接近被测电压的原则，选择750V挡最为合适。

❷ 将红、黑表笔连接被测电压。由于交流电压无正、负极之分，故红、黑表笔可随意插入市电插座的两个插孔内。

❸ 读数。显示屏显示的数值为"237"，则市电的电压值为237V。可选择其中较稳定的数字作为测量值。

图3-12 通过测量市电的电压值来说明交流电压的测量过程

3.2.4 测量直流电流

DT-830 型数字式万用表的直流电流挡具体又分为 2000μA 挡、20mA 挡、200mA 挡、10A 挡。下面以测量流过灯泡的电流大小为例来说明直流电流的测量过程，如图 3-13 所示。

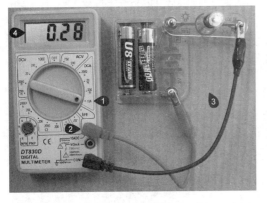

❶ 选择挡位。由于灯泡的工作电流较大，因此这里选择直流 10A 挡。
❷ 将红表笔插入 10A 电流专用插孔。
❸ 断开被测电路，将红、黑表笔分别串接在电路的断开处，红表笔连接断开处的高电位端，黑表笔连接断开处的低电位端。
❹ 读数。显示屏显示的数值为"0.28"，则流过灯泡的电流为 0.28A。

图 3-13 以测量流过灯泡的电流大小为例来说明直流电流的测量过程

 ### 3.2.5 测量电阻

DT-830 型万用表的电阻挡具体又分为 200Ω 挡、2000Ω 挡、20kΩ 挡、200kΩ 挡和 2000kΩ 挡。

1. 测量一个电阻的阻值

下面通过测量一个电阻的阻值来说明电阻挡的使用方法，如图 3-14 所示。

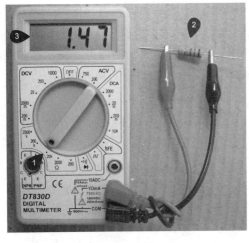

❶ 选择挡位。估计被测电阻的阻值不会大于 20k，根据挡位应高于且最接近被测电阻阻值的原则，选择 20k 挡最为合适。若无法估计电阻的大致阻值，则先用最高挡进行测量；若测量结果偏小，则根据显示的阻值更换合适的低挡位重新进行测量。
❷ 将红、黑表笔分别连接被测电阻的两个引脚。
❸ 读数。显示屏显示的数值为"1.47"，则被测电阻的阻值为 1.47kΩ。

图 3-14 通过测量一个电阻的阻值来说明电阻挡的使用方法

2. 测量导线的电阻

导线的电阻大小与导体材料、截面积和长度有关。对于采用相同导体材料（如铜）的导线，芯线越粗其电阻越小，芯线越长其电阻越大。因导线的电阻较小，数字式万用表一般使用200Ω挡测量，测量导线电阻的操作如图3-15所示。如果被测导线的电阻阻值无穷大，则导线开路。

注意：在使用数字式万用表的低电阻挡（200Ω挡）测量时，将两根表笔短接，通常会发现在显示屏中显示的阻值不为零，一般在零点几欧至几欧之间，该阻值主要为误差阻值，性能好的数字式万用表的误差阻值很小。由于数字式万用表无法进行欧姆校零，如果对测量准确度要求很高，可在测量前记下表笔短接时的阻值，再将测量值减去该值即为被测元器件或线路的实际阻值。

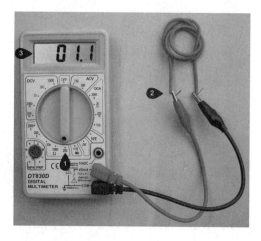

❶ 选择挡位。由于导线的电阻很小，故选择200Ω挡（最小电阻挡）。
❷ 将红、黑表笔连接导线的两端。
❸ 读数。显示屏显示的数值为"1.1"，则被测导线的电阻值为1.1Ω，电阻很小，说明导线是导通的。若显示"1"或"OL"，则说明导线电阻超出当前挡位的量程，导线内部开路。

图3-15 测量导线电阻的操作

3.2.6 测量线路通/断

线路通断可以用万用表的电阻挡检测，但每次检测时都要通过查看显示屏的电阻阻值来判断，这样有些麻烦。为此**有的数字式万用表专门设置了二极管/通断测量挡。在测量时，当被测线路的电阻小于一定值（一般为50Ω）时，万用表会发出蜂鸣声，提示被测线路处于导通状态**。利用二极管/通断测量挡检测导线通断的操作，如图3-16所示。

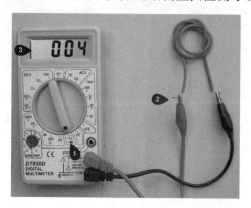

❶ 选择挡位。选择二极管/通断测量挡。
❷ 将红、黑表笔分别连接导线的两端。
❸ 查看显示屏。显示屏显示的值为导线的近似电阻（最大显示值为1999）。若显示值小于50，则万用表会发出蜂鸣声，表示导线是通的。

图3-16 利用二极管/通断测量挡检测导线通断的操作

3.3 电能表

 ### 3.3.1 种类与外形

电能表又称电度表,是一种用来计算用电量(电能)的测量仪表。电能表可分为单相电能表和三相电能表,分别用在单相和三相交流电源电路中。根据工作方式的不同,电能表又可分为电子式和机械式两种:电子式电能表利用电子电路来驱动计数机构对电能进行计数;机械式(又称感应式)电能表利用电磁感应产生的力矩来驱动计数机构对电能进行计数。常见的电能表外形如图 3-17 所示。

(a) 电子式和机械式电能表(单相)　　　　　(b) 电子式和机械式电能表(三相)

图 3-17　常见的电能表外形

 ### 3.3.2 单相电能表的接线

在使用电能表时,只有与线路正确连接才能令电能表正常工作。如果连接错误,轻则会出现电量计数错误,重则会烧坏电能表。在接线时,除了要注意一般的规律,还要认真查看电能表的接线说明图。单相电能表的接线如图 3-18 所示。

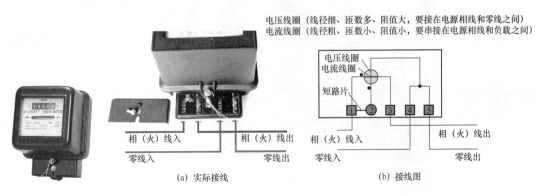

(a) 实际接线　　　　　　　　　　　(b) 接线图

图 3-18　单相电能表的接线

3.3.3 三相电能表的接线

三相电能表用于三相交流电源电路中,如果负载功率不是很大,则三相电能表可直接接在三相交流电源电路中。三相电能表的直接接线(三相四线式)如图 3-19 所示。

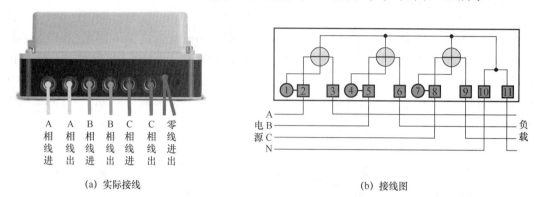

图 3-19 三相电能表的直接接线(三相四线式)

 ### 3.3.4 机械式电能表与电子式电能表的区分

机械式电能表和电子式电能表的区分如图 3-20 所示。两种电能表可从以下几个方面进行区分:

- 查看面板上有无铝盘:电子式电能表无,机械式电能表有。
- 查看面板型号:若面板型号的第 3 位为字母 S,则为电子式电能表,否则为机械式电能表,如 DDS633 为电子式电能表。
- 查看常数单位:电子式电能表的常数单位为 imp/kW·h(脉冲数/千瓦时);机械式电能表的常数单位为 r/kW·h(转数/千瓦时)。

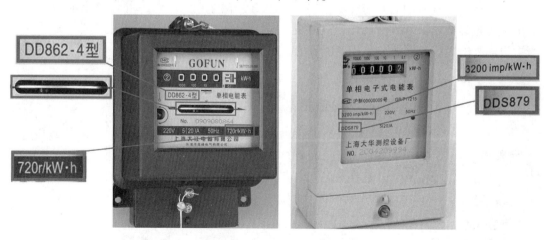

图 3-20 机械式电能表和电子式电能表的区分

3.3.5 电能表的型号与铭牌含义

1. 型号含义

电能表的型号一般由 5 部分组成，对各部分的说明如下。

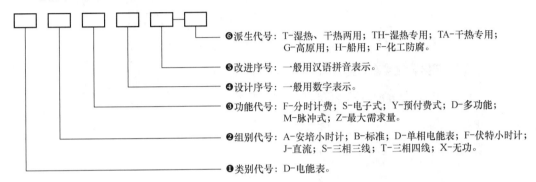

电能表的形式和功能很多，各厂家在型号命名上也不完全相同。大多数电能表只用两个字母表示其功能和用途，仅有一些特殊功能的电能表利用三个字母表示其功能和用途。例如：

- DD28 表示单相电能表：D-电能表，D-单相，28-设计序号。
- DS862 表示三相三线有功电能表：D-电能表，S-三相三线，86-设计序号，2-改进序号。
- DX8 表示无功电能表：D-电能表，X-无功，8-设计序号。
- DTD18 表示三相四线有功多功能电能表：D-电能表，T-三相四线，D-多功能，18-设计序号。

2. 铭牌含义

通常情况下，电能表铭牌含有以下内容：

- 计量单位的名称或符号。有功电能表的计量单位为 kWh（千瓦/时），无功电能表的计量单位为 kvarh（千乏/时）。
- 电量计数窗口。利用不同的颜色区分整数位和小数位。在电量计数窗口有倍乘系数，如×1000、×100、×10、×1、×0.1。
- 标定电流和额定最大电流。标定电流（又称基本电流）用于确定电能表有关特性的电流值，该值越小，电能表越容易启动；额定最大电流是指仪表能够满足规定计量准确度的最大电流值。当通过电能表的电流在标定电流和额定最大电流之间时，电能表计量准确；当电流小于标定电流或大于额定最大电流时，电能表的计量准确度会下降。一般情况下，不允许流过电能表的电流长时间大于额定最大电流。
- 工作电压。电能表所接电源的电压。单相电能表的电压利用电压线路接线端的电压表示，如220V；三相三线电能表的电压利用相数乘以线电压表示，如3×380V；三相四线电能表的电压利用相数乘以相电压/线电压表示，如3×220/380V。

- 工作频率。电能表所接电源的工作频率。
- 电能表常数。电能表常数是电能表记录的电能与相应的转数或脉冲数之间关系的常数。机械式电能表以 r/kWh（转数/千瓦时）为单位，表示计量 1 度电时的铝盘转数；电子式电能表以 imp/kWh（脉冲数/千瓦时）为单位。
- 型号。
- 制造厂名。

单相机械式电能表的铭牌含义如图 3-21 所示。

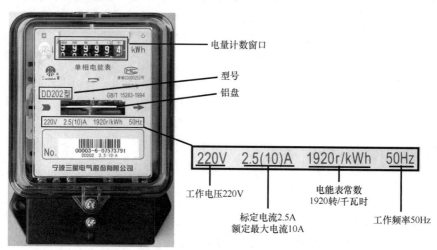

图 3-21 单相机械式电能表的铭牌含义

3.3.6 电能表的电流规格选用

在选用电能表时，先要确定电源类型是单相还是三相，再根据电源负载的功率确定电能表的电流规格。对于 220V 单相交流电源电路，应选用单相电能表，最大测量功率 P 与电能表额定最大电流 I 的关系：$P=I \times 220$；对于 380V 三相交流电源电路，应选用三相电能表，最大测量功率 P 与电能表额定最大电流 I 的关系：$P=3I \times 220$。电能表的常用电流规格及对应的最大测量功率如表 3-1 所示。

表 3-1 电能表的常用电流规格及对应的最大测量功率

单相电能表（220V）		三相电能表（380V）	
电流规格	最大测量功率	电流规格	最大测量功率
1.5（6）A	1.32kW	1.5（6）A	在外接电流互感器时使用
2.5（10）A	2.2kW	5（20）A	13.2kW
5（20）A	4.4kW	10（40）A	26.4kW
10（40）A	8.8kW	15（60）A	39.6kW
15（60）A	13.2kW	20（80）A	52.8kW
20（80）A	17.6kW	30（100）A	66kW

注："（）"中为电能表的额定最大电流。

3.4 钳形表

钳形表又称钳形电流表，是一种测量电气线路电流大小的仪表。 与电流表和万用表相比，钳形表的优点是在测量电流时不需要断开电路。

3.4.1 钳形表的结构与测量原理

钳形表可分为指针式钳形表和数字式钳形表两类：指针式钳形表利用内部电流表的指针摆动来指示被测电流的大小；数字式钳形表利用数字测量电路检测电流，并通过显示器将电流大小显示出来。指针式钳形表的结构如图 3-22 所示。指针式钳形表主要由铁芯、线圈、电流表、量程旋钮和扳手等组成。

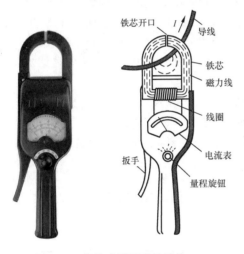

使用钳形表的步骤：按下扳手→铁芯开口张开→从开口处将导线放入铁芯中央→松开扳手→铁芯开口闭合。当有电流流过导线时，导线周围会产生磁场，磁场的磁力线沿铁芯穿过线圈，线圈立即产生电流。该电流经内部一些元器件后流进电流表。电流表的表针摆动，以便指示电流的大小。流过导线的电流越大、导线产生的磁场越大、穿过线圈的磁力线越多、线圈产生的电流越大、流进电流表的电流越大、表针摆动幅度越大，则指示的电流值越大。

图 3-22 指针式钳形表的结构

3.4.2 指针式钳形表的使用

1．实物外形

早期的钳形表仅能测电流（不需要安装电池），而现在常用的钳形表大多已将钳形表和万用表结合起来，不但可以测电流，还能测电压和电阻。常见的指针式钳形表（为了能使用万用表功能，需要安装电池）如图 3-23 所示。

2．使用方法

（1）准备工作

在使用钳形表测量前，要做好以下准备工作。

 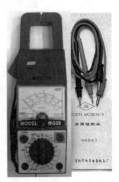

图 3-23 常见的指针式钳形表

- **安装电池**：安装时要注意电池的极性与电池盒的标注相同。
- **机械校零**：将钳形表平放在桌面上，观察表针是否指在刻度线的"0"处，若没有，则用螺丝刀调节刻度盘下方的机械校零旋钮，将表针调到"0"处。
- **安装表笔**：如果仅用钳形表测量电流，则不用安装表笔；如果要测量电压和电阻，则需要给钳形表安装表笔。在安装表笔时，应将红表笔插入标有"+"的插孔，将黑表笔插入标有"-"或"COM"的插孔。

（2）使用钳形表测电流

钳形表测量电流时，一般按以下操作进行。

- **估计被测电流大小的范围，选取合适的电流挡位。**
- **钳入被测导线**。按下钳形表上的扳手，张开铁芯，钳入一根导线。正确的测量方法如图 3-24（a）所示。表针摆动，指示导线流过的电流大小。测量时要注意，不能将两根导线同时钳入，这是因为两根导线流过的电流大小相等，但方向相反，由两根导线产生的磁场方向也是相反的，钳形表测出的电流值将为 0。如果不为 0，则说明两根导线流过的电流不相等，负载漏电（一根导线的部分电流经绝缘性能差的物体直接到地，没有全部流到另一根导线上）。此时钳形表测出的值为漏电电流值。错误的测量方法如图 3-24（b）所示。
- **读数**。观察表针指在交流电流刻度线的数值，并配合挡位数进行综合读数。例如，在图 3-24（a）中，表针指在交流电流刻度线的 3.5 处，此时挡位为交流电流 50A 挡，读数时要将交流电流刻度线的最大值 5 看成 50，即被测导线流过的电流值为 35A。

如果被测导线的电流较小，则可将导线在钳形表的铁芯上多绕几圈再测量。利用钳形表测量小电流的方法如图 3-25 所示。若将导线在铁芯上绕两圈，则测出的电流值是实际电流的两倍。

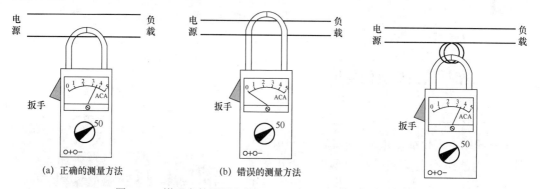

图 3-24　钳形表的测量方法　　　图 3-25　利用钳形表测量小电流的方法

大多钳形表可在不断开电路的情况下测量电流，也能像万用表一样测量电压和电阻。钳形表在测量电压和电阻时，需要安装表笔，通过表笔接触电路或元器件进行测量，具体的测量方法与万用表的测量方法一样，这里不再赘述。

3．使用注意事项

在使用钳形表时，为了使用安全和测量准确，需要注意以下事项。

- 应选择合适的挡位，不要用低挡位测大电流。
- 在测量时，每次只能钳入一根导线。若钳入导线后发现有振动和碰撞声，则应重新打开钳口，并开合几次，直至噪声消失。
- 在测量大电流后再测量小电流时，也需要开合钳口数次，消除铁芯上的剩磁，以免产生测量误差。
- 在测量时不要切换量程，以免在切换时线圈瞬间开路，从而感应出很高的电压，造成表内的元器件损坏。
- 在测量一根导线的电流时，应尽量让其他的导线远离钳形表，以免受到这些导线产生的磁场影响，从而使测量误差增大。
- 在测量裸露线时，需要用绝缘物将其与其他的导线隔开，以免因开合钳口引起短路。

3.4.3 数字式钳形表的使用

1. 实物外形及面板介绍

常用的数字式钳形表如图 3-26 所示，它除了具有钳形表无须断开电路就能测量交流电流的功能，还具有部分数字式万用表的功能（在应用数字式万用表的功能时，需要用到测量表笔）。

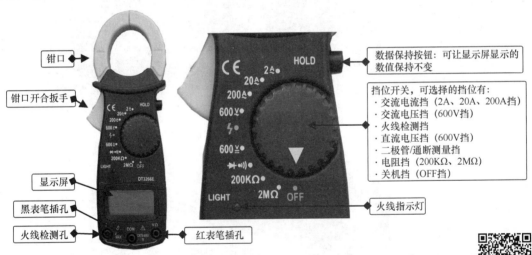

图 3-26 常用的数字式钳形表

2. 使用方法

（1）测量交流电流

为了便于利用钳形表测量用电设备的交流电流，可按如图 3-27 所示制作一个电源插座，利用电源插座和钳形表测量电烙铁的工作电流的操作如图 3-28 所示。

（2）测量交流电压

在利用钳形表测量交流电压时，需要用到测量表笔，测量操作如图 3-29 所示。

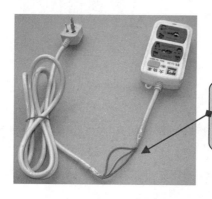

图 3-27 制作一个电源插座

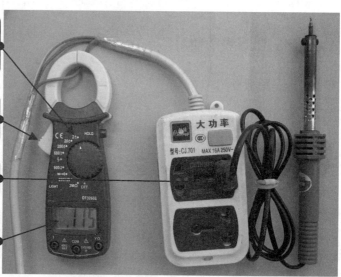

图 3-28 利用电源插座和钳形表测量电烙铁的工作电流的操作

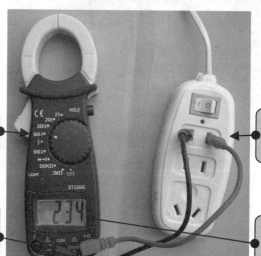

图 3-29 测量操作

（3）判别火线（相线）

有的钳形表具有火线检测挡，利用该挡可以判别出火线。利用钳形表的火线检测挡判别火线的测量操作如图 3-30 所示。

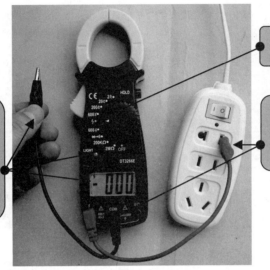

图 3-30 利用钳形表的火线检测挡判别火线的测量操作

如果数字钳形表没有火线检测挡，则可用交流电压挡来判别火线：选择交流电压 20V 以上的挡位，一只手捏着黑表笔的绝缘部位，另一只手将红表笔先后插入电源插座的两个插孔，同时观察显示屏显示的感应电压大小，以显示感应电压值大的一次为准，红表笔插入的为火线插孔。

3.5 摇表（兆欧表）

摇表是一种测量绝缘电阻的仪表。由于这种仪表的阻值单位通常为兆欧（MΩ），所以又常称为兆欧表，**主要用来测量电气设备和电气线路的绝缘电阻**，以及判断电气设备是否漏电等。有些万用表也可以测量兆欧级的电阻，但万用表本身提供的电压低，无法测量高压下电气设备的绝缘电阻。例如，有些设备在低压下的绝缘电阻很大，但电压升高后，绝缘电阻很小，漏电很严重，容易造成触电事故。

 ### 3.5.1 实物介绍

摇表的面板及接线端如图 3-31 所示。

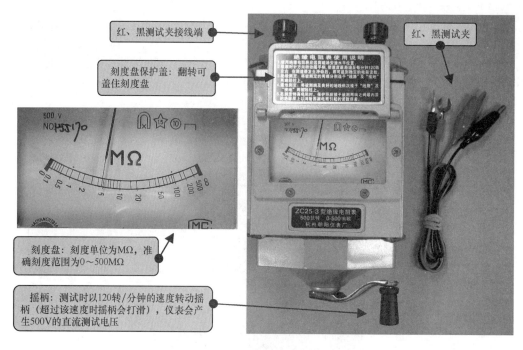

(a) 面板

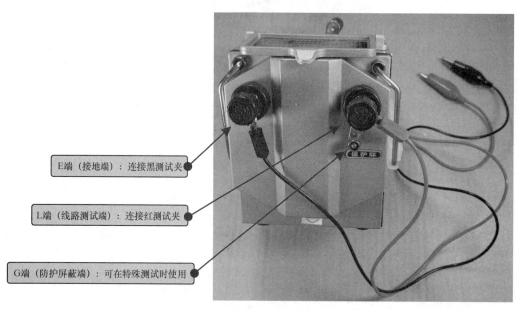

(b) 接线端

图 3-31 摇表的面板及接线端

3.5.2 工作原理

摇表主要由磁电式比率计(磁电式比率计由线圈 1、线圈 2、表针和磁铁组成)、手摇发电机和测量电路组成。摇表的结构与工作原理如图 3-32 所示。

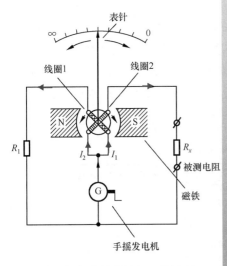

图 3-32 摇表的结构与工作原理

在使用摇表测量时,先将被测电阻按图 3-32 所示的方法接好,然后摇动手摇发电机,发电机将产生几百至几千伏的高压,并从"+"端输出电流,电流分为 I_1、I_2 两路:I_1 经线圈 1、R_1 回到发电机的"-"端;I_2 经线圈 2、被测电阻 R_x 回到发电机的"-"端。

当电流流过线圈 1 时,会产生磁场,线圈产生的磁场与磁铁的磁场相互作用,令线圈 1 逆时针旋转,并带动表针往左摆动指向"∞"处;当电流流过线圈 2 时,表针会往右摆动指向"0"处。当线圈 1、2 都有电流流过时(两个线圈的参数相同),若 $I_1=I_2$,即 $R_1=R_x$ 时,表针指在中间;若 $I_1>I_2$,即 $R_1<R_x$ 时,表针偏左,指示 R_x 的阻值大;若 $I_1<I_2$,即 $R_1>R_x$ 时,表针偏右,指示 R_x 的阻值小。

在摇动手摇发电机时,由于很难保证发电机匀速转动,所以发电机输出的电压和流出的电流是不稳定的,但因为流过两个线圈的电流同时变化,如发电机输出的电流小时,流过两个线圈的电流都会变小,故不会影响测量结果。由于发电机会发出几百至几千伏的高压,并经线圈加到被测物两端,因此能真实反映被测物在高压下的绝缘电阻大小。

 3.5.3 使用方法

1. 使用前的准备工作

在使用摇表前,要做好以下准备工作,如图 3-33 所示:

- 连接测量线。摇表有三个接线端:L 端(LINE:线路测试端)、E 端(EARTH:接地端)和 G 端(GUARD:防护屏蔽端)。一般情况下,只将 L 端和 E 端连接测试线。
- 进行开路实验。让 L 端、E 端之间开路,并转动摇柄,使转速达到额定转速,这时表针应指在"∞"处,如图 3-33(a)所示。若不能指到该位置,则说明摇表有故障。
- 进行短路实验。将 L 端、E 端的测量线短接,并转动摇柄,使转速达到额定转速,这时表针应指在"0"处,如图 3-33(b)所示。

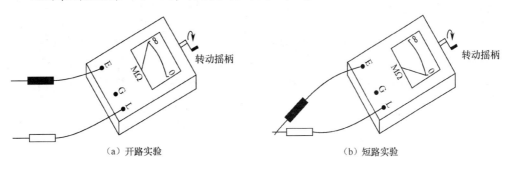

(a) 开路实验　　　　　　　　　　　(b) 短路实验

图 3-33 摇表使用前的准备工作

2. 使用方法

若开路实验和短路实验都正常,就可以开始用摇表进行测量了,操作步骤如下。

❶ **根据被测物的额定电压大小选择相应额定电压的摇表**。在使用摇表进行测量时,手摇发电机会产生电压,但并不是所有的摇表产生的电压都相同,如ZC25-3型摇表产生500V电压,而ZC25-4型摇表能产生1000V电压。在选择摇表时,应注意其额定电压要比被测物的额定电压高,如额定电压为380V及以下的被测物,可选用额定电压为500V的摇表进行测量。不同额定电压的被测物及选用的摇表如表3-2所示。

表3-2 不同额定电压的被测物及选用的摇表

被测物	被测物的额定电压（V）	所选摇表的额定电压（V）
线圈	<500	500
	≥500	1000
电力变压器和电动机绕组	≥500	1000～2500
发电机绕组	≤380	1000
电气设备	<500	500～1000
	≥500	2500

❷ **测量并读数**。切断被测物的电源,将L端与被测物的导体部分连接、E端与被测物的外壳或其他与之绝缘的导体连接,转动摇柄,让转速保持在额定转速(允许有20%的转速误差),待表针稳定后进行读数。

3. 使用举例

（1）测量导线间的绝缘电阻

利用摇表测量护套线的两根芯线间绝缘电阻的过程如图3-34所示。

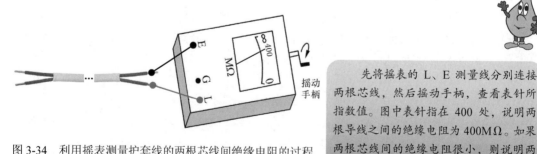

图3-34 利用摇表测量护套线的两根芯线间绝缘电阻的过程

先将摇表的L、E测量线分别连接两根芯线,然后摇动手柄,查看表针所指数值。图中表针指在400处,说明两根导线之间的绝缘电阻为400MΩ。如果两根芯线间的绝缘电阻很小,则说明两根芯线间的绝缘变差;若绝缘电阻小于0.5MΩ,则不能继续使用这根护套线。

（2）测量电气设备外壳与线路间的绝缘电阻

测量洗衣机外壳与线路间绝缘电阻的过程如图3-35所示。

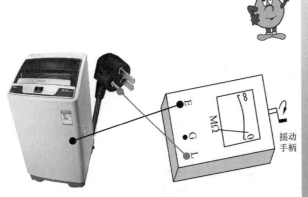

先拔出洗衣机的电源插头,将摇表的 L 测量线连接电源插头的左插片或右插片,不要连接中间插片(该插片为接地端,与外壳直接连接)。再将测量线连接洗衣机外壳,用于测量洗衣机的电气线路与外壳之间的绝缘电阻。在正常情况下,这个阻值很大(接近无穷大)。如果测得的绝缘电阻小(小于 $0.5M\Omega$),则说明内部电气线路与外壳之间存在着较大的漏电电流。若人员接触其外壳,将会造成人员触电。这时要检查电气线路与外壳漏电的部位,排除后才能给洗衣机通电。

图 3-35 测量洗衣机外壳与线路间绝缘电阻的过程

3.5.4 使用注意事项

在使用摇表进行测量时,需要注意以下事项。

- 应正确选用摇表。若选用额定电压过高的摇表进行测量,则易击穿被测物;若选用额定电压过低的摇表进行测量,则不能反映被测物的真实绝缘电阻。
- 在测量电气设备时,一定要切断设备的电源并等待一定的时间再测量,目的是让电气设备放完残存的电。
- 测量时,摇表的测量线不能绕在一起,以避免测量线之间的绝缘电阻影响被测物。
- 测量时,应顺时针由慢到快转动摇柄,直至转速达到额定转速,可在 1min 后读数(读数时仍要转动摇柄)。
- 在转动摇柄时,手不可接触测量线的裸露部位和被测物,以免触电。
- 应将被测物表面擦拭干净,不得有污物,以免造成测量数据不准确。

第 4 章

低压电器

低压电器通常是指工作在交流电压 1200V 或直流电压 1500V 以下的电器。常见的低压电器有开关、熔断器、断路器、漏电保护器、接触器和继电器等。在进行电气线路安装时，电源和负载（如电动机）之间用低压电器通过导线连接起来，可以实现负载的接通、切断、保护等控制功能。

4.1 开关

开关是电气线路中使用最广泛的一种低压电器，其作用是接通和切断电气线路。常见的开关有照明开关、按钮开关、闸刀开关、组合开关等。

4.1.1 照明开关

照明开关用来接通和切断照明线路，允许流过的电流不能太大。常见的照明开关如图 4-1 所示。

图 4-1 常见的照明开关

4.1.2 按钮开关

按钮开关用来在短时间内接通或切断小电流电路，主要用在电气控制电路中。按钮开关允许流过的电流较小，一般不能超过 5A。按钮开关用符号"SB"表示，可分为三种类型：常闭按钮开关、常开按钮开关和复合按钮开关。这三种开关的结构与符号如图 4-2 所示。常见的按钮开关如图 4-3 所示。有些按钮开关内部有多对常开、常闭触点（常开触点也称为 A 触点，常闭触点又称 B 触点），可以在接通多个电路的同时切断多个电路。

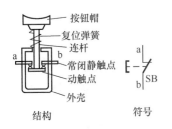

未按下按钮时,依靠复位弹簧的作用力使内部的动触点将常闭静触点a、b接通;按下按钮时,动触点与常闭静触点脱离,a、b断开;松开按钮后,动触点自动复位。

(a) 常闭按钮开关

未按下按钮时,动触点与常开静触点c、d断开;按下按钮时,动触点与常开静触点接通;松开按钮后,动触点自动复位。

(b) 常开按钮开关

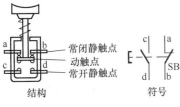

未按下按钮时,动触点与常闭静触点a、b接通,而与常开静触点断开;按下按钮时,动触点与常闭静触点断开,而与常开静触点接通;松开按钮后,动触点自动复位。

(c) 复合按钮开关

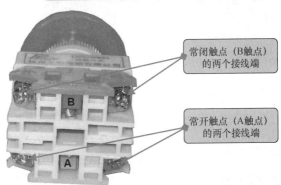

(d) 复合按钮的接线端

图 4-2 按钮开关的结构与符号

图 4-3 常见的按钮开关

4.1.3 闸刀开关

闸刀开关又称开启式负荷开关、瓷底胶盖闸刀开关，简称刀开关，可分为单相闸刀开关和三相闸刀开关。它的外形、结构与符号如图 4-4 所示。闸刀开关除了能接通、断开电源，还能起到过流保护作用（其内部一般会安装熔丝）。

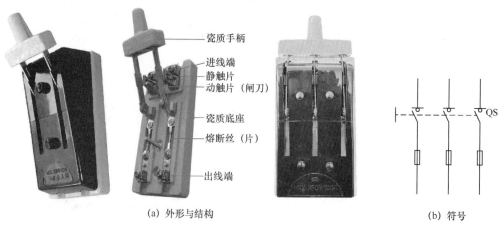

图 4-4　闸刀开关

闸刀开关需要垂直安装：进线装在上方，出线装在下方，不能接反，以免触电。 由于闸刀开关没有灭电弧装置（在闸刀接通或断开时产生的电火花称为电弧），因此不能用于大容量负载的通断控制。**闸刀开关一般用在照明电路中，也可以用在非频繁启动/停止的小容量电动机中。**

 ### 4.1.4 组合开关

组合开关又称转换开关，是一种由多层触点组成的开关。 组合开关的外形、结构与符号如图 4-5 所示。组合开关不宜进行频繁的转换操作，常用于控制 4kW 以下的小容量电动机。

组合开关由三组动触点、三组静触点组成。当旋转手柄时，可以同时调节三组动触点与三组静触点之间的通断。为了有效灭弧，组合开关在转轴上装有弹簧，在操作手柄时，依靠弹簧的作用可以迅速接通或断开触点。

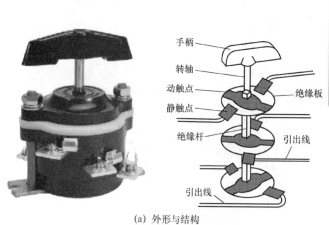
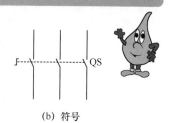

图 4-5　组合开关

4.1.5 倒顺开关

倒顺开关又称可逆转开关,属于较特殊的组合开关,专门用来控制小容量三相异步电机的正转和反转。倒顺开关的外形与符号如图 4-6 所示。

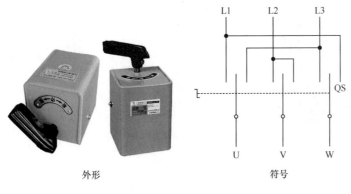

倒顺开关有"倒""停""顺"3 个位置:当开关处于"停"位置时,动触点与静触点均处于断开状态;当开关由"停"旋转至"顺"位置时,动触点 U、V、W 分别与静触点 L1、L2、L3 接触;当开关由"停"旋转至"倒"位置时,动触点 U、V、W 分别与静触点 L3、L2、L1 接触。

图 4-6 倒顺开关

 4.1.6 万能转换开关

万能转换开关由在多个触点中间铺设绝缘层构成,主要用来转换控制线路,也可用于小容量电动机的启动、转向和变速等。万能转换开关的外形、符号和触点分合表如图 4-7 所示。

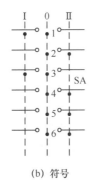

触点号	Ⅰ	0	Ⅱ
1	×	×	
2		×	×
3	×	×	
4		×	×
5		×	×
6		×	×

(a) 外形 (b) 符号 (c) 触点分合表

图 4-7 万能转换开关

图 4-7 中的万能转换开关有 6 路触点,它们的通断受手柄的控制。手柄有Ⅰ、0、Ⅱ共 3 个挡位,手柄处于不同挡位时,6 路触点的通断情况不同。在万能转换开关的符号中,"——○ ○——"表示一路触点;竖虚线表示手柄位置;"•"表示手柄处于虚线所示的挡位时该路触点接通。例如,手柄处于"0"挡位时,6 路触点在该挡位虚线上都标有"•",表示在"0"挡位时 6 路触点都是接通的;手柄处于"Ⅰ"挡时,第 1、3 路触点接通;手柄处于"Ⅱ"挡时,第 2、4、5、6 路触点接通。万能转换开关触点在不同挡位的通断情况也可以通过图 4-7(c)的触点分合表进行说明,"×"表示相通。

57

4.1.7 行程开关

行程开关是一种利用机械运动部件的碰压使触点接通或断开的开关。行程开关的外形与符号如图 4-8 所示。

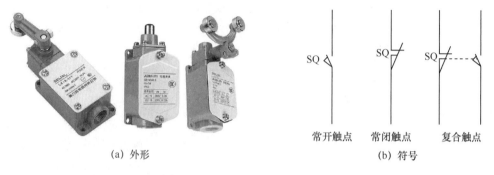

(a) 外形　　　　　　　　　　　　　　(b) 符号

图 4-8　行程开关的外形与符号

行程开关的种类很多，根据结构可分为直动式（或称按钮式）、旋转式、微动式和组合式等。直动式行程开关的结构示意图如图 4-9 所示。

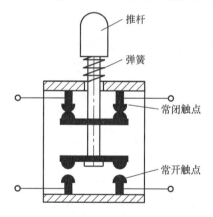

图 4-9　直动式行程开关的结构示意图

> 行程开关的结构与按钮开关的结构基本相同，但将按钮改成了推杆。在使用时将行程开关安装在机械部件的运动路径中，当机械部件运动到行程开关位置时，会撞击推杆而让常闭触点断开、常开触点接通。

4.1.8 开关的检测

开关的种类很多，但检测方法大同小异，一般采用万用表的电阻挡检测触点的通断情况。下面以检测复合按钮开关为例进行检测。该开关有一个常开触点和一个常闭触点，共有 4 个接线端子。复合按钮开关的常闭触点检测如图 4-10 所示（常开触点的检测方法与之相似）。

在测量常闭或常开触点时，如果出现阻值不稳定的情况，则通常是由于相应的触点接触不良引起的。此时可将开关拆开进行检查，找出具体的故障原因，并进行排除。若无法排除，则需要更换新的开关。

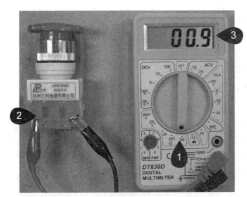

(a) 未按下按钮时检测常闭触点

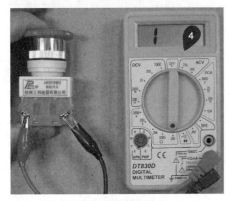

(b) 按下按钮时检测常闭触点

图 4-10 复合按钮开关的常闭触点检测

❶ 挡位开关选择 200Ω 挡。
❷ 将红、黑表笔连接常闭触点的两个端子。
❸ 显示屏数值为 0.9Ω（电阻值很小），表明在未按下按钮时常闭触点是导通的。若万用表显示超出量程符号"1"或"OL"，则表明常闭触点开路。
❹ 按下按钮不放，观察到显示屏显示超出量程符号"1"，表明在按下按钮时常闭触点断开。若万用表显示的电阻很小，则说明常闭触点短路。

4.2 熔断器

熔断器是对电路、用电设备在短路和过载时进行保护的电器。 熔断器一般串接在电路中，当电路正常工作时，熔断器相当于一根导线；当电路出现短路或过载时，流过熔断器的电流很大，熔断器就会开路，从而保护电路和用电设备。

熔断器的种类很多，常见的有 RC 插入式熔断器、RL 螺旋式熔断器、RM 无填料封闭式熔断器、RS 有填料快速熔断器、RT 有填料封闭管式熔断器和 RZ 自复式熔断器等。熔断器的型号含义说明如下。

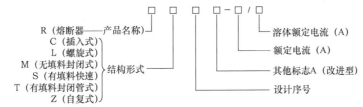

4.2.1 RC 插入式熔断器

RC 插入式熔断器主要用于电压在 380V 及以下、电流在 5~200A 的电路中，如照明电路和小容量的电动机电路。常见的 RC 插入式熔断器如图 4-11 所示。

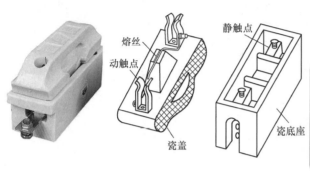

RC 插入式熔断器用在额定电流为 30A 以下的电路中时，熔丝一般采用铅锡丝；用在电流为 30~100A 的电路中时，熔丝一般采用铜丝；用在电流为 100A 以上的电路中时，熔丝一般采用铜片。

图 4-11 RC 插入式熔断器

4.2.2 RL 螺旋式熔断器

常见的 RL 螺旋式熔断器如图 4-12 所示。RL 螺旋式熔断器具有体积小、分断能力较强、工作安全可靠、安装方便等优点，通常用在电流为 200A 以下的配电箱、控制箱和机床电动机的控制电路中。

在使用这种熔断器时，要在内部安装一个螺旋状的熔管：先将熔断器的瓷帽旋下，再将熔管放入内部，最后旋好瓷帽。熔管上、下方为金属盖（熔管内部装有石英砂和熔丝）。有的熔管上方的金属盖中央有一个红色的熔断指示器，当熔丝熔断时，指示器颜色会发生变化，以指示内部熔丝已断。指示器的颜色变化可以通过熔断器瓷帽上的玻璃窗口观察到。

图 4-12 RL 螺旋式熔断器

4.2.3 RM 无填料封闭式熔断器

常见的 RM 无填料封闭式熔断器如图 4-13 所示。RM 无填料封闭式熔断器具有保护性强、分断能力强、熔体更换方便、安全可靠等优点，主要用在交流电压 380V 以下、直流电压 440V 以下、电流 600A 以下的电力电路中。

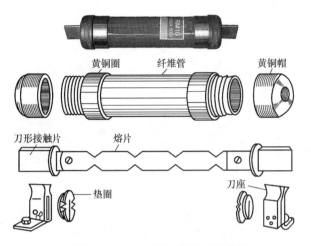

> RM 无填料封闭式熔断器可以拆卸，其熔体是一种锌片，被安装在纤维管中。锌片两端的刀形接触片穿过黄铜帽，再通过垫圈安插在刀座中。当大电流通过这种熔断器时，锌片上窄的部分最先熔断，使得中间大段的锌片脱落，形成很大的间隔，从而有利于灭弧。

图 4-13　RM 无填料封闭式熔断器

 ## 4.2.4　RS 有填料快速熔断器

两种常见的 RS 有填料快速熔断器如图 4-14 所示。

> RS 有填料快速熔断器主要用于进行硅整流器件、晶闸管器件等半导体器件及其配套设备中的短路和过载保护，内部采用金属银作为熔体，具有熔断迅速等优点。

图 4-14　RS 有填料快速熔断器

 ## 4.2.5　RT 有填料封闭管式熔断器

RT 有填料封闭管式熔断器又称石英熔断器，常用于进行变压器和电动机等电气设备的过载和短路保护。在使用时，这种熔断器可用螺钉、卡座等与电路连接起来。常见的 RT 有填料封闭管式熔断器及安装卡座如图 4-15 所示。RT 有填料封闭管式熔断器具有保护性强、分断能力强、灭弧性能强、使用安全等优点。

图 4-15　常见的 RT 有填料封闭管式熔断器及安装卡座

4.2.6 熔断器的检测

虽然熔断器的种类很多，但检测方法基本相同。**熔断器的常见故障是开路和接触不良。** 下面说明熔断器的检测方法，如图 4-16 所示。

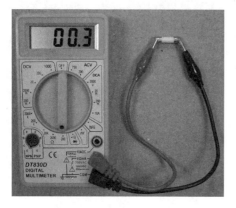

在检测时，先将万用表的挡位开关设为 200Ω 挡，然后将红、黑表笔分别连接熔断器的两端，用来测量熔断器的电阻。若熔断器正常，则电阻接近 0Ω；若显示屏显示超出量程符号"1"或"OL"（电阻无穷大），则表明熔断器开路；若阻值不稳定（时大时小），则表明熔断器内部接触不良。

图 4-16 熔断器的检测方法

4.3 断路器

断路器又称自动空气开关（可简写为 QF），既能对电路进行不频繁的通断控制，又能在电路出现过载、短路和欠电压（电压过低）时自动掉闸（即自动切断电路），因此它既是一个开关电器，又是一个保护电器。

 4.3.1 外形与符号

断路器的种类较多。常用的塑料外壳式断路器的外形与符号如图 4-17 所示。在断路器上标有额定电压、额定电流和工作频率等。

(a) 外形

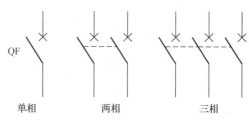
(b) 符号

图 4-17 断路器的外形与符号

 4.3.2 结构与工作原理

断路器的典型结构如图 4-18 所示。该断路器是一个三相断路器，内部主要由主触点、

反力弹簧、搭钩、杠杆、电磁脱扣器、热脱扣器和欠电压脱扣器等组成，可以实现过电流保护、过热保护和欠电压保护的功能。

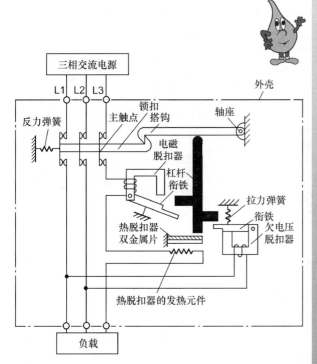

❶ 过电流保护：三相交流电源经断路器的三个主触点和三条线路为负载提供三相交流电，其中一条线路串接了电磁脱扣器和发热元件。当负载有严重短路时，流过线路的电流很大，流过电磁脱扣器的电流也很大，线圈产生很强的磁场并通过铁芯吸引衔铁，衔铁带动杠杆上移，使两个搭钩脱离，依靠反力弹簧的作用，令三个主触点的动触点、静触点断开，从而切断电源。

❷ 过热保护：若负载长时间超负荷运行，则流过发热元件的电流长时间偏大，发热元件温度升高，并加热附近的双金属片（热脱扣器），其中上面的金属片热膨胀小。双金属片受热后向上弯曲，推动杠杆上移，使两个搭钩脱离，令三个主触点的动触点、静触点断开，从而切断电源。

❸ 欠电压保护：断路器的欠电压脱扣器与两条电源线连接，当三相交流电源的电压很低时，两条电源线之间的电压也很低，流过欠电压脱扣器的电流小，线圈产生的磁场弱，不足以吸住衔铁。在拉力弹簧的作用下，衔铁带动杠杆上移，使两个搭钩脱离，令三个主触点的动触点、静触点断开，从而断开电源与负载的连接。

图 4-18　断路器的典型结构

 4.3.3　面板参数的识读

在断路器面板上一般会标注重要的参数，在选用时要会识读这些参数的含义。断路器的面板参数识读如图 4-19 所示。

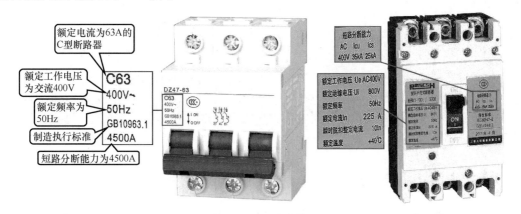

图 4-19　断路器的面板参数识读

4.3.4 断路器的检测

通常使用万用表的电阻挡检测断路器。断路器的检测过程如图 4-20 所示。

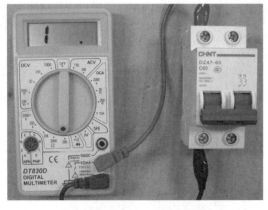

先将断路器的开关拨至 OFF 位置，然后将红、黑表笔分别连接断路器一路触点的两个接线端子，在正常情况下电阻应为无穷大（数字式万用表显示超出量程符号"1"或"OL"）。再次利用同样的方法测量其他路触点的接线端子间的电阻。若某路触点的电阻为 0 或时大时小，则表明断路器的该路触点短路或接触不良。

(a) 断路器开关处于 OFF 时的检测

先将断路器上的开关拨至 ON 位置，然后将红、黑表笔分别连接断路器一路触点的两个接线端子。在正常情况下电阻应接近 0Ω。再次利用同样的方法测量其他路触点的接线端子间的电阻。若某路触点的电阻为无穷大或时大时小，则表明断路器的该路触点开路或接触不良。

(b) 断路器开关处于 ON 时的检测

图 4-20 断路器的检测过程

4.4 漏电保护器

断路器具有过流保护、过热保护和欠压保护的功能，但在用电设备绝缘性能下降而漏电时却无保护功能，这是因为漏电电流一般较短路电流小得多，不足以使断路器跳闸。**漏电保护器是一种具有断路器功能和漏电保护功能的电器，在线路出现过流、过热、欠压和漏电时，均会脱扣跳闸，从而起到保护功能。**

 4.4.1 外形与符号

漏电保护器又称漏电保护开关，英文缩写为 RCD， 其外形与符号如图 4-21 所示。单相漏电保护器，漏电时只切断一条 L 线路（N 线路始终是接通的）。两相漏电保护器，漏电时切断两条线路。三相漏电保护器，漏电时切断三条线路。对于图 4-21（a）中的后两种漏电保护器，其下方有两组接线端子，如果仅连接左边的端子（需要拆下保护盖），则只能用到断路器功能，无漏电保护功能。

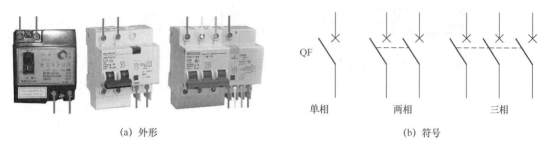

(a) 外形　　　　　　　　　　　　　　　　(b) 符号

图 4-21　漏电保护器的外形与符号

 4.4.2　结构与工作原理

漏电保护器的结构示意图如图 4-22 所示。

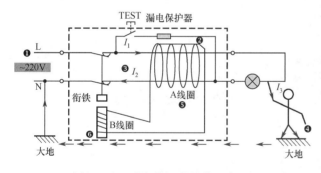

图 4-22　漏电保护器的结构示意图

220V 的交流电压经漏电保护器内部的触点在输出端连接负载（灯泡）。在漏电保护器内部的两根导线上缠有 A 线圈，该线圈与铁芯上的 B 线圈连接。当人体没有接触导线时，流过两根导线的电流 I_1、I_2 大小相等，方向相反，产生大小相等、方向相反的磁场。这两个磁场相互抵消，穿过 A 线圈的磁场为 0。A 线圈不会产生电动势，因此衔铁不动。一旦人体接触导线，一部分电流 I_3（漏电电流）会经人体直接到地，再通过大地回到电源的另一端，即两根导线上的 A 线圈有磁场通过，线圈会产生电流。电流流入铁芯上的 B 线圈，B 线圈产生的磁场吸引衔铁而发生脱扣跳闸，即将触点断开，切断供电，保护触电的人。为了在不漏电的情况下检验漏电保护器的漏电保护功能是否正常，漏电保护器一般设有测试（TEST）按钮。当按下该按钮时，L 线上的一部分电流通过按钮、电阻流到 N 线上，使得流过 A 线圈内部的两根导线的电流不相等（$I_2 > I_1$），A 线圈产生电动势，有电流流入 B 线圈，B 线圈产生的磁场吸引衔铁而发生脱扣跳闸，即将内部触点断开。如果测试按钮无法闭合或电阻开路，则测试时漏电保护器不会产生动作，但使用时会漏电。

 4.4.3　面板参数的识读

漏电保护器的面板介绍如图 4-23 所示。漏电保护部分的主要参数有漏电保护的动作电流和动作时间等。由于对人体来说，30mA 以下是安全电流，因此动作电流一般不大于 30mA。

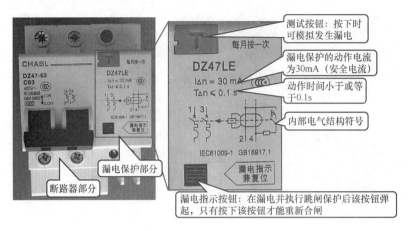

图 4-23 漏电保护器的面板介绍

 4.4.4 漏电模拟测试

在使用漏电保护器时，要先对其进行漏电测试。漏电保护器的漏电测试操作如图 4-24 所示。当漏电保护器的漏电测试通过后才能投入使用。如果没能通过漏电测试仍继续使用，则可能在线路出现漏电时无法执行漏电保护功能。

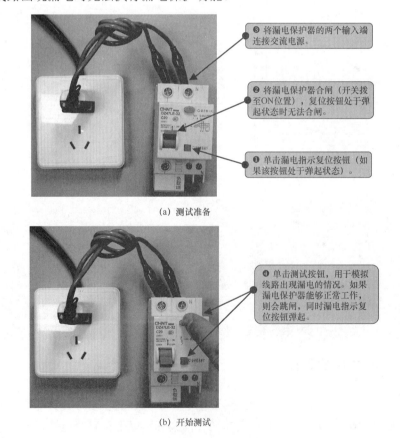

图 4-24 漏电保护器的漏电测试操作

4.4.5 漏电保护器的检测

1. 输入/输出端的通断检测

漏电保护器的输入/输出端的通断检测与断路器基本相同，即将手柄分别置于 ON 和 OFF 时，测量输入端与对应输出端之间的电阻。漏电保护器输入/输出端的通断检测如图 4-25 所示。

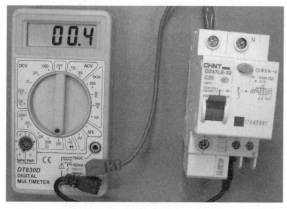

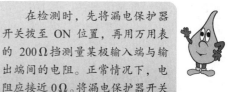

在检测时，先将漏电保护器开关拨至 ON 位置，再用万用表的 200Ω 挡测量某极输入端与输出端间的电阻。正常情况下，电阻应接近 0Ω。将漏电保护器开关拨至 OFF 位置，正常情况下，输入端与输出端间的电阻应为无穷大（数字式万用表显示超出量程符号"1"或"OL"）。若检测过程与上述不符，则漏电保护器的所测极损坏。利用同样的方法检测另一极是否正常。

图 4-25　漏电保护器输入/输出端的通断检测

2. 漏电测试线路的检测

在按压漏电保护器的测试按钮进行漏电测试时，若漏电保护器无跳闸保护动作，则可能是漏电测试线路故障，也可能是其他故障（如内部机械类故障）。如果仅由内部漏电测试线路出现故障导致在漏电测试时不跳闸，则漏电保护器还可继续使用，在实际线路出现漏电时仍会起到跳闸保护功能。

漏电保护器的漏电测试线路比较简单，主要由一个测试按钮开关和一个电阻构成。漏电保护器的漏电测试线路检测如图 4-26 所示。如果按下测试按钮时测得的电阻为无穷大，则可能是按钮开关开路或电阻开路。

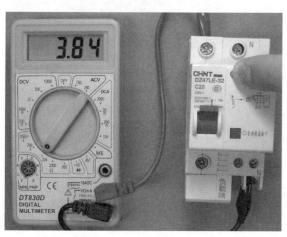

❶ 挡位开关选择 20kΩ 挡。
❷ 红、黑表笔分别连接漏电保护器的 L 输入端和 N 输出端。
❸ 将漏电保护器的开关拨至 ON 位置，单击测试按钮。
❹ 显示屏的显示电阻值为 3.84，该值是内部漏电测试线路的电阻值。

图 4-26　漏电保护器的漏电测试线路检测

4.5 交流接触器

接触器（KM）是一种利用电磁、气动或液压操作原理控制内部触点频繁通断的电器，主要用于频繁接通和切断交、直流电路。接触器的种类很多，按通过的电流来分，可分为交流接触器和直流接触器；按操作方式来分，可分为电磁式接触器、气动式接触器和液压式接触器。本节主要介绍最为常用的交流接触器。

4.5.1 结构、符号与工作原理

交流接触器的结构、符号与工作原理说明如图4-27所示。

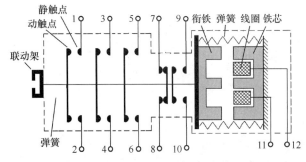

1-2、3-4、5-6端子内部为三个主触点；7-8端子内部为常闭辅助触点；9-10端子内部为常开辅助触点；11-12端子内部为控制线圈

(a) 结构

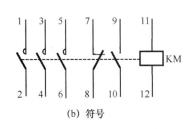

(b) 符号

图4-27 交流接触器的结构、符号与工作原理说明

交流接触器主要由三个主触点、一个常闭辅助触点、一个常开辅助触点和控制线圈组成。当控制线圈通电时，线圈产生磁场，磁场通过铁芯吸引衔铁，而衔铁则通过连杆带动所有的动触点执行动作，即与各自的静触点接触或断开。交流接触器的主触点允许流过的电流较辅助触点大，因此主触点通常接在大电流的主电路中，辅助触点接在小电流的控制电路中。

有些交流接触器带有联动架，按下联动架可使内部触点产生动作、常开触点闭合、常闭触点断开。在线圈通电时衔铁、联动架均会产生动作。因此，如果接触器内部的触点不够用，则可在联动架上安装辅助触点组，在接触器线圈通电时，联动架会带动辅助触点组内部的触点同时产生动作。

4.5.2 外形与接线端

常见的交流接触器如图4-28所示。其内部有3个主触点和1个常开辅助触点，没有常闭触点。接触器线圈的两个接线端位于接触器的顶部。从标注可知，该接触器的线圈电压为220～230V（频率为50Hz时）或220～240V（频率为60Hz时）。

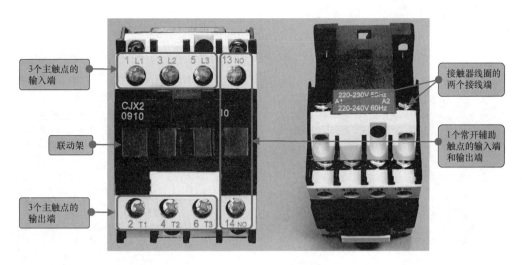

图 4-28　常见的交流接触器

4.5.3　辅助触点组的安装

很多交流接触器只有一个辅助触点（多为常开触点），如果希望再增加一个辅助触点，则可以在该接触器上安装一个辅助触点组，如图 4-29 所示。

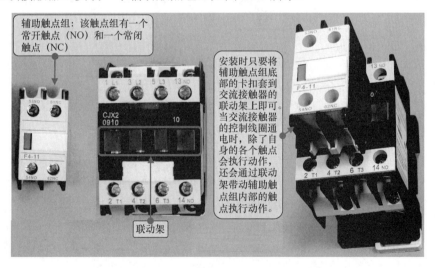

图 4-29　辅助触点组和交流接触器

4.5.4　面板参数和型号识读

1. 铭牌识读

交流接触器的参数很多，在外壳上会标注一些重要的参数，如图 4-30 所示。

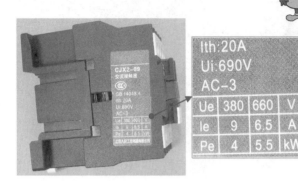

- Ith 为 20A，Ith 是指在规定的条件下工作 8 小时、温度不超过极限值时允许通过的最大电流，该值大于额定电流。
- Ui（额定绝缘电压）为 690V。
- AC-3 表示典型负载类别为笼型感应电动机。
- 在配接 AC-3 类负载时，当额定工作电压（Ue）为 380V 时，额定电流（Ie）为 9A，额定功率（Pe）为 4kW；当额定工作电压为 660V 时，额定电流为 6.5A，额定功率为 5.5kW。

图 4-30　在交流接触器外壳上标注的参数

2. 型号含义

交流接触器的型号含义如图 4-31 所示。

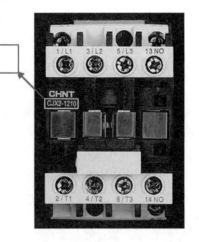

图 4-31　交流接触器的型号含义

4.5.5　交流接触器的检测

1. 在线圈未通电时检测触点的通断

在线圈未通电时检测交流接触器触点的通断如图 4-32 所示。

2. 测量线圈的电阻

测量交流接触器线圈的电阻如图 4-33 所示。

3. 在线圈通电时检测触点的通断

在线圈通电时检测交流接触器触点的通断如图 4-34 所示。

第4章 低压电器

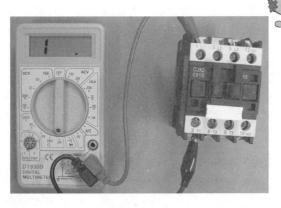

图 4-32 在线圈未通电时检测交流接触器触点的通断

❶ 万用表选择 200Ω 挡。
❷ 红、黑表笔分别连接接触器某个触点的输入端和输出端。
❸ 查看显示屏的显示值，若当前显示溢出符号"1"，则表明被测触点处于断开状态。图 4-32 中交流接触器的 4 个触点均为常开触点。在线圈未通电检测时，正常情况下的电阻均为无穷大，若某个触点的电阻值很小或时大时小，则表明该触点开路或接触不良。对于带联动架的交流接触器，若按下联动架，则会使触点状态变反，即常开触点闭合、常闭触点断开，可通过万用表的检测操作来验证这一点。

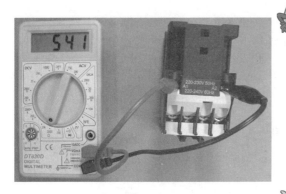

图 4-33 测量交流接触器线圈的电阻

❶ 挡位开关选择 2000Ω 挡。
❷ 红、黑表笔分别连接线圈的两个接线端。
❸ 显示屏显示 541，即线圈的电阻值为 541Ω。正常情况下，交流接触器线圈的电阻值应为几百欧。若线圈的电阻值为无穷大，则表明线圈开路；若线圈的电阻值为 0，则表明线圈短路。

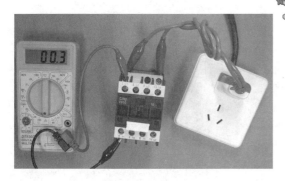

图 4-34 在线圈通电时检测交流接触器触点的通断

❶ 挡位开关选择 200Ω 挡。
❷ 红、黑表笔分别连接某个常开触点的输入端和输出端。
❸ 将符合要求的电源接到线圈的两个接线端。
❹ 显示屏显示的电阻值很小（0.3Ω），表明被测常开触点处于闭合状态。在线圈通电时，若交流接触器正常，则会发出"咔哒"声，并且常开触点闭合、常闭触点断开。因此，在正常情况下测得的常开触点电阻值接近 0Ω、常闭触点电阻值为无穷大。如果线圈在通电前后被测触点的电阻值无变化，则可能是线圈损坏或动作机构卡死。

4.5.6 交流接触器的选用

选用接触器时，要注意以下事项。

- 接触器的额定工作电压应大于或等于所接电路的电压，绕组电压应与所接电路电压相同。接触器的额定电压是指主触点的额定电压。
- 接触器的额定电流应大于或等于负载的额定电流。对于额定电压为 380V 的中小容量电动机，其额定电流可按 $I_{额}=2P$ 来估算，如额定电压为 380V、额定功率为 3kW 的电动机，其额定电流 $I_{额}=2\times3=6A$。
- 在选择接触器时，主触点数和辅助触点数应符合电路的需要。

4.6 热继电器

热继电器（FR）是利用电流通过发热元件时产生热量而使内部触点执行动作的。热继电器主要用于电气设备的发热保护，如电动机过载保护等。

4.6.1 结构与工作原理

热继电器的外形、结构与符号如图 4-35 所示。热继电器由电热丝、双金属片、导板、测试杆、推杆、动触片、静触片、弹簧、螺钉、复位按钮和整定旋钮等组成。

(a) 外形

该热继电器有 1-2、3-4、5-6、7-8 四组接线端，1-2、3-4、5-6（三组）串接在主电路的三相交流电源和负载之间，7-8（一组）串接在控制电路中。1-2、3-4、5-6 三组接线端内接电热丝，电热丝绕在双金属片上，当负载过载时，流过电热丝的电流大，电热丝加热双金属片，使之往右弯曲，推动导板往右移动，导板推动推杆转动而使动触片运动，动触点与静触点断开，从而向控制电路发出信号，控制电路通过电器（一般为接触器）切断主电路的交流电源，防止负载因长时间过载而损坏。

在切断交流电源后，电热丝的温度下降，双金属片恢复到原状，导板左移，动触点和静触点又重新接触，该过程称为自动复位，出厂时热继电器一般被调至自动复位状态。若需手动复位，则可将螺钉往外旋出数圈，这样即使切断交流电源让双金属片恢复到原状，动触点和静触点也不会自动接触，需要用手动方式按下复位按钮才可使动触点和静触点接触。

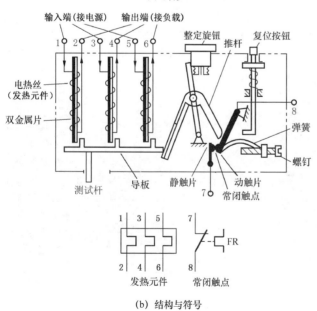

(b) 结构与符号

图 4-35 热继电器的外形、结构与符号

只有流过发热元件的电流超过一定值（整定电流值），内部机构才会执行动作（即使常闭触点断开或常开触点闭合）。热继电器的整定电流可以通过整定旋钮来调整：将整定旋钮往内旋时，推杆位置下移，导板需要移动较长的距离才能让推杆运动、使触点执行动作；只有流过电热丝的电流大，才能使双金属片的弯曲程度更大，即将动作电流调大一些。

4.6.2 接线端子与操作部件

常用的热继电器如图4-36所示，其内部有三组发热元件、一个常开触点、一个常闭触点。发热元件的一端连接交流电源，另一端连接负载。当流过发热元件的电流长时间超过额定电流时，将因发热元件弯曲而最终使常开触点闭合、常闭触点断开。

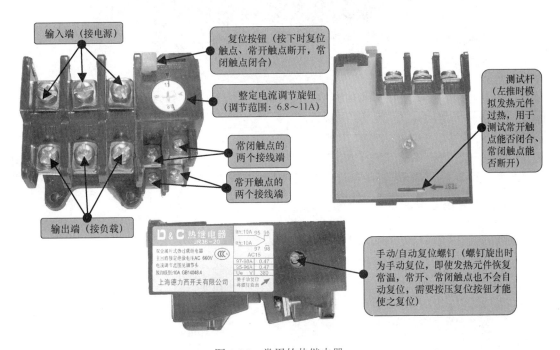

图4-36 常用的热继电器

4.6.3 面板参数的识读

热继电器的铭牌参数如图4-37所示。热继电器、电磁继电器和固态继电器的脱扣级别如表4-1所示（根据在7.2倍额定电流下的脱扣时间确定）。例如，对于10A级别的热继电器，如果施加7.2倍额定电流，则其将在2~10s内产生脱扣动作。

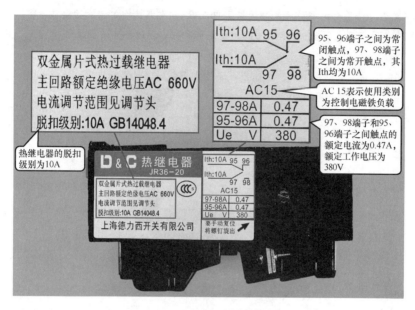

图 4-37 热继电器的铭牌参数

表 4-1 热继电器、电磁继电器和固态继电器的脱扣级别

级别	在7.2倍额定电流下的脱扣时间（s）	级别	在7.2倍额定电流下的脱扣时间（s）
10A	2～10	20	6～20
10	4～10	30	9～30

4.6.4 选用

在选用热继电器时，可遵循以下原则。

- 在大多数情况下，可选用两相热继电器（对于三相电压，热继电器可只接其中两相）。对于均衡性较差、无人看管的三相电动机，或者与大容量电动机共用一组熔断器的三相电动机，应该选用三相热继电器。
- 热继电器的额定电流应大于负载（一般为电动机）的额定电流。
- 热继电器的额定电流一般与电动机的额定电流相等。对于过载容易损坏的电动机，额定电流可调小一些，为电动机额定电流的 60%～80%；对于启动时间较长或带冲击性负载的电动机，所接热继电器的额定电流可稍大于电动机的额定电流，为其 1.1～1.15 倍。

注意：选用举例，选择一个热继电器，用来对一台电动机进行过热保护，该电动机的额定电流为 30A，并且启动时间短，不带冲击性负载。根据热继电器的选择原则可知，应选择额定电流大于 30A 的热继电器，并将整定电流调到略大于 30A（1.1～1.2 倍）。

4.6.5 热继电器的检测

热继电器的检测分为发热元件检测和触点检测两类（都使用数字式万用表的电阻挡检测）。

1. 发热元件检测

发热元件由电热丝或电热片组成，其电阻很小（接近0Ω）。热继电器的发热元件检测如图4-38所示。

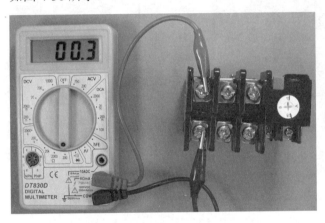

❶ 挡位开关选择200Ω挡。
❷ 红、黑表笔分别连接某发热元件的两个接线端。
❸ 显示屏显示的电阻值接近0Ω，表明发热元件的电阻正常。
❹ 再用相同的方法检测其他发热元件。

图4-38　热继电器的发热元件检测

2. 触点检测

热继电器的触点一般包括一个常闭触点和一个常开触点。触点检测包括未执行动作时的检测和执行动作时的检测。热继电器的触点检测如图4-39所示。

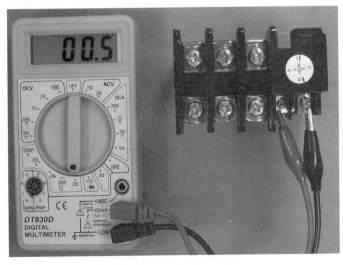

❶ 挡位开关选择200Ω挡。
❷ 红、黑表笔分别连接常闭触点的两个接线端。
❸ 显示屏显示的电阻值接近0Ω，表明常闭触点的电阻正常。
❹ 再用同样的方法检测常开触点，正常情况下电阻值为无穷大。

(a) 检测未执行动作时触点的电阻

图4-39　热继电器的触点检测

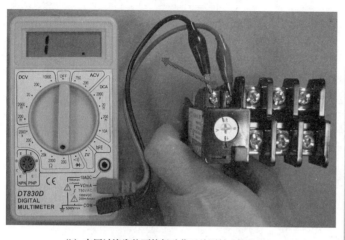

(b) 在因过流发热而执行动作后检测触点的电阻

❶ 挡位开关选择200Ω挡。
❷ 红、黑表笔分别连接常闭触点的两个接线端。
❸ 用手指推动测试杆,模拟发热元件因过流发热而执行动作。
❹ 显示屏显示溢出符号"1",表明常闭触点在执行动作后断开。
❺ 再用同样的方法检测常开触点,正常情况下,在因过流发热而执行动作后,常开触点会闭合。

图 4-39　热继电器的触点检测(续)

4.7　中间继电器

中间继电器(KA)的工作原理与接触器一样,都是由线圈通电来控制触点的通断。与接触器的不同之处:中间继电器有很多触点,没有主、辅触点之分,并且触点允许流过的电流没有接触器允许流过的电流大。

4.7.1　外形与符号

中间继电器的外形与符号如图 4-40 所示。

(a) 外形　　　　　　　　　　(b) 符号

图 4-40　中间继电器的外形与符号

4.7.2　参数与触点引脚图的识读

采用直插式引脚的中间继电器,为了便于接线安装,需要配合相应的底座使用。中间继电器的触点引脚图及重要参数说明如图 4-41 所示。

第 4 章 低压电器

中间继电器上的触点引脚图显示，1-11 脚内接线圈，2-3 脚、5-6 脚、9-10 脚内接常开触点，3-4 脚、6-7 脚、8-9 脚内接常闭触点。

"220VAC7.5A～24VDC10A" 表示在触点额定电压为交流 220V 时，触点的额定电流为 7.5A；在触点的额定电压为直流 24V 时，触点的额定电流为 10A。

线圈上标有 AC220V，表示其额定工作电压为交流 220V。在线圈上通过 220V 交流电压或直流电压时，电流约为 0.3A。

(a) 触点引脚图、触点电压/电流参数与线圈的工作电压

(b) 引脚与底座

图 4-41 中间继电器的触点引脚图及重要参数说明

4.7.3 选用

在选用中间继电器时，主要考虑触点的额定工作电压和电流应等于或大于所接电路的电压和电流；触点类型及数量应满足电路的要求；绕组电压应与所接电路电压相同。

4.7.4 中间继电器的检测

中间继电器的电气部分由线圈和触点组成，均使用数字式万用表的电阻挡检测。

1. 检测触点

在控制线圈未通电的情况下，常开触点断开，电阻为无穷大；常闭触点闭合，电阻接近 0Ω。中间继电器的触点检测如图 4-42 所示。

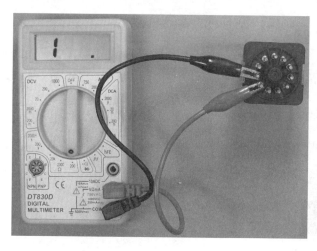

图 4-42 中间继电器的触点检测

❶ 挡位开关选择200Ω挡。
❷ 根据触点引脚图,将红、黑表笔分别连接某个常开触点的两个引脚。
❸ 显示屏显示超出量程符号"1",表明常开触点断开。

再用同样的方法检测其他的常开触点和常闭触点。正常情况下,常开触点的电阻值为无穷大,常闭触点的电阻值接近0Ω。在给线圈接上规定的电压后,检测常开触点、常闭触点的电阻值。正常情况下常开触点的电阻值为0(触点闭合),常闭触点的电阻值为无穷大(触点断开)。

2. 检测线圈

中间继电器的线圈检测如图 4-43 所示。

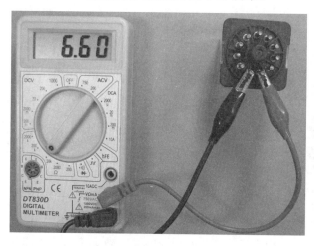

图 4-43 中间继电器的线圈检测

❶ 挡位开关选择20kΩ挡。
❷ 根据触点引脚图,将红、黑表笔分别连接线圈的两个引脚。
❸ 显示屏的显示值为 6.60,表示线圈的电阻值为 6.60kΩ。正常情况下,中间继电器线圈的电阻值为几百欧。若线圈的电阻值为无穷大,则表示线圈开路;若线圈的电阻值为0,则表示线圈短路。

4.8 时间继电器

时间继电器是一种延时控制继电器,即在收到动作信号后并不立即让触点执行动作,而是延迟一段时间才让触点执行动作。时间继电器主要用在各种自动控制系统和电动机的启动控制线路中。

4.8.1 时间继电器的外形与符号

常见的时间继电器如图 4-44 所示。时间继电器(分为通电延时型和断电延时型两种)的线圈与触点符号如图 4-45 所示。**对于通电延时型时间继电器,当线圈通电时,通电延**

时型触点经延时时间后执行动作（常闭触点断开、常开触点闭合）；当线圈断电时，该触点马上恢复常态。对于断电延时型时间继电器，当线圈通电时，断电延时型触点马上执行动作（常闭触点断开、常开触点闭合）；当线圈断电时，该触点需要经延时时间后才会恢复到常态。

图 4-44　常见的时间继电器

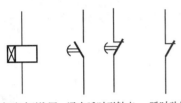
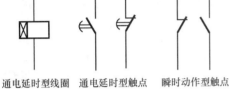

图 4-45　时间继电器的线圈与触点符号

4.8.2　时间继电器的种类与特点

时间继电器的种类很多，主要有空气阻尼式、电磁式、电动式和电子式。

- 空气阻尼式时间继电器又称气囊式时间继电器，根据空气压缩产生的阻力进行延时。其结构简单，价格便宜，延时时间长（0.4～180s），但延时精确度低。
- 电磁式时间继电器的延时时间短（0.3～1.6s），但它的结构比较简单，通常用在断电延时场合和直流电路中。
- 电动式时间继电器的原理与钟表类似，由内部电动机带动减速齿轮转动而获得延时。这种继电器的延时精度高，延时时间长（0.4～72h），但结构比较复杂，价格很高。
- 电子式时间继电器利用延时电路进行延时。这种继电器具有体积小、延时时间长和延时精度高等优点，使用非常广泛。常用的通电延时型电子式时间继电器如图 4-46 所示。

4.8.3　时间继电器的选用

在选用时间继电器时，一般可遵循下面的规则。

- 根据受控电路的需要选择通电延时型或断电延时型时间继电器。
- 根据受控电路的电压来选择时间继电器吸引绕组的电压。
- 若对延时要求高，则可选择电动式时间继电器；若对延时要求不高，则可选择空气阻尼式时间继电器。

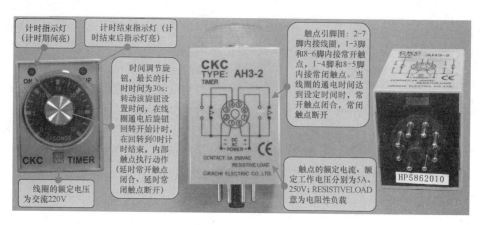

图 4-46 常用的通电延时型电子式时间继电器

 4.8.4 时间继电器的检测

时间继电器的检测包括触点检测和线圈检测。

1. 触点检测

时间继电器的触点检测如图 4-47 所示。

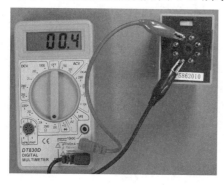

图 4-47 时间继电器的触点检测

❶ 挡位开关选择 200Ω 挡。
❷ 根据触点引脚图,将红、黑表笔分别连接某个常闭触点的两个引脚。
❸ 显示屏显示的电阻值接近 0,表明常闭触点闭合。
❹ 利用同样的方法检测其他的触点。正常情况下,常开触点的电阻值为无穷大,常闭触点的电阻值接近 0。
❺ 利用时间调节旋钮为时间继电器设置时间,在给线圈接上规定的电压后,开始检测常开触点、常闭触点的电阻值。正常情况下,常开触点的电阻值为无穷大,常闭触点的电阻值为 0。在计时结束后,再次检测常开触点、常闭触点的电阻值,正常情况下,常开触点的电阻值为 0,常闭触点的电阻值为无穷大。

2. 线圈检测

时间继电器的线圈检测如图 4-48 所示。

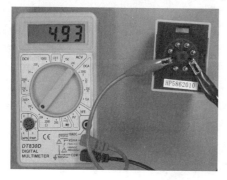

图 4-48 时间继电器的线圈检测

❶ 挡位开关选择 20kΩ 挡。
❷ 根据触点引脚图,将红、黑表笔分别连接线圈的两个引脚。
❸ 显示屏的显示值为 4.93,表示线圈的电阻值为 4.93kΩ。正常情况下,时间继电器线圈的电阻值为几百欧。若线圈的电阻值为无穷大,则表示线圈开路;若线圈的电阻值为 0,则表示线圈短路。

电子元器件

5.1 电阻器

电阻器是电子电路中最常用的元器件之一,简称电阻。**电阻器的种类很多,常用的有固定电阻器、电位器、敏感电阻器。**

 ### 5.1.1 固定电阻器

1. 外形与符号

固定电阻器是一种阻值固定不变的电阻器。固定电阻器的实物外形和图形符号如图 5-1 所示。

图 5-1 固定电阻器的实物外形和图形符号

2. 功能

固定电阻器的主要功能有降压、限流、分流和分压。固定电阻器的功能说明如图 5-2 所示。

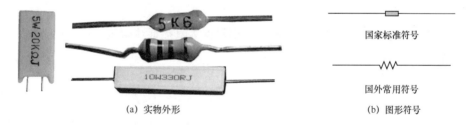

降压、限流:在图 5-2(a)中,电阻器 R_1 与灯泡串联,如果用导线直接代替 R_1,则加到灯泡两端的电压为 6V,流过灯泡的电流很大,灯泡将会很亮。在串联电阻 R_1 后,由于 R_1 上有 2V 电压,因此灯泡两端的电压被降到 4V。R_1 对电流有阻碍作用,流过灯泡的电流也就减小。

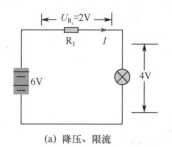

(a) 降压、限流

图 5-2 固定电阻器的功能说明

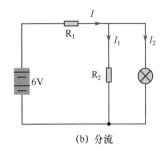

分流：在图 5-2（b）中，电阻器 R_2 与灯泡并联在一起，流过 R_1 的电流 I 除了一部分流过灯泡，还要经过 R_2 流回到电源，这样流过灯泡的电流减小，灯泡变暗。

(b) 分流

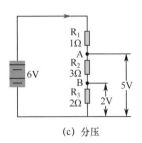

分压：在图 5-2（c）中，电阻器 R_1、R_2 和 R_3 串联在一起，从电源正极出发，每经过一个电阻器，电压就会降低一次，电压降低多少取决于电阻器的阻值大小，阻值越大，电压降低越多。

(c) 分压

图 5-2　固定电阻器的功能说明（续）

3．阻值的识读

为了表示阻值的大小，电阻器在出厂时会在表面标注阻值。标注在电阻器上的阻值称为标称阻值。电阻器的实际阻值与标称阻值往往存在一定的差距，这个差距称为误差。电阻器标称阻值和误差的标注方法主要有直标法和色环法。

（1）直标法

直标法是用文字符号（数字和字母）在电阻器上直接标注阻值和误差的方法。 直标法的阻值单位有欧（Ω）、千欧（kΩ）和兆欧（MΩ）。

误差大小一般有两种表示方式：一是用罗马数字Ⅰ、Ⅱ、Ⅲ分别表示±5%、±10%、±20%的误差，如果不标注误差，则误差为±20%；二是用字母表示误差，如表 5-1 所示。

表 5-1　用字母表示误差

字母	对应误差	字母	对应误差
W	±0.05%	G	±2%
B	±0.1%	J	±5%
C	±0.25%	K	±10%
D	±0.5%	M	±20%
F	±1%	N	±30%

利用直标法表示阻值的常见形式如图 5-3 所示。

（2）色环法

色环法是通过在电阻器上标注不同颜色的圆环来表示阻值和误差的方法。 色环电阻器如图 5-4 所示。若要正确识读色环电阻器的阻值和误差，必须先了解各种色环代表的意义。各色环代表的意义见表 5-2。

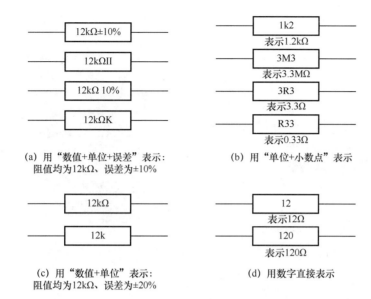

(a) 用"数值+单位+误差"表示：阻值均为12kΩ、误差为±10%

(b) 用"单位+小数点"表示

(c) 用"数值+单位"表示：阻值均为12kΩ、误差为±20%

(d) 用数字直接表示

图 5-3　利用直标法表示阻值的常见形式

(a) 四环电阻器　　　　　(b) 五环电阻器（阻值精度较四环电阻器更高）

图 5-4　色环电阻器

表 5-2　各色环代表的意义

颜　　色	有效数环	倍乘数环	误差数环
棕	1	10^1	±1%
红	2	10^2	±2%
橙	3	10^3	—
黄	4	10^4	—
绿	5	10^5	±0.5%
蓝	6	10^6	±0.25%
紫	7	10^7	±0.1%
灰	8	10^8	—
白	9	10^9	—
黑	0	10^0	—
金	—	10^{-1}	±5%
银	—	10^{-2}	±10%
无色	—	—	±20%

➢ 四环电阻器的识读：对四环电阻器的阻值与误差的识读如图 5-5 所示。

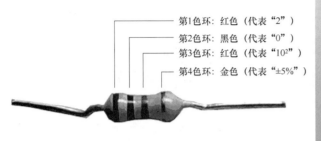

图 5-5　对四环电阻器的阻值与误差的识读

> **五环电阻器的识读**：五环电阻器的阻值与误差的识读方法与四环电阻器基本相同，不同之处在于五环电阻器的第 1、2、3 色环为有效数环，第 4 色环为倍乘数环，第 5 色环为误差数环。另外，五环电阻器的误差数环的颜色除了有金色、银色，还可能是棕色、红色、绿色、蓝色和紫色。对五环电阻器的阻值和误差的识读如图 5-6 所示。

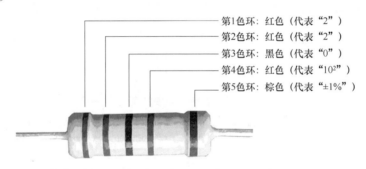

图 5-6　对五环电阻器的阻值和误差的识读

4．额定功率

额定功率是指在一定的条件下电阻器长期使用允许承受的最大功率。电阻器的额定功率越大，允许流过的电流越大。 固定电阻器的额定功率有 1/8W、1/4W、1/2W、1W、2W、3W、5W 和 10W 等。电路图中电阻器的额定功率标注方法如图 5-7 所示。小电流电路一般采用功率为 1/8～1/2W 的电阻器，而大电流电路常采用 1W 以上的电阻器。可根据标注和体积识别电阻器的额定功率，如图 5-8 所示。

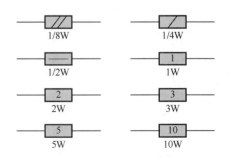

图 5-7　电路图中电阻器的额定功率标注方法

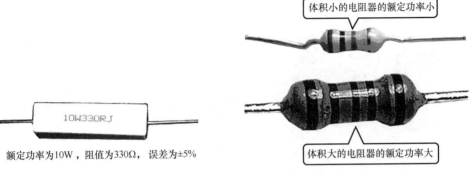

(a) 已标注额定功率　　　　　　　　(b) 未标注额定功率，可通过体积识别

图 5-8　根据标注和体积识别电阻器的额定功率

5．检测

固定电阻器的常见故障有开路、短路和变值等。可使用万用表的电阻挡检测固定电阻器。在检测时，先识读出电阻器上的标称阻值，然后选用合适的挡位并进行欧姆校零，测量时为了减小测量误差，应尽量让万用表表针指在欧姆刻度线中央，若表针在刻度线上过于偏左或偏右时，则应切换为更大或更小的挡位重新测量。固定电阻器的检测如图 5-9 所示（以测量一个标称阻值为 2kΩ 的色环电阻器为例）。

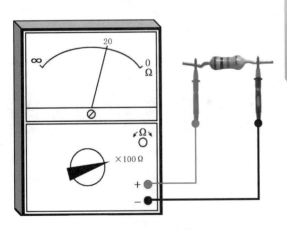

图 5-9　固定电阻器的检测

❶ 将挡位开关拨至×100Ω挡，并进行欧姆校零。
❷ 将红、黑表笔分别连接被测电阻器的两个引脚，并观察表针指在电阻刻度线的位置。图中表针指在电阻刻度线的"20"处，则被测电阻器的阻值为 20×100Ω=2kΩ。

注意：若用万用表测量出来的阻值与电阻器的标称阻值相同，则说明该电阻器正常（即便有些偏差，只要在允许范围内，电阻器也算正常）；若测量出来的阻值为无穷大，则说明电阻器开路；若测量出来的阻值为 0，则说明电阻器短路；若测量出来的阻值大于或小于电阻器的标称阻值，并超出误差允许范围，则说明电阻器变值。

5.1.2　电位器

1．外形与符号

电位器是一种阻值可变化的电阻器，又称可变电阻器。电位器的实物外形及电路符号如图 5-10 所示。

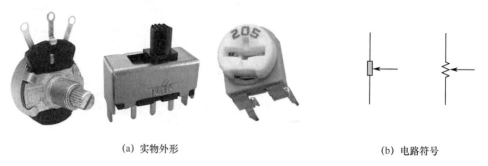

(a) 实物外形　　　　　　　　　　　　　　(b) 电路符号

图 5-10　电位器的实物外形及电路符号

2. 结构与原理

电位器种类很多，但结构基本相同。电位器的结构示意图如图 5-11 所示。

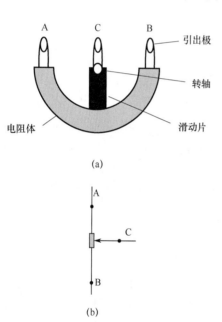

图 5-11　电位器的结构示意图

从图 5-11 可看出，电位器有 A、C、B 三个引出极。在 A、B 极之间连接着一段电阻体，该电阻体的阻值用 R_{AB} 表示（对于一个电位器，R_{AB} 的值是固定不变的），该值为电位器的标称阻值；C 极连接一个滑动片，该滑动片与电阻体接触。若 A 极与 C 极之间电阻体的阻值用 R_{AC} 表示，B 极与 C 极之间电阻体的阻值用 R_{BC} 表示，则 $R_{AC}+R_{BC}=R_{AB}$。

当转轴逆时针旋转时，滑动片往 B 极滑动，R_{BC} 减小，R_{AC} 增大；当转轴顺时针旋转时，滑动片往 A 极滑动，R_{BC} 增大，R_{AC} 减小；当滑动片移到 A 极时，R_{AC} 为 0，R_{BC} 等于 R_{AB}。

3. 检测

可使用万用表的电阻挡检测电位器。电位器的检测如图 5-12 所示（分为两步）：第一步，测量电位器两个固定端之间的阻值，正常测量值应与标称阻值一致；第二步，测量一个固定端与滑动端之间的阻值，同时旋转转轴，测量值应在 0 至标称阻值范围内变化。只有每步检测均正常，才可确定电位器正常。

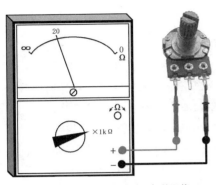

(a) 第一步：测量两个固定端之间的阻值

❶ 将挡位开关置于×1kΩ挡（该电位器标称阻值为20kΩ）。
❷ 红、黑表笔分别连接电位器的两个固定端。
❸ 在刻度盘上读出阻值大小：若电位器正常，则阻值与标称阻值相同或相近（在误差允许范围内）；若测得的阻值为无穷大，则说明两个固定端之间开路；若测得的阻值为0，则说明两个固定端之间短路；若测得的阻值大于或小于标称阻值，则说明两个固定端之间的阻体变值。

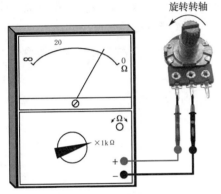

(b) 第二步：测量固定端与滑动端之间的阻值

❶ 将挡位开关置于×1kΩ挡。
❷ 红、黑表笔分别连接电位器的任意一个固定端和滑动端，旋转电位器转轴。
❸ 观察刻度盘表针：若电位器正常，则表针会发生摆动，指示的阻值应在0～20kΩ范围内连续变化；若测得的阻值始终为无穷大，则说明固定端与滑动端之间开路；若测得的阻值为0，则说明固定端与滑动端之间短路；若测得的阻值变化不连续、有跳变，则说明滑动端与阻体之间接触不良。

图 5-12 电位器的检测

5.1.3 敏感电阻器

敏感电阻器是阻值随某些条件的改变而变化的电阻器。 敏感电阻器的种类很多，常见的敏感电阻器有热敏电阻器、光敏电阻器、压敏电阻器等。

1. 热敏电阻器

热敏电阻器是一种对温度敏感的电阻器，当温度变化时，其阻值也会随之变化。 热敏电阻器的实物外形和图形符号如图 5-13 所示。

新图形符号　　旧图形符号

(a) 实物外形　　　　　　　(b) 图形符号

图 5-13 热敏电阻器的实物外形和图形符号

热敏电阻器的种类很多，可分为负温度系数热敏电阻器（NTC）和正温度系数热敏电阻器（PTC）两大类。

> 负温度系数热敏电阻器：NTC 是以氧化锰、氧化钴、氧化镍、氧化铜和氧化铝等金属氧化物为主要原料制作而成。根据使用温度条件的不同，NTC 可分为低温（-60～300℃）、中温（300～600℃）、高温（>600℃）三种。其阻值随温度的升高而减小，即温度每升高1℃，其阻值会减小 1%～6%，阻值减小的程度视不同型号而定。NTC 广泛应用于温度补偿和温度自动控制电路中，例如，冰箱、空调等温控系统。

> 正温度系数热敏电阻器：PTC 是在钛酸钡中掺入适量的稀土元素制作而成的，可分为缓慢型和开关型，其阻值随温度的升高而增大。缓慢型 PTC 的温度每升高1℃，其阻值会增大 0.5%～8%，常用在温度补偿电路中；开关型 PTC 有一个转折温度（又称居里点温度，一般为 120℃），当温度低于居里点温度时，其阻值较小，并且在温度变化时阻值固定不变（相当于开关闭合），一旦温度超过居里点温度，其阻值将会急剧增大（相当于开关断开），由于开关型 PTC 具有开关性质，因此常用在开机瞬间接通后又马上断开的电路中。

热敏电阻器的检测过程如图 5-14 所示（分为两步），只有两步检测均正常，才能说明热敏电阻器正常。在检测过程中还可以判断出电阻器的类型（NTC 或 PTC）。

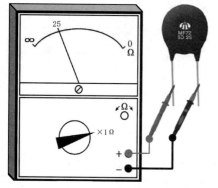

❶ 根据标称阻值选择合适的电阻挡，因此处热敏电阻器的标称阻值为 25Ω，故选择×1Ω挡。
❷ 将红、黑表笔分别连接热敏电阻器的两个电极。
❸ 在刻度盘上查看测得阻值的大小，若阻值与标称阻值一致或接近，则说明热敏电阻器正常；若阻值为 0，则说明热敏电阻器短路；若阻值为无穷大，则说明热敏电阻器开路。

(a) 第一步：测量常温下（25℃左右）的标称阻值

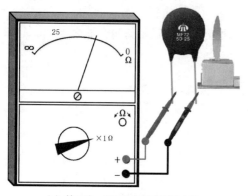

❶ 用火焰靠近（不要接触）热敏电阻器，对热敏电阻器进行加热。
❷ 将红、黑表笔分别连接热敏电阻器的两个电极。
❸ 在刻度盘上查看测得阻值的大小：若阻值与标称阻值相比有变化，则说明热敏电阻器正常；若阻值大于标称阻值，则说明热敏电阻器为 PTC；若阻值小于标称阻值，则说明热敏电阻器为 NTC；若阻值不变化，则说明热敏电阻器损坏。

(b) 第二步：通过改变温度测量电阻

图 5-14 热敏电阻器的检测过程

2. 光敏电阻器

光敏电阻器是一种对光线敏感的电阻器：光线越强，阻值越小。光敏电阻器的外形与符号如图 5-15 所示。

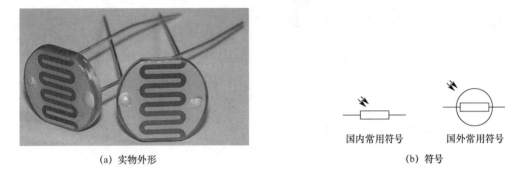

(a) 实物外形   (b) 符号

图 5-15 光敏电阻器的外形与符号

根据光的敏感性不同，光敏电阻器可分为可见光光敏电阻器（硫化镉材料，应用最为广泛）、红外光光敏电阻器（砷化镓材料）和紫外光光敏电阻器（硫化锌材料）。

3. 压敏电阻器

压敏电阻器是一种对电压敏感的特殊电阻器：当两端电压低于标称电压时，其阻值接近无穷大；当两端电压超过标称电压值时，阻值急剧变小；当两端电压回落至标称电压值以下时，其阻值又接近无穷大。压敏电阻器的实物外形与图形符号如图 5-16 所示。

(a) 实物外形   (b) 符号

图 5-16 压敏电阻器的实物外形与图形符号

5.2 电感器

5.2.1 外形与符号

将导线在绝缘支架上绕制一定的匝数（圈数）就构成了电感器。电感器的实物外形和图形符号如图 5-17 所示。根据绕制的支架不同，电感器可分为空芯电感器（无支架）、磁芯电感器（磁性材料支架）和铁芯电感器（硅钢片支架）。

(a) 实物外形　　　　　　　　　　(b) 图形符号

图 5-17　电感器的实物外形与图形符号

 5.2.2　主要参数与标注方法

1. 主要参数

电感器由线圈组成，当电流通过电感器时就会产生磁场，电流越大，产生的磁场越强，穿过电感器的磁场（又称磁通量 Φ）就越大。实验证明，穿过电感器的磁通量 Φ 和电流 I 成正比。**磁通量 Φ 与电流 I 的比值为自感系数，又被称为电感量 L**，用公式表示为

$$L=\Phi/I$$

电感量的基本单位为亨利（简称亨），用字母 H 表示。此外，还有毫亨（mH）和微亨（μH），它们之间的关系为

$$1H=10^3mH=10^6\mu H$$

电感器的电感量大小主要与线圈的匝数（圈数）、绕制方式和磁芯材料等有关。线圈的匝数越多、绕制的线圈越密集，电感量就越大；有磁芯的电感器比无磁芯的电感量大；电感器的磁芯磁导率越高，电感量就越大。

误差是指电感器上标称电感量与实际电感量的差距。对于精度要求高的电路，电感器的允许误差范围通常为±0.2%~±0.5%；一般的电路可采用误差为±10%~±15%的电感器。

2. 参数标注方法

电感器的参数标注方法主要有直标法和色标法。

（1）直标法

电感器采用直标法标注时，一般会在外壳上标注电感量、误差和额定电流值，如图 5-18 所示。在标注电感量时，通常会将电感量及单位直接标出。在标注误差时，分别用 I、II、III 表示±5%、±10%、±20%。在标注额定电流时，分别用 A、B、C、D、E 表示 50mA、150mA、300mA、0.7A、1.6A。

（2）色标法

色标法是采用色点或色环标来表示电感量和误差的方法。色码电感器采用色标法标注，如图 5-19 所示。其电感量和误差的标注方法与色环电阻器的标注方法相同，单位为μH。

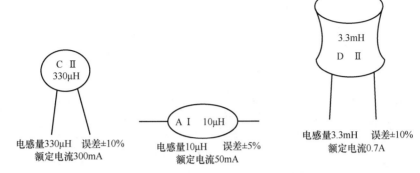

图 5-18 电感器采用直标法标注

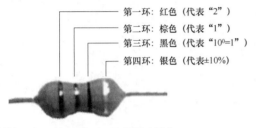

电感量为21×1μH (1±10%) =21μH (90%~110%)

图 5-19 色码电感器采用色标法标注

色码电感器的各种颜色含义及代表的数值、颜色的排列顺序均与色环电阻器相同。

色码电感器与色环电阻器标注方法的不同点仅是单位不同，色码电感器的单位为μH。图中色码电感器上颜色的排列顺序为红、棕、黑、银，表示电感量为 21μH，误差为 ±10%。

5.2.3 性能

电感器的特性主要有"通直阻交"特性和"阻碍变化的电流"特性。

1. "通直阻交"特性

"通直阻交"特性是指电感器对通过的直流信号阻碍很小，即直流信号可以很容易通过电感器，而交流信号通过时会受到很大的阻碍，这种阻碍称为感抗（用 X_L 表示），单位是欧姆（Ω）。感抗的大小可以用以下公式计算：

$$X_L = 2\pi f L$$

式中，X_L 表示感抗，单位为 Ω；f 表示交流信号的频率，单位为 Hz；L 表示电感器的电感量，单位为 H。由上式可以看出：交流信号的频率越高、电感器的电感量越大，电感器对交流信号的感抗就越大。

注意：假设在图 5-20 所示的电路中，交流信号的频率为 50Hz，电感器的电感量为 200mH，那么电感器对交流信号的感抗为

$$X_L = 2\pi f L \approx 2 \times 3.14 \times 50 \times 200 \times 10^{-3} \approx 62.8 \ (\Omega)$$

2. "阻碍变化的电流"特性

当变化的电流流过电感器时，电感器会产生自感电动势来阻碍变化的电流。 对电感器的"阻碍变化的电流"特性说明如图 5-21 所示。

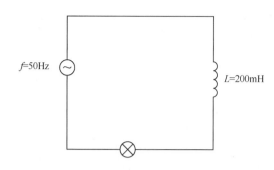

图 5-20 感抗计算例图

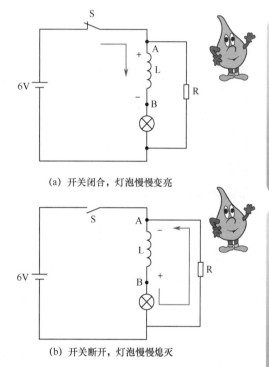

(a) 开关闭合，灯泡慢慢变亮

当开关 S 闭合时，灯泡不是马上亮起来，而是慢慢亮起来。这是因为当开关 S 闭合时，有电流流过电感器，这是一个增大的电流（从无到有），电感器马上产生自感电动势来阻碍电流增大，其极性是 A 正 B 负。该电动势使 A 点电位上升，电流从 A 点流入较为困难。当电流不再增大（即电流大小恒定）时，电感器上的电动势消失，灯泡亮度也就不变了。

(b) 开关断开，灯泡慢慢熄灭

当开关 S 断开时，灯泡不是马上熄灭，而是慢慢暗下来。这是因为将开关 S 断开，流过电感器的电流突然变为 0，电感器马上产生 A 负 B 正的自感电动势。由于电感器、灯泡和电阻器 R 连接成闭合回路，因此，电感器的自感电动势会产生电流流过灯泡。电流的流动方向：B 正→灯泡→电阻器 R→A 负。随着电感器上的自感电动势逐渐降低，流过灯泡的电流慢慢减小，灯泡也就慢慢变暗。

图 5-21 对电感器的"阻碍变化的电流"特性说明

从上面的电路分析可知，**只要流过电感器的电流发生变化，电感器都会产生自感电动势，自感电动势的方向总是阻碍电流的变化**。这一性质非常重要，在以后的电路分析中经常要用到这一性质。对"阻碍变化的电流"特性的进一步说明如图 5-22 所示。

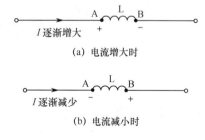

(a) 电流增大时

(b) 电流减小时

流过电感器的电流逐渐增大，电感器会产生 A 正 B 负的电动势来阻碍电流增大（可理解为随着 A 点的电位升高，电流通过变得越来越困难）。

流过电感器的电流逐渐减小，电感器会产生 A 负 B 正的电动势来阻碍电流减小（可理解为 A 点的电位降低，吸引电流流过来，阻碍它减小）。

图 5-22 对"阻碍变化的电流"特性的进一步说明

5.2.4 检测

一般用专门的电感测量仪和 Q 表来测量电感器的电感量，一些功能齐全的万用表也具有电感量的测量功能。电感器的检测如图 5-23 所示。

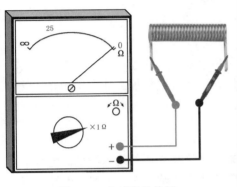

图 5-23 电感器的检测

电感器的常见故障有开路和线圈匝间短路。电感器实际上就是线圈，由于线圈的电阻一般比较小，所以选用万用表的×1Ω挡对其进行测量。线径粗、匝数少的电感器电阻小，接近0Ω；线径细、匝数多的电感器阻值大。在测量电感器时，万用表可以很容易检测出其是否开路（测出的电阻为无穷大），但很难判断其是否为匝间短路（因为电感器在匝间短路时电阻减小很少）。此时，可更换新的同型号电感器，若故障排除，则说明原电感器已损坏。

5.3 电容器

 5.3.1 外形、结构与符号

电容器是一种可以存储电荷的元件。**相距很近且中间有绝缘介质（如空气、纸和陶瓷等）的两块导电极板就构成了电容器。**电容器的结构、实物外形与图形符号如图 5-24 所示。

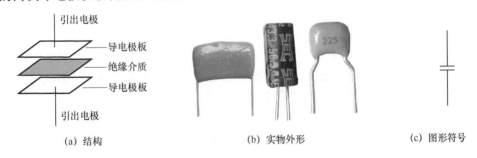

(a) 结构　　　　　　　　(b) 实物外形　　　　　　(c) 图形符号

图 5-24 电容器的结构、实物外形与图形符号

 5.3.2 主要参数

1. 容量与允许误差

电容器能存储电荷，其存储电荷的多少称为容量。这一点与蓄电池类似，不过蓄电池存储电荷的能力比电容器大得多。电容器的容量大小与多个因素有关：两块导电极板的相

对面积越大，容量就越大；两块导电极板之间的距离越近，容量就越大；两块导电极板中间的绝缘介质不同，电容器的容量也不同。

电容器容量的单位有法拉（F）、毫法（mF）、微法（μF）、纳法（nF）和皮法（pF），它们的关系是

$$1F=10^3 mF=10^6 \mu F=10^9 nF=10^{12} pF$$

标注在电容器上的容量称为标称容量。允许误差是电容器标称容量与实际容量之间允许的最大误差范围。

2. 额定电压

额定电压又称电容器的耐压值，是在正常条件下电容器长时间使用时两端允许承受的最高电压。一旦加到电容器两端的电压超过额定电压，两块导电极板之间的绝缘介质就容易被击穿而失去绝缘能力，造成两块导电极板短路。

3. 绝缘电阻

两块导电极板之间隔着绝缘介质，绝缘电阻用来表示绝缘介质的绝缘程度。绝缘电阻越大，表明绝缘介质的绝缘性能越好。如果绝缘电阻比较小，绝缘介质的绝缘性能下降，就会出现一块导电极板上的电流通过绝缘介质流到另一块导电极板上，这种现象称为漏电。由于绝缘电阻小的电容器存在漏电，故不能继续使用。

一般情况下，无极性电容器的绝缘电阻为无穷大，而有极性电容器（电解电容器）的绝缘电阻很大，但一般达不到无穷大。

 5.3.3 性能

电容器的性质主要有"充电""放电""隔直""通交"。

1. "充电"和"放电"性质

对"充电"和"放电"性质的说明如图 5-25 所示。

由于在充电后两块导电极板上存储了电荷，所以两块导电极板之间就有了电压，就像杯子装水后有水位一样。**在容量不变的情况下，电容器存储的电荷数与两端电压成正比。**电容器存储的电荷数与两端电压、容量的关系为

$$Q = C \cdot U$$

式中，Q 表示电荷数，单位为库仑（C）；C 表示容量，单位为法拉（F）；U 表示两端的电压，单位为伏特（V）。

该公式可从以下两个方面理解。

- 在容量不变的情况下（C 不变），电容器充得电荷越多（Q 增大），两端电压越高（U 增大），就好像在杯子大小不变时，杯子中装得水越多，杯子的水位越高。
- 若向容量一大一小的两只电容器充入相同数量的电荷（Q 不变），则容量小的电容器两端的电压更高（C 小 U 大），就好像向容量一大一小的两只杯子中装入相同多的水时，小杯子中的水位更高。

当开关S_1闭合后,从电源正极输出电流,经开关S_1流到电容器的金属极板E上。在极板E上聚集了大量的正电荷,由于金属极板F与极板E相距很近,又因为同性相斥,所以极板F上的正电荷因受到很近的极板E上正电荷的排斥而流走。这些正电荷形成电流到达电源的负极,因此,在电容器的上、下极板上存储了大量的上正下负的电荷(注:在常态时,金属极板E、F不呈电性,但上/下极板上都有大量的正负电荷,只是因正/负电荷数相等而呈中性)。由电源输出电流,流经电容器,在电容器上获得大量电荷的过程称为电容器的"充电"。

先闭合开关S_1,让电源对电容器C充得上正下负的电荷,然后断开S_1,再闭合开关S_2,电容器上的电荷开始释放。电荷流经的途径:电容器极板E→开关S_2→电阻R→灯泡→极板F,从而中和极板F上的负电荷。大量的电荷移动形成了电流,该电流经过灯泡时使灯泡发光。随着极板E上的正电荷不断流走,正电荷的数量慢慢减少,流经灯泡的电流减小,灯泡慢慢变暗。当极板E将先前充得的正电荷释放完毕后,无电流流过灯泡,灯泡熄灭。此时极板F上的负电荷也完全被中和,两块导电极板上充得的电荷消失。电容器中一个极板上的正电荷经一定的途径流到另一个极板,并中和该极板上负电荷的过程被称为电容器的"放电"。

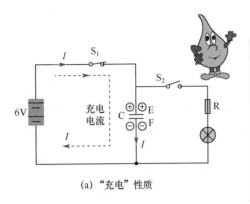

(a) "充电"性质

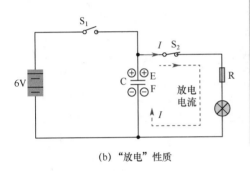

(b) "放电"性质

图 5-25 对"充电"和"放电"性质的说明

2. "隔直"和"通交"性质

"隔直"和"通交"性质是指直流电不能通过电容器,而交流电能通过电容器。对"隔直"和"通交"性质的说明如图 5-26 所示。

电容器与直流电源连接,当开关S闭合后,直流电源开始对电容器充电。充电途径:电源正极→开关S→上极板获得大量正电荷→下极板中的大量正电荷因被排斥流出而形成电流→灯泡(有电流流过灯泡,灯泡变亮)→电源的负极。随着电源对电容器不断充电,电容器两端的电荷越来越多,两端电压越来越高,当电容器两端电压与电源电压相等时,电源不能再对电容器充电,无电流流到电容器的上极板,下极板也无电流流出,因无电流流过灯泡,所以灯泡熄灭。以上过程说明:在刚开始时直流可因对电容器充电而通过电容器,但该过程的持续时间很短。在充电结束后,直流就无法通过电容器。这就是电容器的"隔直"性质。

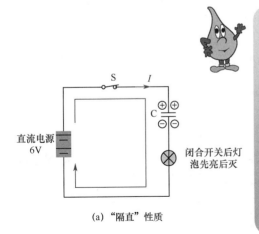

(a) "隔直"性质

图 5-26 对"隔直"和"通交"性质的说明

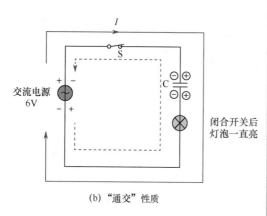

图 5-26 对"隔直"和"通交"性质的说明(续)

电容器与交流电源连接,由于交流电的极性经常变化,因此,有可能在一段时间内极性是上正下负,下一段时间内极性变为下正上负。在开关 S 闭合后,当交流电源的极性是上正下负时,交流电源从上端输出电流,该电流对电容器充电,充电途径:交流电源上端→开关 S→电容器→灯泡→交流电源下端,有电流流过灯泡,灯泡发光,同时交流电源对电容器充得上正下负的电荷;当交流电源的极性变为上负下正时,交流电源从下端输出电流,经过灯泡时对电容反充电,充电途径:交流电源下端→灯泡→电容器→开关 S→交流电源上端,有电流流过灯泡,灯泡发光,同时电流对电容器反充得到上负下正的电荷,这次充得的电荷极性与先前充电荷的极性相反,它们相互中和、抵消,电容器上的电荷消失。当交流电源的极性重新变为上正下负时,又可以对电容器进行充电,以后不断重复上述过程。从上面的分析可以看出,由于交流电源的极性不断变化,使得电容器充电和反充电(中和抵消)交替进行,从而始终有电流流过电容器,这就是电容器的"通交"性质。

电容器对交流电也有一定的阻碍作用,这种阻碍称为容抗,用 X_C 表示,容抗的单位是欧姆(Ω)。在如图 5-27 所示的容抗说明图中,两个电路中的交流电源电压相等,灯泡的规格也一样,但由于电容器的容抗对交流电具有阻碍作用,故图 5-27(b)中的灯泡要暗一些。

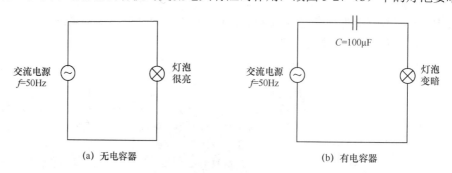

图 5-27 容抗说明图

电容器的容抗与交流信号频率、电容器的容量有关,即交流信号频率越高,电容器对交流信号的容抗越小;电容器的容量越大,它对交流信号的容抗越小。在图 5-27(b)中,若交流信号频率不变,电容器容量越大,灯泡越亮;或者电容器容量不变,交流信号频率越高,灯泡越亮。容抗可用以下公式计算:

$$X_C = \frac{1}{2\pi f C}$$

式中,C 表示电容器的容量;f 表示交流信号频率;π 为常数。

在图 5-27（b）中，若 f 为 50Hz，C 为 100μF，那么该电容器对交流电的容抗为

$$X_C = \frac{1}{2\pi fC} \approx \frac{1}{2 \times 3.14 \times 50 \times 100 \times 10^{-6}} \approx 31.8(\Omega)$$

5.3.4 容量的标注方法

电容器的容量标注方法很多，下面仅介绍一些常用的容量标注方法，如表 5-3 所示。

表 5-3 常用的容量标注方法

标注法	说明	例图
直标法	直标法是在电容器上直接标出容量值和容量单位	电容器容量为2200μF，耐压为63V，误差为±20%；电容器容量为68nF，J表示误差为±5%
小数点标注法	容量较大的无极性电容器常采用小数点标注法。小数点标注法的容量单位是 μF	电容器容量为0.01μF；电容器容量为0.033μF；p1 = 0.1pF；4n7 = 4.7nF；3μ3 = 3.3μF；R33 = 0.33μF
整数标注法	容量较小的无极性电容器常采用整数标注法，单位为 pF。若整数末位是 0，如"330"，则表示该电容器容量为 330pF；若整数末位不是 0，如"103"，则表示电容器容量为 10×10³pF；如果整数末尾是 9，不表示 10⁹，而表示 10⁻¹，如 339，则表示电容器容量为 3.3pF	180pF；330pF；22000pF

5.3.5 检测

电容器的常见故障有开路、短路和漏电等。 电容器的检测过程如图 5-28 所示。表针的摆动过程实际上就是万用表内部电池通过表笔对被测电容器的充电过程，被测电容器的容量越小，充电越快，表针摆动幅度越小。充电完成后表针将停在无穷大处。

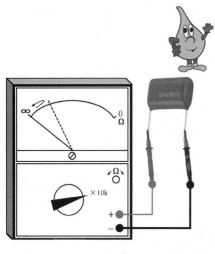

将挡位开关拨至×10kΩ 或×1kΩ 挡（对于容量小的电容器可选择×10kΩ 挡）。如果电容器正常，则表针先往右摆动，再慢慢返回到无穷大处（容量越小，向右摆动的幅度越小）。若检测时表针始终停在无穷大处不动，则说明电容器不能充电，该电容器开路；若表针能往右摆动，也能返回，但回不到无穷大处，则说明电容器能充电，但绝缘电阻小，该电容器漏电；若表针始终指在阻值小或 0 处不动，则说明电容器不能充电，并且绝缘电阻很小，该电容器短路。对于容量小于 0.01μF 的正常电容器，测量时表针可能不会摆动，因此无法用万用表判断其是否开路，但可以判断其是否短路和漏电。如果怀疑容量小的电容器开路，万用表又无法检测时，可找相同容量的电容器替换，如果故障消失，则说明原电容器开路。

图 5-28　电容器的检测过程

5.4　二极管

导电性能介于导体与绝缘体之间的材料称为半导体。 常见的半导体材料有硅、锗和硒等。利用半导体材料可以制作各种各样的半导体元器件，如二极管、三极管、场效应管和晶闸管等。

 ### 5.4.1　PN 结的形成

PN 结的形成如图 5-29 所示。当 P 型半导体（含有大量的正电荷）和 N 型半导体（含有大量的电子）结合在一起时，P 型半导体中的正电荷向 N 型半导体中扩散，N 型半导体中的电子向 P 型半导体中扩散，于是 P 型半导体和 N 型半导体中间就形成一个特殊的薄层，这个薄层称之为 PN 结。从含有 PN 结的 P 型半导体和 N 型半导体两端各引出一个电极并封装起来就构成了二极管，与 P 型半导体连接的电极称为正极（或阳极），用"+"或"A"表示；与 N 型半导体连接的电极称为负极（或阴极），用"-"或"K"表示。

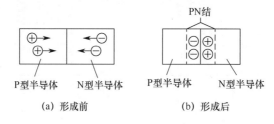

图 5-29　PN 结的形成

 ### 5.4.2　二极管结构、符号和外形

二极管的结构、符号和外形如图 5-30 所示。

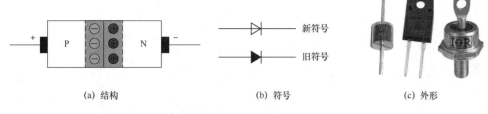

(a) 结构　　　　　　　　(b) 符号　　　　　　　　(c) 外形

图 5-30　二极管的结构、符号和外形

5.4.3　二极管的性能

对二极管性质的说明如图 5-31 所示。

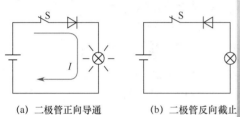

在图 5-31（a）中，当闭合开关 S 后，发现灯泡会发光，表明有电流流过二极管，二极管导通；在图 5-31（b）中，当开关 S 闭合后灯泡不亮，说明无电流流过二极管，二极管不导通。通过观察这两个电路中二极管的接法可以发现：在图 5-31（a）中，二极管的正极通过开关 S 与电源的正极连接，二极管的负极通过灯泡与电源负极相连；在图 5-31（b）中，二极管的负极通过开关 S 与电源的正极连接，二极管的正极通过灯泡与电源负极相连。

(a) 二极管正向导通　　　(b) 二极管反向截止

图 5-31　二极管的性质说明图

注意：当二极管正极与电源正极相连、二极管负极与电源负极相连时，二极管能导通，反之二极管不能导通。二极管的这种单方向导通的性质称为二极管的单向导电性，即正向电阻小、反向电阻大。

5.4.4　二极管的极性判别

二极管的引脚有正、负之分。若在电路中乱接，轻则不能正常工作，重则损坏二极管。在对二极管进行极性判别时可采用以下方法。

- 根据标注或外形判别极性：为了让人们更好地区分出二极管的正、负极，有些二极管会在表面对正、负极进行标注。根据标注或外形判别二极管极性如图 5-32 所示。

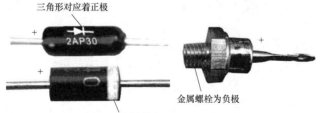

图 5-32　根据标注或外形判别二极管极性

- 用指针式万用表判别极性：对于没有标注极性或无明显外形特征的二极管，可用指针式万用表的电阻挡来判别二极管的极性，如图 5-33 所示。

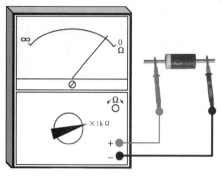 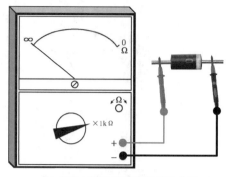

(a) 测阻值小时黑表笔接的引脚为正极　　　　　(b) 阻值大时黑表笔接的引脚为负极

> 将万用表拨至×100Ω或×1kΩ挡,测量二极管两个引脚之间的阻值,正、反各测一次,会出现阻值一大一小的情况,以阻值小的一次为准,黑表笔接的引脚为二极管的正极,红表笔接的引脚为二极管的负极。

图 5-33　用指针式万用表的电阻挡来判别二极管的极性

- 用数字式万用表判别极性:数字式万用表与指针式万用表一样,也有电阻挡,但由于两者的测量原理不同,因此数字式万用表无法判别二极管的正、负极。不过数字式万用表有一个二极管/通断测量挡,可以用其判别二极管的极性。用数字式万用表判别二极管的极性如图 5-34 所示。

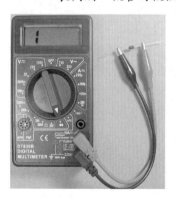 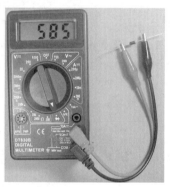

图 5-34　用数字式万用表判别二极管的极性

> 将挡位开关拨至二极管/通断测量挡(⇥)。将黑表笔、红表笔与二极管连接。观察并记录阻值:显示"1",表示二极管未导通。将黑表笔、红表笔对调。观察并记录阻值:显示"585",表示二极管已导通(黑表笔连接的一端为二极管负极),并且二极管当前的导通电压为585mV(即0.585V)。

 5.4.5　二极管的常见故障及检测

二极管的常见故障有开路、短路和性能不良等。在检测二极管时,可通过将挡位开关拨至×1k挡测量二极管正、反向电阻的阻值,测量方法与极性判断相同。锗材料二极管的正向阻值在 1kΩ 左右,反向阻值在 500kΩ 以上;硅材料二极管的正向电阻为 1~10kΩ,反向电阻为无穷大(不同型号的万用表测量值略有差距)。若测得的正、反电阻的阻值均为 0,则说明二极管短路;若测得的正、反向电阻的阻值均为无穷大,则说明二极管开路;若测得的正、反向电阻的阻值差距很小(即正向电阻偏大,反向电阻偏小),则说明二极管的性能不良。

5.4.6 二极管的常见应用：发光二极管

发光二极管是一种电-光转换器件，能将电信号转换成光信号。发光二极管的实物外形与图形符号如图 5-35 所示。

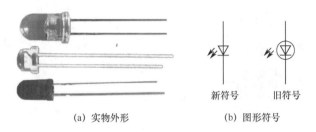

(a) 实物外形　　　　　　(b) 图形符号

图 5-35　发光二极管的实物外形与图形符号

发光二极管在电路中需要正接才能工作。对发光二极管的性质说明如图 5-36 所示。

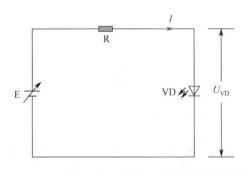

图 5-36　对发光二极管的性质说明

可调电源 E 通过电阻 R 将电压加到发光二极管 VD 两端（电源正极对应 VD 的正极，负极对应 VD 的负极），并将电源 E 的电压由 0 开始慢慢调高。发光二极管两端电压 U_{VD} 也随之升高，在电压较低时发光二极管并不导通，只有在 U_{VD} 达到一定值时，发光二极管才导通。此时的 U_{VD} 电压称为发光二极管的导通电压。发光二极管在导通后有电流流过就开始发光，流过的电流越大，发出的光越强。

不同颜色的发光二极管，其导通电压也不同：红外线发光二极管的导通电压最低，略高于 1V；红光二极管的导通电压为 1.5～2V；黄光二极管的导通电压为 2V；绿光二极管的导通电压为 2.5～2.9V；高亮度蓝光、白光二极管的导通电压为 3V 以上。在正常情况下，**发光二极管的工作电流为 5～30mA**。若流过发光二极管的电流过大，则容易将其烧坏。发光二极管的反向耐压也较低，一般在 10V 以下。

发光二极管的检测主要包括极性检测和好坏检测。

- **极性检测：对于未使用过的发光二极管，引脚长的为正极，引脚短的为负极**。发光二极管与普通二极管一样具有单向导电性，即正向电阻小，反向电阻大。根据这一特点可以用万用表来判别发光二极管的极性。由于发光二极管的导通电压在 1.5V 以上，而万用表选择×1Ω～×1kΩ 挡时，内部使用 1.5V 电池，它所提供的电压无法使发光二极管正向导通，故在检测发光二极管极性时，万用表应选择×10kΩ 挡，其余操作与检测普通二极管相同，这里不再赘述。
- **好坏检测**：在检测发光二极管的好坏时，应选择×10kΩ 挡来测量两个引脚之间的正、反向电阻。若发光二极管正常，则正向电阻小、反向电阻大（接近无穷大）；若正、反向电阻的值均为无穷大，则发光二极管开路；若正、反向电阻的值均为 0，则发光二极管短路；若反向电阻的值偏小，则发光二极管反向漏电。

5.4.7 二极管的常见应用：稳压二极管

稳压二极管又称齐纳二极管或反向击穿二极管，在电路中起到稳压的作用。 稳压二极管的实物外形与图形符号如图 5-37 所示。

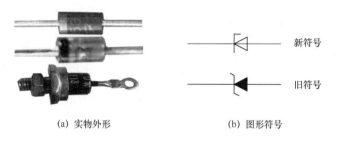

(a) 实物外形　　　　　　　　(b) 图形符号

图 5-37　稳压二极管的实物外形与图形符号

若想让稳压二极管起到稳压的作用，必须将它反接在电路中（即稳压二极管的负极连接电路中的高电位，正极连接低电位，稳压二极管在电路中正接时的作用与普通二极管相同）。对稳压二极管的稳压原理说明如图 5-38 所示。

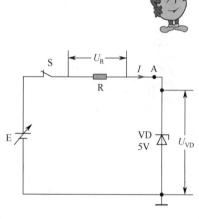

图 5-38　稳压二极管的稳压原理说明图

稳压二极管 VD 的稳压值为 5V。若电源电压低于 5V，则当闭合开关 S 时，稳压二极管 VD 反向不能导通，无电流流过电阻器 R，U_R 为 0，A 点电压、U_{VD} 与电源电压相等。例如，E 为 4V 时，U_{VD} 也为 4V；电源电压在 5V 范围内变化时，U_{VD} 也随之变化。也就是说，当加到稳压二极管两端的电压低于它的稳压值时，稳压二极管处于截止状态，无稳压功能。

若电源电压超过稳压二极管的稳压值，如 8V 时，则当闭合开关 S 时，8V 电压通过电阻器 R 送到 A 点，该电压超过稳压二极管的稳压值，稳压二极管 VD 马上反向击穿并导通，有电流流过电阻器 R 和稳压二极管 VD。此时 U_R 为 3V、U_{VD} 为 5V。

若将电源电压由 8V 升到 10V，由于电压升高，流过电阻器 R 和稳压二极管 VD 的电流都会增大，电阻器 R 上的电压 U_R 随之增大（由 3V 上升到 5V），而稳压二极管 VD 上的电压维持 5V 不变。

稳压二极管的稳压原理：当外加电压低于稳压二极管的稳压值时，稳压二极管不能导通，无稳压功能；当外加电压高于稳压二极管的稳压值时，稳压二极管反向击穿并导通，两端电压保持不变，其大小等于稳压值（为了保护稳压二极管并使它具有良好的稳压效果，必须给稳压二极管串接限流电阻）。

5.5　三极管

5.5.1　外形与符号

三极管又称晶体三极管，是一种具有放大功能的半导体器件。 三极管的实物外形与图形符号如图 5-39 所示。

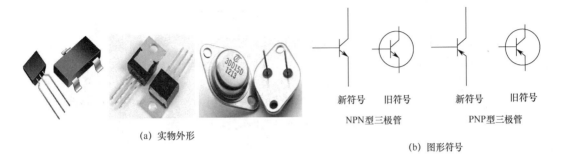

(a) 实物外形

(b) 图形符号

图 5-39　三极管的实物外形与图形符号

5.5.2　结构

三极管有 PNP 型和 NPN 型两种类型。PNP 型三极管的构成如图 5-40 所示。**三极管内部有两个 PN 结。其中，基极和发射极之间的 PN 结称为发射结；基极与集电极之间的 PN 结称为集电结。**两个 PN 结将三极管内部分为三个区：与发射极相连的区称为发射区；与基极相连的区称为基区；与集电极相连的区称为集电区。发射区的半导体掺入的杂质多，故有大量的电荷，便于发射电荷；集电区掺入的杂质少且面积大，便于收集发射区送来的电荷；基区处于两者之间，发射区流向集电区的电荷要经过基区，故基区可控制发射区流向集电区电荷的数量，基区就像设在发射区与集电区之间的关卡。NPN 型三极管的构成与 PNP 型三极管类似，由两个 N 型半导体和一个 P 型半导体构成，如图 5-41 所示。

> 将两个 P 型半导体和一个 N 型半导体按如图 5-40（a）所示的方式结合在一起，两个 P 型半导体中的正电荷会向中间的 N 型半导体移动，N 型半导体中的负电荷会向两个 P 型半导体移动，从而在 P、N 型半导体的交界处形成 PN 结，如图 5-40（b）所示。在两个 P 型半导体和一个 N 型半导体上通过连接导体各引出一个电极，封装后就构成了三极管。**不管哪种类型的三种管都有 3 个电极，分别为集电极（用 c 或 C 表示）、基极（用 b 或 B 表示）和发射极（用 e 或 E 表示）。**PNP 型三极管的符号如图 5-40（c）所示。

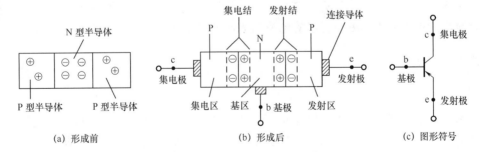

(a) 形成前　　　　　　　(b) 形成后　　　　　　　(c) 图形符号

图 5-40　PNP 型三极管的构成

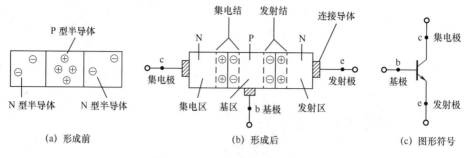

(a) 形成前　　　(b) 形成后　　　(c) 图形符号

图 5-41　NPN 型三极管的构成

 5.5.3　电流和电压规律

单独的三极管是无法正常工作的,在电路中需要为三极管的各极提供电压,让它内部有电流流过,这样的三极管才具有放大能力。**为三极管各极提供电压的电路称为偏置电路。**

1. PNP 型三极管的电流、电压规律

PNP 型三极管的偏置电路如图 5-42 所示。

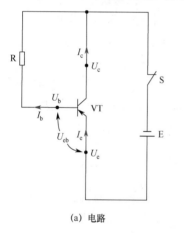　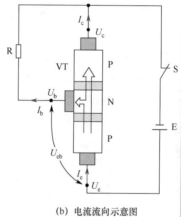

(a) 电路　　　　　　　(b) 电流流向示意图

图 5-42　PNP 型三极管的偏置电路

- I_e 的流经途径:电源正极→三极管 VT 的发射极→电流在三极管内部分为两路:一路从 VT 的基极流出,即 I_b;另一路从 VT 的集电极流出,即 I_c。
- I_b 的流经途径:VT 基极→电阻 R→开关 S→电源负极。
- I_c 的流经途径:VT 集电极→开关 S→电源负极。

(1) 电流关系

在图 5-42 中,当闭合电源开关 S 后,由电源输出的电流马上流过三极管,三极管导通。**流经发射极的电流为 I_e,流经基极的电流为 I_b,流经集电极的电流为 I_c。**

注意:对于 PNP 型三极管而言,I_e、I_b、I_c 的关系是 $I_b+I_c=I_e$,并且 I_c 要远小于 I_b。

(2) 电压关系

在图 5-42 中,PNP 型三极管 VT 的发射极直接连接电源正极,集电极直接连接电源负极,基极通过电阻 R 连接电源负极。根据电路中电源正极的电压最高、负极的电压最低的规律可判断出:三极管发射极电压 U_e 最高,集电极电压 U_c 最低,基极电压 U_b 处于两者之间。U_e、U_b、U_c 之间的关系是 $U_e>U_b>U_c$。发射极与基极之间的电压(电位差)U_{eb}($U_{eb}=U_e-U_b$)

称为发射结正向电压。

$U_b>U_c$ 可以使集电区电压较基区电压低,从而令集电区有足够的吸引力(电压越低,对正电荷的吸引力越大),将基区内大量电荷吸引穿过集电结而到达集电区。

2. NPN 型三极管的电流、电压规律

图 5-43 所示为 NPN 型三极管的偏置电路。从图 5-43 中可以看出,NPN 型三极管的集电极连接电源正极,发射极连接电源负极,基极通过电阻连接电源正极,这与 PNP 型三极管的连接正好相反。

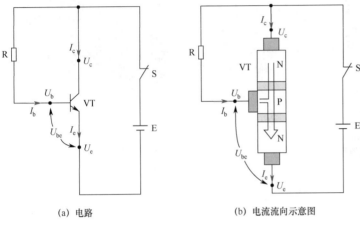

图 5-43 NPN 型三极管的偏置电路

- I_b 的流经途径:电源正极→开关 S→电阻 R→三极管 VT 的基极→基区。
- I_c 的流经途径:电源正极→三极管 VT 的集电极→集电区→基区。
- I_e 的流经途径:I_b、I_c 在基区汇合→发射区→发射极→电源负极。

(1)电流规律

在图 5-43 中,当开关 S 闭合后,由电源输出的电流马上流过三极管,三极管导通。流经发射极的电流为 I_e,流经基极的电流为 I_b,流经集电极的电流为 I_c。

注意:对于 NPN 型三极管而言,I_e、I_b、I_c 的关系是 $I_b+I_c=I_e$,并且 I_c 要远大于 I_b。

(2)电压规律

在图 5-43 中,由于 NPN 型三极管的集电极接电源的正极,发射极接电源的负极,基极通过电阻接电源的正极,因此,U_e、U_b、U_c 之间的关系是 $U_e<U_b<U_c$。$U_c>U_b$,可使基区电压较集电区电压低,从而吸引集电区的电荷穿过集电结而到达基区。$U_b>U_e$,可使发射区的电压较基极的电压低,两区之间的发射结(PN 结)导通,基区的电荷穿过发射结到达发射区。NPN 型三极管的基极与发射极之间的电压 U_{be}($U_{be}=U_b-U_e$)称为发射结正向电压。

 5.5.4 检测

三极管的检测包括类型检测、电极检测和好坏检测。

1. 类型检测

三极管的类型有 NPN 型和 PNP 型,可用万用表的电阻挡检测。三极管类型的检测如图 5-44 所示。

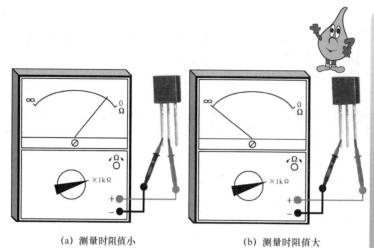

(a) 测量时阻值小　　　(b) 测量时阻值大

图 5-44　三极管类型的检测

将挡位开关拨至×100 或×1k 挡，用于测量三极管任意两个引脚间的电阻。若测得的阻值较小，则黑表笔所接电极为 P 极，红表笔所接电极为 N 极。黑表笔不动（即让黑表笔接 P 极），将红表笔接到另一个电极上。这时将出现两种可能：若测得的阻值很大，则红表笔所接电极为 P 极，该三极管为 PNP 型，红表笔先前所接电极为基极；若测得的阻值很小，则红表笔所接电极为 N 极，该三极管为 NPN 型，黑表笔所接电极为基极。

2. 电极检测

三极管有发射极、基极和集电极三个电极，在使用时不能混用。由于在检测类型中已经找出基极，故下面仅介绍如何用万用表的电阻挡检测发射极和集电极。

（1）NPN 型三极管集电极和发射极的判别

NPN 型三极管集电极和发射极的判别如图 5-45 所示。如果两次测量出来的阻值大小区别不明显，可先将手沾点水，让手的电阻减小，再用手接触两个引脚进行测量。

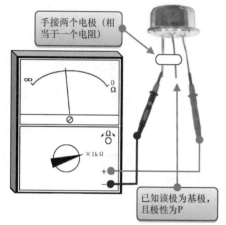

(a) 测量时阻值小

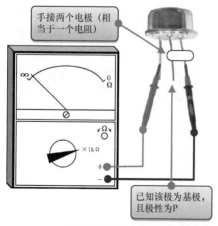

(b) 测量时阻值大

图 5-45　NPN 型三极管的发射极和集电极的判别

将挡位开关置于×1k 或×100 挡，黑表笔连接除基极以外的任意一个电极，并用手接触该电极与基极（手相当于一个电阻，即在两个电极间连接一个电阻）。将红表笔与余下的一个电极连接，测量并记下阻值的大小。

将红、黑表笔互换位置，用手接触基极，以及对换后黑表笔所接电极，测量并记下阻值的大小。在两次测量后，阻值一大一小，以阻值小的那次测量为准：黑表笔所接电极为集电极，红表笔所接电极为发射极。

（2）PNP 型三极管集电极和发射极的判别

PNP 型三极管集电极和发射极的判别如图 5-46 所示。

将挡位开关置于×1k 或×100 挡，红表笔连接除基极以外的任意一个电极，并用手接触该电极与基极，黑表笔连接余下的一个电极，测量并记下阻值的大小。

将红、黑表笔互换位置，并用手接触基极，以及互换位置后红表笔所接的电极，测量并记下阻值的大小。在两次测量后，阻值一大一小，以阻值小的那次测量为准：红表笔所接电极为集电极，黑表笔所接电极为发射极。

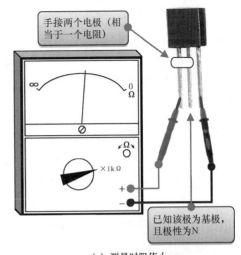

(a) 测量时阻值小

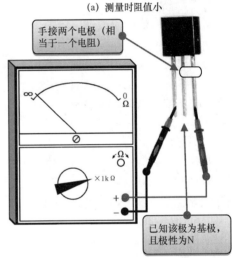

(b) 测量时阻值大

图 5-46　PNP 型三极管集电极和发射极的判别

（3）利用万用表的三极管放大倍数挡来判别集电极和发射极

如果万用表有三极管放大倍数挡，则可利用该挡判别三极管的电极。使用这种方法的前提是已检测出三极管的类型和基极。利用万用表的三极管放大倍数挡来判别极性的过程如图 5-47 所示。

3．好坏检测

（1）测量集电结和发射结的正、反向电阻

在三极管内部有两个 PN 结（集电结和发射结）。任意一个 PN 结损坏，三极管都不能使用。检测 PN 结是否正常的操作：将挡位开关置于×100 或×1k 挡，测量集电极和基极之间的正、反向电阻（即测量集电结的正、反向电阻），以及测量发射极与基极之间的正、反向电阻（即测量发射结的正、反向电阻）。在正常情况下，集电结和发射结的正向电阻较小，（几百欧至几千欧）、反向电阻很大（几百千欧至无穷大）。

（2）测量集电极与发射极之间的正、反向电阻

对于 PNP 型三极管而言，在红表笔连接集电极、黑表笔连接发射极时测得的电阻为正向电阻，在正常情况下，正向电阻为十几千欧至几百千欧（利用×1k 挡测得），互换红、黑表笔后测得的电阻为反向电阻，其与正向电阻的阻值相近；对于 NPN 型三极管而言，在

黑表笔连接集电极、红表笔连接发射极时测得的电阻为正向电阻，互换红、黑表笔后测得的电阻为反向电阻，在正常情况下，正、反向电阻的阻值相近，为几百千欧至无穷大。

若任意一个PN结的正、反向电阻不正常，或发射极与集电极之间的正、反向电阻不正常，则说明三极管损坏：如果发射结的正、反向电阻的阻值为无穷大，则说明发射结开路；如果发射极与集电极之间的阻值为0，则说明集电极与发射极之间击穿短路。

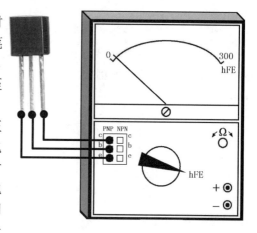

(a) 测量时放大倍数小

❶ 将挡位开关置于hFE挡（三极管放大倍数挡），并根据三极管的类型选择相应的插孔：将基极插入基极插孔中，其他两个电极可插入任意插孔，记录此时测得的放大倍数数值。
❷ 保持三极管的基极不动，令另外两个电极互换插孔，观察测得的放大倍数数值。在两次测量后，测得的放大倍数一大一小，以放大倍数大的那次测量为准：c极插孔对应的电极是集电极，e极插孔对应的电极为发射极。

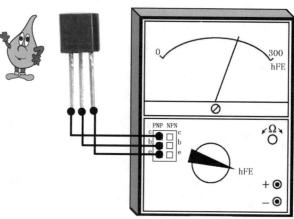

(b) 测量时放大倍数大

图 5-47　利用万用表的三极管放大倍数挡来判别极性的过程

注意：一个三极管的好坏检测需要进行6次测量：测量发射结的正、反向电阻各1次（2次）；集电结的正、反向电阻各1次（2次）；集电极与发射极之间的正、反向电阻各1次（2次）。只有这6次检测都正常，才能说明三极管是正常的，否则，三极管不能使用。

5.6　其他常用元器件

电阻器、电容器、电感器、二极管和三极管是电路中应用广泛的元器件。本节再来介绍其他常用的元器件。

 ### 5.6.1　光电耦合器

1. 外形与符号

光电耦合器是将发光二极管和光电二极管组合在一起并封装起来构成的。光电耦合器的实物外形与图形符号如图 5-48 所示。

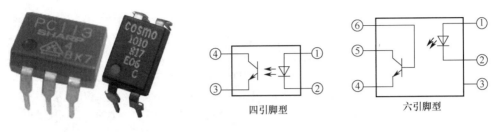

(a) 实物外形　　　　　　　　　　(b) 图形符号

图 5-48　光电耦合器的实物外形与图形符号

在光电耦合器内部集成了发光二极管和光电管。对光电耦合器工作原理的说明如图 5-49 所示。

注意：调节电位器 RP 可以改变发光二极管 VD 的光线亮度：当 RP 的滑动端向右移时，其阻值变小，流入光电耦合器内部发光二极管的电流变大，光电二极管 C、E 极之间的电阻变小，电源 E2 的回路总电阻变小，流经发光二极管 VD 的电流变大（更亮）。

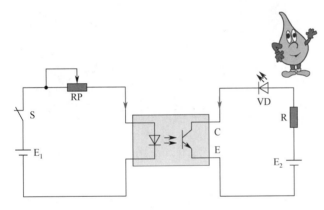

图 5-49　光电耦合器工作原理的说明

在闭合开关 S 时，电源 E_1 经开关 S 和电位器 RP 为光电耦合器的内部发光二极管提供电压，有电流流过发光二极管，发光二极管发出光线；电源 E_2 输出的电流经电阻 R、发光二极管 VD 流入光电耦合器的 C 极，并从 E 极流出回到 E_2 的负极，有电流流过发光二极管 VD。

在断开开关 S 时，无电流流过光电耦合器的内部发光二极管，电源 E_2 的回路被切断，发光二极管 VD 因无电流通过而熄灭。

 ## 5.6.2　晶闸管

晶闸管又称可控硅，它有三个电极：阳极（A）、阴极（K）和门极（G）。晶闸管的实物外形与图形符号如图 5-50 所示。

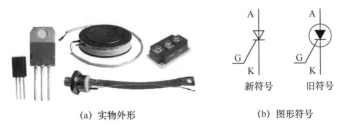

(a) 实物外形　　　　　　　　　　(b) 图形符号

图 5-50　晶闸管的实物外形与图形符号

晶闸管在电路中主要起到电子开关的作用。对晶闸管工作原理的说明如图 5-51 所示。

电源 E_2 通过 R_2 为晶闸管的 A、K 极提供正向电压 U_{AK},电源 E_1 经电阻 R_1 和开关 S 为晶闸管的 G、K 极提供正向电压 U_{GK}。当开关 S 处于断开状态时,VT_1 因无 I_{b1} 电流而无法导通,VT_2 也无法导通,晶闸管处于截止状态,I_2 电流为 0。

如果将开关 S 闭合,电源 E_1 马上通过 R_1、S 为 VT_1 提供 I_{b1} 电流,VT_1、VT_2 也导通(VT_2 的 I_{b2} 流经 VT_1 的 c、e 极)。在 VT_2 导通后,I_{c2} 电流与 E_1 提供的电流汇合成更大的 I_{b1} 电流,并流经 VT_1 的发射结,使 VT_1 导通更深、I_{c1} 电流更大,同时,VT_2 的 I_{b2} 也增大(VT_2 的 I_{b2} 与 VT_1 的 I_{c1} 相等),I_{c2} 增大,从而形成强烈的正反馈,正反馈过程:

$$I_{b1}\uparrow \rightarrow I_{c1}\uparrow \rightarrow I_{b2}\uparrow \rightarrow I_{c2}\uparrow$$

正反馈使得 VT_1、VT_2 都进入饱和状态,I_{b2}、I_{c2} 很大,I_{b2}、I_{c2} 由 VT_2 的发射极流入,即晶闸管 A 极流入,I_{b2}、I_{c2} 电流在内部流经 VT_1、VT_2 后从 K 极输出,相当于晶闸管导通。

在晶闸管导通后,若断开开关 S,则 I_{b2}、I_{c2} 电流继续存在,晶闸管继续导通。这时如果慢慢调低电源 E_2 的电压,则流入晶闸管 A 极的电流(即 I_2 电流)慢慢减小,当电源电压调到很低时(接近 0V),流入 A 极的电流接近 0,晶闸管进入截止状态。

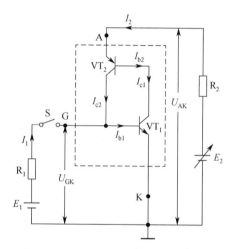

图 5-51 对晶闸管工作原理的说明

综上所述,晶闸管具有以下性质。

- 无论 A、K 极之间加什么电压,只要 G、K 极之间没有加正向电压,晶闸管就无法导通。
- 只有 A、K 极之间加正向电压,并且 G、K 极之间也加一定的正向电压,晶闸管才能导通。
- 在晶闸管导通后,即便撤掉 G、K 极之间的正向电压,晶闸管也能继续导通。若想令导通的晶闸管截止,则可采用两种方法:一是让流入晶闸管 A 极的电流减小到某一值 I_H(维持电流),晶闸管会截止;二是让 A、K 极之间的正向电压 U_{AK} 减小到 0 或为反向电压,也可以使晶闸管由导通转为截止。

 ### 5.6.3 场效应管

场效应管又称场效应晶体管,与三极管一样,具有放大能力。场效应管具有三个电极:漏极(D)、栅极(G)和源极(S)。场效应管的种类较多,下面以增强型绝缘栅场效应管为例进行介绍。

增强型绝缘栅场效应管可简称为增强型 MOS 管，可分为两类：N 沟道 MOS 管（又称增强型 NMOS 管）和 P 沟道 MOS 管（又称增强型 PMOS 管）。增强型 MOS 管的实物外形与图形符号如图 5-52 所示。增强型 NMOS 管的结构与等效图形符号如图 5-53 所示。

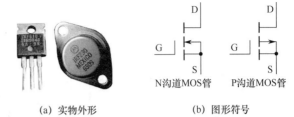

(a) 实物外形　　　(b) 图形符号

图 5-52　增强型 MOS 管的实物外形与图形符号

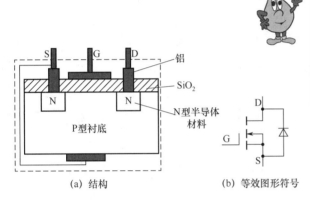

(a) 结构　　　(b) 等效图形符号

图 5-53　增强型 NMOS 管的结构与等效图形符号

增强型 NMOS 管是以 P 型硅片作为基片（又称衬底）的。在基片上制作两个含有杂质的 N 型半导体材料，并在上面制作一层很薄的二氧化硅（SiO_2）绝缘层。在两个 N 型半导体材料上引出两个铝电极，即漏极（D）和源极（S）。在两个电极的中间、SiO_2 绝缘层的上面制作一层铝制导电层，并从该导电层引出一个电极，即 G 极。P 型衬底与 D 极连接的 N 型半导体会形成二极管结构（称之为寄生二极管）。由于 P 型衬底通常与 S 极连接在一起，所以增强型 NMOS 管又可用等效图形符号表示。

需要给增强型 NMOS 管加合适的电压才能使其工作。加有电压的增强型 NMOS 管如图 5-54 所示。

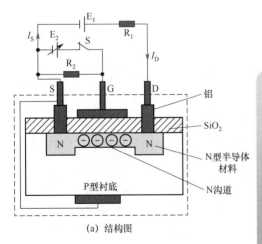

(a) 结构图

图 5-54　加有电压的增强型 NMOS 管

电源 E_1 通过 R_1 连接 NMOS 管的 D、S 极，电源 E_2 通过开关 S 连接 NMOS 管的 G、S 极。在开关 S 断开时，NMOS 管的 G 极无电压，D、S 极所接的两个 N 区之间没有导电沟道，所以两个 N 区之间不能导通，I_D 为 0；在开关 S 闭合时，NMOS 管的 G 极获得正电压，与 G 极连接的铝电极有正电荷，它产生的电场穿过 SiO_2 层，并吸引 P 型衬底的很多电子靠近，从而在两个 N 区之间出现导电沟道。由于此时 D、S 极之间已有正向电压，因此有 I_D 从 D 极流入，再经导电沟道从 S 极流出。

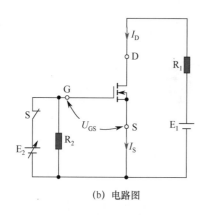

(b) 电路图

图 5-54 加有电压的增强型 NMOS 管（续）

如果改变 E_2 电压的大小，即改变 G、S 极之间的电压 U_{GS}，则与 G 极相通的铝层产生的电场大小、在 SiO_2 层下面的电子数量、两个 N 区之间的沟道宽度、I_D 都会发生变化。U_{GS} 电压越高，沟道就会越宽，I_D 电流就会越大，这就是场效应管的放大原理（即电压控制电流变化原理）。

为了表示场效应管的放大能力，引入一个参数——跨导 g_m，g_m 可用下面的公式计算：

$$g_m = \frac{\Delta I_D}{\Delta U_{GS}}$$

式中，g_m 反映了 G、S 极电压 U_{GS} 对 D 极电流 I_D 的控制能力，是表述场效应管放大能力的一个重要参数（相当于三极管的 β），g_m 的单位是西门子（S），也可以用 A/V 表示。

增强型 MOS 管具有如下特点：

- 在 G、S 极之间未加电压（即 U_{GS}=0V）时，D、S 极之间没有沟道，I_D=0。
- 在 G、S 极之间加上合适的电压（大于开启电压 U_T）时，D、S 极之间有沟道形成。随着 U_{GS} 电压的变化，沟道的宽度和 I_D 也会发生变化。
- 对于增强型 NMOS 管，只有 G、S 极之间加正电压（$U_{GS}=U_G-U_S$，当 $U_G > U_S$ 时为正电压），D、S 极之间才会形成沟道；对于增强型 PMOS 管，只有 G、S 极之间加负电压（在 $U_G<U_S$ 时为负电压），D、S 极之间才会形成沟道。

 5.6.4 IGBT

IGBT 是绝缘栅双极型晶体管的简称，是一种由场效应管和三极管组合而成的复合器件。它综合了三极管和 MOS 管的优点，具有很好的特性，广泛应用在各种中小功率的电力、电子设备中。IGBT 的外形、等效图和图形符号如图 5-55 所示。

  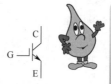

(a) 外形　　　　　(b) 等效图　　　　(c) 图形符号

IGBT 相当于一个 PNP 型三极管和增强型 NMOS 管以图 5-55(c) 所示的方式组合而成。IGBT 有三个电极：C 极（集电极）、G 极（栅极）和 E 极（发射极）。

图 5-55 绝缘栅双极型晶体管 IGBT

在图 5-55 中，IGBT 由 PNP 型三极管和 N 沟道 MOS 管组合而成，这种 IGBT 称为 N-IGBT（在电力、电子设备中较为常用），其图形符号如图 5-55（c）所示；相应的，还有 P 沟道

IGBT，可简称为 P-IGBT，将图 5-55（c）中的箭头方向改为由 E 极指向 G 极即为 P-IGBT 的图形符号。对 N-IGBT 工作原理的说明如图 5-56 所示。

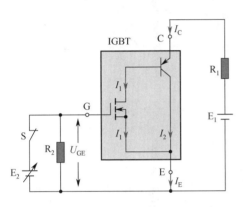

电源 E_2 通过开关 S 为 IGBT 提供 U_{GE} 电压，电源 E_1 经 R_1 为 IGBT 提供 U_{CE} 电压。当开关 S 闭合时，IGBT 的 G、E 极之间获得电压 U_{GE}。只要 U_{GE} 电压大于开启电压（2~6V），IGBT 内部的 NMOS 管就有导电沟道形成，NMOS 管的 D、S 极之间导通，并为三极管的 I_b 电流提供通路；三极管导通，有电流 I_C 从 IGBT 的 C 极流入，经三极管 E 极后分成 I_1 和 I_2 两路电流：I_1 电流流经 NMOS 管的 D、S 极；I_2 电流从三极管的集电极流出；I_1、I_2 电流汇合成 I_E 电流从 IGBT 的 E 极流出，即 IGBT 处于导通状态。当开关 S 断开后，U_{GE} 为 0V，NMOS 管的导电沟道夹断（消失），I_1、I_2、I_C、I_E 也为 0A，即 IGBT 处于截止状态。

通过调节电源 E_2 可以改变 U_{GE} 电压的大小，并令 IGBT 内部 NMOS 管的导电沟道宽度、I_1 发生变化。由于实际上 I_1 与 I_b 相等，因此 I_1 的细微变化会引起 I_2 电流（I_2 与 I_c 相等）的急剧变化。例如，当 U_{GE} 增大时，NMOS 管的导电沟道变宽，I_1 电流增大，I_2 电流也增大，即从 IGBT 的 C 极流入、E 极流出的电流增大。

图 5-56 对 N-IGBT 工作原理的说明

 5.6.5 集成电路

将电阻、二极管和三极管等元器件以电路的形式封装在半导体硅片上，并接出引脚，从而构成了集成电路。集成电路可简称为集成块，又称芯片 IC。

1. 举例

一种常见的音频放大集成电路如图 5-57 所示（其型号为 LM380）。单独的集成电路是无法工作的，需要为其连接相应的外围元件并提供电源。例如，在图 5-57 中，除了在 LM380 的 14、7 脚提供 12V 电源，还在其他引脚连接一些外围元件，使得 LM380 可以对 6 脚输入的音频信号进行放大，从 8 脚输出放大的音频信号，并送入扬声器使之发声。

2. 引脚识别

集成电路的引脚很多，少则几个，多则几百个，各引脚的功能又不一样，所以在使用时一定要知道集成电路引脚的识别方法，并在安装时"对号入座"，否则集成电路将不工作甚至被烧毁。

一般情况下，集成电路的第 1 引脚会由标记指出，常见的标记有小圆点、小突起、缺口、缺角等。在找到第 1 引脚后，逆时针依次为第 2 引脚、第 3 引脚、第 4 引脚……对集成电路的引脚识别如图 5-58 所示。

(a) 外形

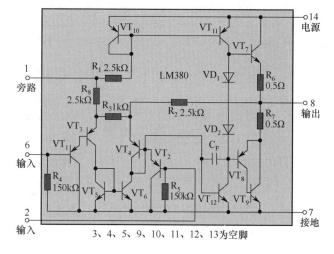
(b) 内部电路

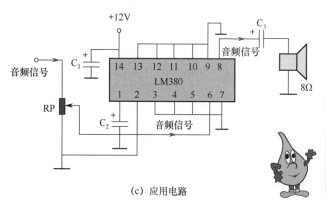
(c) 应用电路

图 5-57 一种常见的音频放大集成电路

有的集成电路内部只有十几个元器件，而有些集成电路内部则有成千上万个元器件（如电脑中的微处理器 CPU）。集成电路的内部电路复杂，大多数的电子爱好者不必理会内部电路的原理，只了解各引脚功能及内部组成即可；对于从事电路设计的工作者而言，通常要了解内部电路的结构。

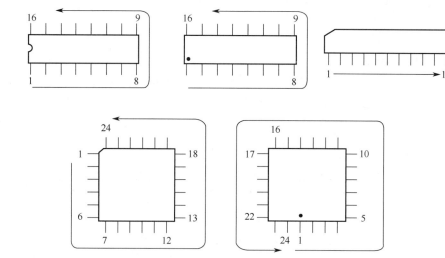

图 5-58 对集成电路的引脚识别

第 6 章 变压器与传感器

6.1 变压器

6.1.1 变压器的基础知识

变压器是一种能提升或降低交流电压、电流的电气设备。 无论在电力系统中,还是在微电子技术领域,变压器都得到了广泛应用。

1. 结构与工作原理

变压器主要由绕组和铁芯组成,其结构与符号如图 6-1 所示。

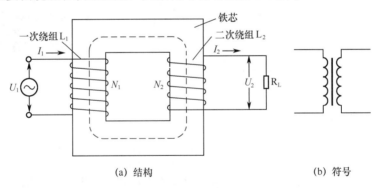

图 6-1 变压器的结构与符号

从图 6-1 可以看出,两相绕组 L_1、L_2 绕在同一铁芯上就构成了变压器:一相绕组与交流电源连接,该绕组称为一次绕组(或称原边绕组),匝数(即圈数)为 N_1;另一相绕组与负载 R_L 连接,称为二次绕组(或称副边绕组),匝数为 N_2。当交流电压 U_1 加到一次绕组 L_1 两端时,有交流电流 I_1 流过 L_1,L_1 产生变化的磁场,变化的磁场通过铁芯穿过二次绕组 L_2,L_2 两端会产生感应电压 U_2,并输出电流 I_2 流经负载 R_L。

实际上,变压器铁芯并不是一块厚厚的环形铁,而是由很多薄薄的、涂有绝缘层的硅钢片叠在一起构成的。常见的硅钢片形状主要有心式和壳式两种,如图 6-2 所示。由于在闭合的硅钢片上绕制绕组比较困难,因此每片硅钢片都分为两部分:先在其中一部分上绕好绕组,再将另一部分与它拼接在一起。

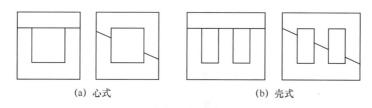

(a) 心式　　　(b) 壳式

图 6-2　常见的硅钢片形状

变压器的绕组一般由表面涂有绝缘漆的铜线绕制而成，对于大容量的变压器则采用绝缘的扁铜线或铝线绕制而成。**变压器接高压的绕组称为高压绕组，其线径细、匝数多；变压器接低压的绕组称为低压绕组，其线径粗、匝数少。**

变压器是由绕组绕制在铁芯上构成的，对于不同形状的铁芯，绕组的绕制方法有所不同。变压器的绕组绕制方式如图 6-3 所示。

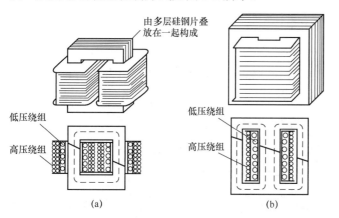

不管是心式铁芯，还是壳式铁芯，高、低压绕组并不是各绕在铁芯的一侧，而是绕在一起。线径粗的绕组绕在铁芯上构成低压绕组，线径细的绕组则绕在低压绕组上。

图 6-3　变压器的绕组绕制方式

2. 变压器的基本功能

变压器的基本功能是电压变换和电流变换。

（1）电压变换

变压器既可以升高交流电压，也可以降低交流电压。在忽略变压器对电能损耗的情况下，一次绕组、二次绕组的电压与一次绕组、二次绕组的匝数关系为

$$\frac{U_1}{U_2} = \frac{N_1}{N_2} = K$$

式中的 K 称为匝数比或变压比，由上式可知：

- 当 $N_1 < N_2$（即 $K < 1$）时，输出电压 U_2 较输入电压 U_1 高，故 K 小于 1 的变压器称为升压变压器。
- 当 $N_1 > N_2$（即 $K > 1$）时，输出电压 U_2 较输入电压 U_1 低，故 K 大于 1 的变压器称为降压变压器。
- 当 $N_1 = N_2$（即 $K = 1$）时，输出电压 U_2 和输入电压 U_1 相等，这种变压器不能改变交流电压的大小，但能将一次绕组、二次绕组的电路隔开，故 K 等于 1 的变压器称为隔离变压器。

（2）电流变换

变压器不但能改变交流电压的大小，还能改变交流电流的大小。在忽略变压器对电能损耗的情况下，变压器的一次绕组的功率 P_1（$P_1=U_1 \cdot I_1$）与二次绕组的功率 P_2（$P_2=U_2 \cdot I_2$）是相等的，即

$$U_1 \cdot I_1 = U_2 \cdot I_2$$

$$\frac{U_1}{U_2} = \frac{I_2}{I_1}$$

变压器一次、二次绕组的电压与一次、二次绕组的电流成反比：若提升二次绕组的电压，则会使二次绕组的电流减小；若降低二次绕组的电压，则二次绕组的电流会增大。

综上所述，对于变压器来说，不管是一次或二次绕组，匝数越多，它两端的电压就越高，流过的电流就越小。例如，某变压器的二次绕组的匝数少于一次绕组的匝数，则其二次绕组两端的电压就低于一次绕组两端的电压，而二次绕组的电流大于一次绕组的电流。

 6.1.2　三相变压器及接线方式

1. 传送电能

发电部门的发电机能将其他形式的能（如水能和化学能）转换成电能，电能再通过导线传送给用户。由于用户与发电部门的距离很远，电能传送需要很长的导线，故电能在导线传送的过程中有损耗。根据焦耳定律 $Q = I^2Rt$ 可知，损耗的大小主要与流过导线的电流和导线的电阻有关，电流、电阻越大，导线的损耗就越大。

为了降低电能在导线上传送产生的损耗，可减小导线电阻和降低流过导线的电流。具体做法有：通过将电阻率小的铝或铜材料制作成导线来减小电阻；通过提高传送电压来减小电流，这是因为 $P = UI$，在传送功率一定的情况下，导线电压越高，流过导线的电流越小。

电能从发电站传送到用户的过程如图 6-4 所示。

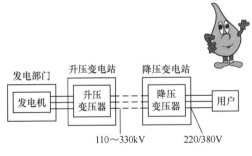

图 6-4　电能传送示意图

2. 改变三相交流电压

目前，电力系统广泛采用三相交流电压，三相交流电压是由三相交流发电机产生的。三相交流发电机的应用原理如图 6-5 所示。

- 利用单相变压器改变三相交流电压：将三相交流发电机产生的三相交流电压传送出去时，为了降低线路损耗，需要对每相电压进行提升，简单的做法是利用三个单相

变压器改变三相交流电压,如图 6-6 所示。单相变压器是指一次绕组和二次绕组分别只有一组的变压器。

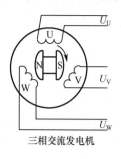

三相交流发电机主要由 U、V、W 三相绕组和磁铁组成,当磁铁旋转时,在 U、V、W 绕组中分别产生电动势,各绕组两端的电压分别为 U_U、U_V、U_W,这三相绕组输出的三组交流电压就称为三相交流电压。

图 6-5　三相交流发电机的应用原理

- 利用单相变压器改变三相交流电压:将三对绕组绕在同一铁芯上可以构成三相变压器。三相变压器的结构如图 6-7 所示。可利用三相变压器改变三相交流电压,如图 6-8 所示。

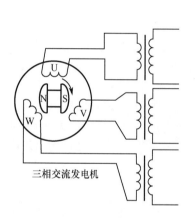

图 6-6　利用三个单相变压器改变三相交流电压

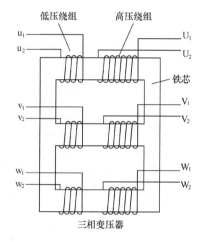

图 6-7　三相变压器的结构

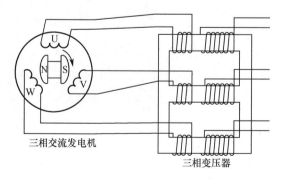

图 6-8　利用三相变压器改变三相交流电压

3. 三相变压器与三相发电机的连接方式

- 星形连接方式:如图 6-8 所示连接方式的缺点是连接所需的导线太多,在进行远距离电能传送时必然会使线路成本上升,而采用星形连接方式可以减少导线数量,从而降低成本。三相发电机与三相变压器的星形连接方式如图6-9所示。

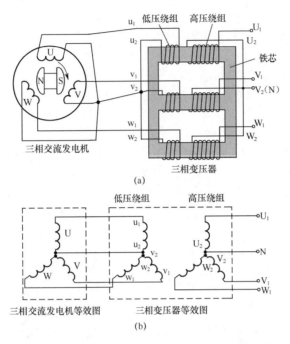

图6-9 三相发电机与三相变压器的星形连接方式

- 三角形连接方式:除了星形连接方式,还可用三角形连接方式将三相发电机与三相变压器连接。三相发电机与三相变压器的三角形连接方式如图6-10所示。

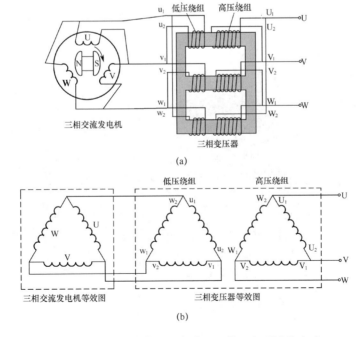

图6-10 三相发电机与三相变压器的三角形连接方式

6.1.3 电力变压器

电力变压器的功能是对传送的电能进行电压或电流的变换。大多数电力变压器属于三相变压器。电力变压器有升压变压器和降压变压器之分：升压变压器用于将发电机输出的低压升高，并通过电网输送到各地；降压变压器用于将电网的高压降低成低压，并输送给用户使用。平时见到的电力变压器大多是降压变压器。

1. 外形与结构

电力变压器的实物外形如图 6-11 所示。由于电力变压器所接的电压高，传输的电能大，为了使铁芯和绕组的散热和绝缘良好，一般将它们放置在装有变压器油的绝缘油箱内（变压器油具有良好的绝缘性），高、低压绕组的引出线均通过绝缘性好的瓷套管引出。另外，电力变压器还配有各种散热保护装置。电力变压器的结构如图 6-12 所示。

图 6-11 电力变压器的实物外形

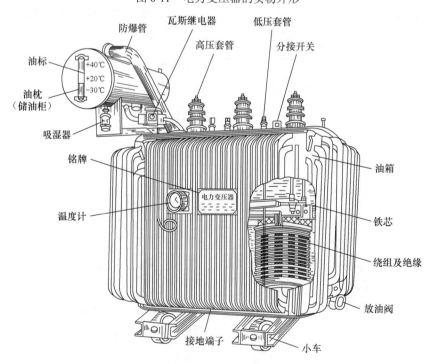

图 6-12 电力变压器的结构

2. 连接方式

在使用电力变压器时,其高压绕组要与高压电网连接,低压绕组则与低压电网连接,只有这样才能将高压转换成低压。电力变压器与高、低压电网的连接方式很多,两种较常见的连接方式如图6-13所示。

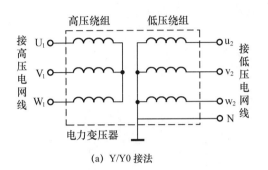

(a) Y/Y0 接法

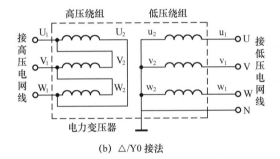

(b) △/Y0 接法

图 6-13 电力变压器与高、低压电网的两种连接方式

在图6-13中,电力变压器的高压绕组的首端和末端分别用 U_1、V_1、W_1 和 U_2、V_2、W_2 表示,低压绕组的首端和末端分别用 u_1、v_1、w_1 和 u_2、v_2、w_2 表示。图6-13(a)中的变压器采用 Y/Y0 接法,即高压绕组采用中性点不接地的星形接法(Y),低压绕组采用中性点接地的星形接法(Y_0),这种接法又被称为 Yyn0 接法。图6-13(b)中的变压器采用 △/Y0 接法,即高压绕组采用三角形接法,低压绕组采用中性点接地的星形接法,这种接法又被称为 Dyn11 接法。

在工作时,电力变压器的每相绕组上都有电压(每相绕组上的电压称为相电压),高压绕组中的每个相电压都相等,低压绕组中的每个相电压也都相等。如果将低压绕组连接照明用户,则低压绕组的相电压通常为220V。由于三个低压绕组的三端连接在一个公共点上并接出导线(称为中性线),因此每根相线(即每相绕组的引出线)与中性线之间的电压(即相电压)为220V。两根相线之间有两相绕组,因此两根相线之间的电压(称为线电压)应大于相电压,线电压为 $220\sqrt{3}\text{ V}=380\text{V}$。

这里要说明一点,线电压虽然是由两相绕组上的相电压叠加得到的,但由于两相绕组上的电压相位不同,故线电压与相电压的关系不是乘以2,而是乘以 $\sqrt{3}$。

 ### 6.1.4 自耦变压器

普通的变压器有一次绕组和二次绕组,如果将两相绕组融合成一相绕组就能构成一种特殊的变压器——自耦变压器。自耦变压器是一种只有一相绕组的变压器。

自耦变压器的种类很多,常见的自耦变压器如图6-14所示。

图 6-14 常见的自耦变压器

自耦变压器的结构和符号如图 6-15 所示。

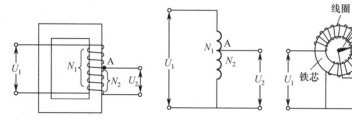

图 6-15 自耦变压器的结构和符号

自耦变压器只有一相绕组（匝数为 N_1），在绕组的中间部分（图中为 A 点）引出一个接线端，这样就将绕组的一部分当作二次绕组（匝数为 N_2）。自耦变压器的工作原理与普通的变压器相同，也可以改变电压的大小，其规律同样可以用下式表示，即

$$\frac{U_1}{U_2}=\frac{N_1}{N_2}=K$$

从上式可以看出，改变 N_2 就可以调节输出电压 U_2 的大小。为了方便地改变输出电压，自耦变压器将绕组的中心抽头换成一个滑动触点。当旋转触点时，绕组匝数 N_2 就会变化，输出电压也跟着变化，从而实现手动调节输出电压的目的。这种自耦变压器又被称为自耦调压器。

 6.1.5 交流弧焊变压器

交流弧焊变压器又被称为交流弧焊机，是一种特殊的变压器。交流弧焊变压器的外形如图 6-16 所示。

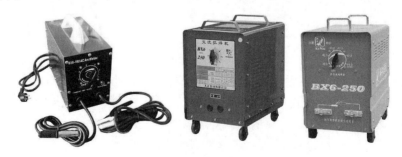

图 6-16 交流弧焊变压器的外形

交流弧焊变压器的基本结构如图 6-17 所示。

由变压器在二次侧的回路中串入电抗器（电感量较大的电感器，起限流作用）构成。空载时，二次侧的开路电压约为 60~80V；焊接时，在焊条接触工件的瞬间，二次侧短路，由于电抗器的阻碍，输出电流虽然很大，但还不至于烧坏变压器，电流在流过焊条和工件时，高温熔化焊条和工件金属，对工件实现焊接。在焊接过程中，焊条与工件高温接触，存在一定的接触电阻（类似于在灯泡发光后高温灯丝的电阻会增大），此时焊钳与工件间的电压为 20~40V，满足维持电弧的需要。若要停止焊接，则只需把焊条与工件间的距离拉长，电弧即可熄灭。

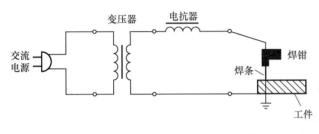

图 6-17　交流弧焊变压器的基本结构

有的交流弧焊变压器只是一个变压器，工作时需要外接电抗器；有的交流弧焊变压器将电抗器和变压器绕在同一铁芯上，通过切换绕组的不同抽头来改变匝数比，从而改变输出电流，并满足不同的焊接要求。

在使用交流弧焊变压器时，要注意以下事项。

- 对于第一次使用，或者长期停用后再次使用，以及置于潮湿场地的变压器，在使用前应利用兆欧表检查绕组对机壳（对地）的绝缘电阻（不低于 1MΩ）。
- 检查配电系统的开关、熔断器是否合格（熔丝应在额定电流的 2 倍以内）、导线绝缘是否完好。
- 应严格按照使用说明书的要求进行接线，特别是 380V/220V 两用的变压器，绝不允许接错，以免烧毁绕组。
- 变压器的外壳应接地，接地线的截面积应不小于输入线的截面积。
- 必须压紧接线板上的螺母、接线柱和导线，以免因接触不良而导致局部过热、烧毁部件。
- 焊接时，严禁通过转动调节器的挡位来改变电流，以防烧坏变压器。
- 尽量不要超负荷使用变压器。如果非要超负荷使用变压器，就要随时注意变压器的温度，温度过高时应马上停机，否则将缩短变压器的使用寿命，甚至会烧毁绕组。焊钳与工件的接触时间不要过长，以免烧坏绕组。
- 在变压器使用完毕后，应切断变压器电源，以确保安全。变压器不用时，应放在通风良好、干燥的地方。

6.2 温度传感器

6.2.1 金属热电阻温度传感器

大多数金属具有随着温度升高而电阻增大的特点。金属热电阻温度传感器是选用铂和铜等金属材料制成的温度传感器。铂金属热电阻的测温范围为-200～+850℃；铜金属热电阻的测温范围为-50～+150℃。铜金属热电阻的价格虽然低，但测温范围小、测量精度不高；铂金属热电阻的价格虽然高，但物理、化学性质稳定，温度测量范围大，故铂金属热电阻的使用更广泛。

1. 外形

金属热电阻温度传感器的外形如图6-18所示。

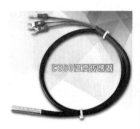 

左图中的CU50为铜金属热电阻温度传感器，右图中的PT100为铂金属热电阻温度传感器。CU、PT分别表示铜和铂，后面的数字表示在0℃时温度传感器的电阻值。

图6-18 金属热电阻温度传感器的外形

2. 分度表

在不同温度时热电阻的电阻值可查看其分度表。表6-1为PT100铂金属热电阻温度传感器的分度表，表6-2为CU50铜金属热电阻温度传感器的分度表。

表6-1 PT100铂金属热电阻温度传感器的分度表

温度 (℃)	电阻（Ω）									
	0	10	20	30	40	50	60	70	80	90
−200	18.49									
−100	60.25	56.19	52.11	48.00	43.87	39.71	35.53	31.32	27.08	22.80
0	100.00	96.09	92.16	88.22	84.27	80.31	76.33	72.33	68.33	64.30
0	100.00	103.90	1.7.79	111.67	115.54	119.40	123.24	127.07	130.89	134.70
100	138.50	142.29	146.06	149.82	153.58	157.31	161.04	164.76	168.46	172.16
200	175.84	179.51	183.17	186.82	190.45	194.07	197.69	201.29	204.88	208.45
300	212.02	215.57	219.12	222.652	226.17	229.67	233.17	236.65	240.13	345.59
400	247.04	250.45	253.90	257.32	260.72	264.11	267.49	270.86	274.22	277.56
500	280.90	284.22	287.53	290.83	294.11	297.39	300.65	303.91	307.15	310.38
600	313.59	316.80	319.99	323.18	326.35	329.51	332.66	335.79	338.92	342.03
700	345.13	348.22	351.30	354.37	357.37	360.47	363.50	366.52	369.53	372.53
800	375.51	378.48	381.45	387.34	387.34	390.26				

表 6-2 CU50 铜金属热电阻温度传感器的分度表

温度（℃）	−50	−40	−30	−20	−10	0		
电阻值（Ω）	39.242	41.400	43.555	45.706	47.854	50.000		
温度（℃）	0	10	20	30	40	50	60	70
电阻值（Ω）	50.000	52.144	54.285	56.426	58.565	60.704	62.842	64.981
温度（℃）	80	90	100	110	120	130	140	150
电阻值（Ω）	67.120	69.259	71.400	73.542	75.686	77.833	79.982	82.134

3．应用

在金属热电阻温度传感器内部有一个由金属制成的电阻，电阻两端各引出一根线称为两线制。为了消除引线电阻对测量的影响，出现了三线制（电阻一端引出两根线，另一端引出一根线）和四线制（电阻两端各引出两根线）。四线制不仅能消除引线电阻的影响，还能消除测量电路产生的干扰信号的影响，所以常用于高精度测量。

金属热电阻温度传感器的应用电路如图 6-19 所示。

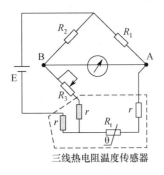

(a) 三线制金属热电阻温度传感器的应用电路

r 为传感器的引线电阻，调节电位器 R_3 使之与热电阻 R_t 的电阻值（0℃时）相等。如果 $R_2/(R_3+r)=R_1/(R_t+r)$，则电桥平衡，A 点电压等于 B 点电压。当 R_t 温度上升时，其电阻值增大。若 A 点电压上升，并大于 B 点电压，则电流流过由电流表构成的温度计，此时温度计指示的温度值大于 0℃。温度越高，R_t 越大，A 点电压越高，流过温度计的电流越大，指示的温度值越高。

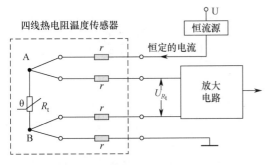

(b) 四线制金属热电阻温度传感器的应用电路

图 6-19 金属热电阻温度传感器的应用电路

恒流源电路产生一个恒定电流 I（如 2mA）。在该电流流经热电阻 R_t 时，电阻上会产生电压 U_{R_t}（$U_{R_t}=I·R_t$）。温度越高，R_t 越大，U_{R_t} 越大，放大电路的输入端电压越高，输出信号越大。

 6.2.2 红外线温度传感器

物体都会往外辐射红外线，辐射强度随着温度的变化而变化，温度越高辐射的红外线越强。**红外线温度传感器又称红外测温仪,是一种光电传感器,可不接触被测物,只需要接收被测物发射的红外线即可先将其转换成与温度有对应关系的电信号,再经电路处理后输出。**

两种常见的红外线温度传感器的外形及主要参数如图6-20所示。

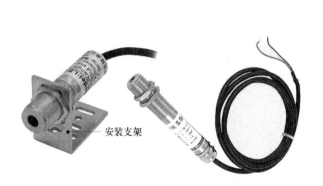

工作电源	24 VDC
最大电流	50mA
输出信号	4~20mA
光谱范围	8~14μm
温度范围	0~100℃
光学分辨率	20:1
响应时间	150ms (95%)
测温精度	测量值的±1%或±1.5℃,取大值
重复精度	测量值的±0.5%或±1℃,取大值
尺寸	113mm×φ18mm(长度*直径)
发射率	0.95(固定)

该传感器的工作电源为直流24V,测温范围为0~100℃,输出的电信号为4~20mA(测量的温度越高,输出的电流越大)。

图6-20 两种常见的红外线温度传感器的外形及主要参数

红外线温度传感器在工作时需要外部提供电源,即在将红外线转换成电信号(电流信号或电压信号)后需要将其传送给其他设备。红外线温度传感器的引线主要有两线制(电流输出)和四线制(电压输出),如图6-21所示,接线时要根据传感器的引线数选择相对应的显示表或监控器。

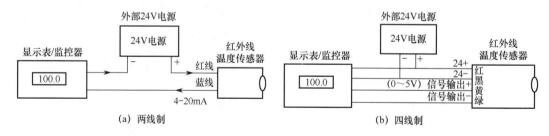

图6-21 红外线温度传感器的引线

红外线温度传感器的选用要点如下:

- 确定传感器的电源电压和信号输出类型。若用在工业方面,则一般使用24V直流电源,传感器的信号输出类型(电流或电压输出)应根据连接的显示表或监控器确定。
- 根据被测目标可能的温度确定传感器的测温范围。红外线温度传感器的测温范围为-50℃~+3000℃,具体测温范围由型号决定。一般来说,测温范围越窄,测量精度越高;测温范围越宽,测温精度越低。
- 根据被测目标的大小确定传感器的距离系数(光学分辨率)。距离系数是指传感器和被测目标的距离D与被测目标的直径S的比值,如图6-22所示。

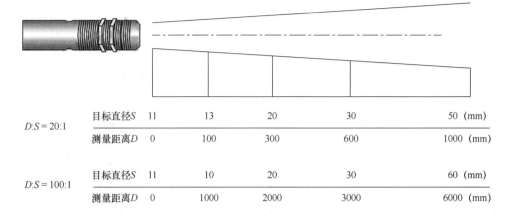

$D{:}S = 20{:}1$	目标直径 S	11	13	20	30	50 (mm)
	测量距离 D	0	100	300	600	1000 (mm)
$D{:}S = 100{:}1$	目标直径 S	11	10	20	30	60 (mm)
	测量距离 D	0	1000	2000	3000	6000 (mm)

对于 $D{:}S=20{:}1$ 的红外线温度传感器，在距离被测目标 300mm 处可探测直径为 20mm 的圆形范围。在选择距离系数时，要确保被测目标大于传感器的探测范围（大于 50%为佳）。若被测目标小于探测范围，则其他对象会进入探测区域，从而引起测量干扰。

图 6-22　红外线温度传感器的距离系数（光学分辨率）

- 根据被测对象材料的特点确定传感器的波长范围。不同材料和表面特性的被测物，发射的红外线波长也不同。一般的红外线温度传感器的测量波长范围较宽，可适合大多数的测量情况。如果被测对象材料和表面特殊，对测温要求又高，则应选择合适的窄波长范围的传感器。

6.3　接近开关与光电开关

在物体接近（无需直接接触）时，接近开关会使开关产生动作。光电开关是由光线控制通断的开关，光线可以是自身发射的，也可以是由其他物体发射的。

 ### 6.3.1　电感式接近开关

电感式接近开关又称涡流式接近开关，其外形如图 6-23 所示。电感式接近开关一般用"LJ"表示。

产品名称	电感式接近开关
检测物体	金属物体
额定电压	DC 12～24V(6～36V)
检测距离	4mm±10%
输出电流	300mA
输出形式	直流三线NPN常开
产品线长	1.8m

图 6-23　电感式接近开关的外形

电感式接近开关的结构与原理如图6-24所示。电感式接近开关的优点是抗干扰性能好、开关频率高（大于200 Hz）；缺点是只能感应金属，通常用在机械设备上，用于位置检测、计数信号拾取等。

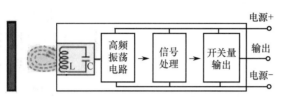

图6-24 电感式接近开关的结构与原理

在工作时，由L、C等元件构成的高频振荡电路产生高频信号。当金属接近电感线圈L时，L产生的磁场会使金属内部产生涡流。由于金属对能量的损耗，因此振荡器产生的信号频率降低（甚至不产生信号）。该信号经信号处理电路处理后得到一个控制信号，被传送到开关量输出电路，用于控制电路中电子开关（晶体管）的闭合或断开。

 6.3.2 电容式接近开关

电容式接近开关的结构原理与电感式接近开关相似，两者的区别在于：电感式接近开关是利用金属接近时改变电感的电感量来工作的；电容式接近开关是利用金属（也可以是非金属）接近时改变电容的电容量来工作的。**电容式接近开关的检测对象可以是金属，也可以是绝缘的液体或粉状物等。**

电容式接近开关的外形与主要参数如图6-25所示。电容式接近开关一般用"CJ"表示。

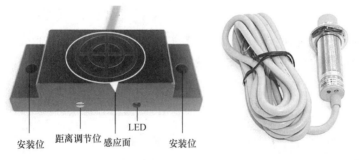

图6-25 电容式接近开关的外形与主要参数

 6.3.3 霍尔式接近开关

霍尔式接近开关又称磁性接近开关。当磁性物体靠近时会使开关产生动作，它是利用霍尔效应原理工作的。霍尔式接近开关的外形与主要参数如图6-26所示。

第6章 变压器与传感器

工作电压：DC 6～36V
感应物体：磁铁
响应频率：2ms
输出电流：80～300mA
感应距离：1cm
保护功能：极性保护、短路保护、浪涌保护
输出方式：直流三线NPN，线长1.2m

> 其内部由霍尔元件和相关电路组成，只能检测磁性物体。如果需要检测非磁性物体，则可在该物体上粘贴或安装磁铁。霍尔式接近开关还可以穿透很多物体来检测磁性目标。霍尔式接近开关一般用"SJ""FJ""HJ"表示。

图6-26 霍尔式接近开关的外形与主要参数

6.3.4 对射型光电开关

对射型光电开关由发射器和接收器组成，两者是独立分开的。 对射型光电开关的外形与主要参数如图6-27所示。

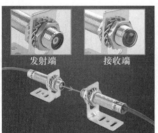

产品名称	激光对射型光电开关
检测物体	不透明物
感应距离	10～20m
输出电流	200mA
检出方式	对射型
输出方式	NPN常开
工作电压	DC 6～36V

> 在工作时，接收器接收发射器发光管发出的光束（多为不易发散的激光束）。如果光束被阻断，则接收器的光敏管（也称光电管）接收不到光束，会使内部开关产生通断动作。

图6-27 对射型光电开关的外形与主要参数

6.3.5 反射型光电开关

反射型光电开关由发射器和接收器组成，两者被封装在一起，其外形与主要参数如图6-28所示。

产品名称	光电开关
检测物体	不透明物体
额定电压	DC 6～36V
检测距离	10～30mm±10%
检测方式	漫反射式
输出形式	直流三线NPN常开

图6-28 反射型光电开关的外形与主要参数

129

在工作时，光电开关的发射器发光管发出光线，若在前方的一定距离内有不透明物体，则该物体会将一部分光线反射回光电开关，并被接收器的光敏管接收，光敏管将光线转换成电信号，经电路处理后得到控制信号，使内部开关产生通断动作。在一些反射型光电开关上有距离调节旋钮、信号指示灯和检测指示灯。距离调节旋钮可改变光电开关的光线探测距离，当光电开关处于探测状态时，发射器会发射光线，此时检测指示灯亮，一旦前方有不透明物体，接收器就会接收到反射光线，信号指示灯会亮。

图 6-28　反射型光电开关的外形与主要参数（续）

 6.3.6　U 槽型光电开关

U 槽型光电开关也是一种对射型光电开关，其发射器和接收器一体化制作。U 槽型光电开关的结构如图 6-29 所示。在工作时，当发射器的发光管发射红外光，光线穿过 U 槽后被接收器的光敏管接收时，如果在 U 槽插入不透明物体，光线被遮挡，光敏管无法接收到光线，则接收器会让内部开关产生通断动作。U 槽型光电开关的外形如图 6-30 所示。

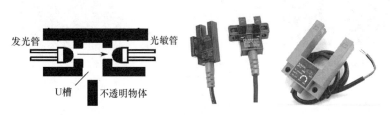

产品名称	光电开关
工作电压	DC 6~36V
输出电流	300mA
检测物体	不透明物
检出方式	U型、槽型
电源保护	极性保护
输出形式	NPN常开
检测距离	30mm可调

图 6-29　U 槽型光电开关的结构　　　　图 6-30　U 槽型光电开关的外形

 6.3.7　接近开关的输出电路及接线

接近开关的接线由其输出电路决定，输出电路以晶体管或继电器触点为开关。若为接近开关通电并在未检测时开关处于闭合状态，则接近开关为常闭开关（NC）；若为接近开关通电并在未检测时开关处于断开状态，则接近开关为常开开关（NO）。接近开关的输出电路及接线如图 6-31 所示。

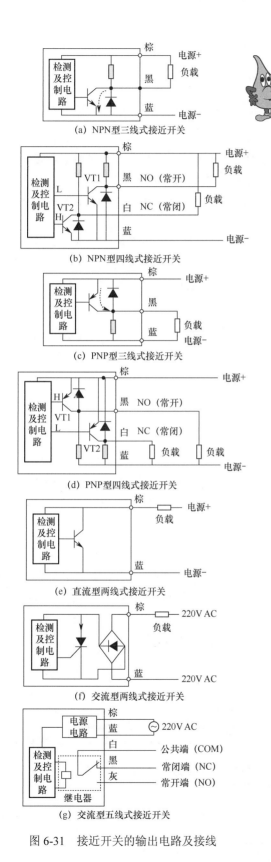

图 6-31 接近开关的输出电路及接线

NPN 型三线式接近开关的输出电路使用 NPN 型三极管作为开关,负载接在棕线、黑线之间。当有关电路控制 NPN 型三极管导通时,相当于开关闭合,有电流流过负载(电流流经途径:电源+→负载→黑线→三极管的集电极→三极管的发射极→蓝线→电源−)。NPN 型三极管符号的箭头指向发射极,表示电流只能从其他极流向发射极。图 6-31(a)中的二极管用于保护三极管不被感性负载(线圈类)产生的高反峰电压损坏。

NPN 型四线式接近开关的输出电路包含两个 NPN 型三极管开关(VT1、VT2),通电后加到两个三极管基极上的控制信号始终相反:在未接近物体时,VT1 基极为低电平(L),处于截止状态(开关断开),VT2 基极为高电平(H),处于导通状态(开关闭合);在接近物体时,VT1 基极为高电平(H),进入导通状态,VT2 基极为低电平(L),进入截止状态。

PNP 型三线式接近开关的输出电路使用 PNP 型三极管作为开关,负载接在黑线、蓝线之间。当有关电路控制 PNP 型三极管导通时,相当于开关闭合,有电流流过负载(电流流经途径:电源+→棕线→三极管的发射极→三极管的集电极→黑线→负载→电源−)。PNP 型三极管符号的箭头由发射极指向其他极,表明电流只能由发射极流向其他极。

交流型两线式接近开关的输出电路使用晶闸管作为开关,负载与交流电源串接在一起。当有关电路控制晶闸管导通时,有电流流过负载。如果交流电源的极性为上正下负,则电流流经途径:交流电源上正→负载→棕线→桥式整流电路→晶闸管的 A 极(阳极)→晶闸管的 K 极(阴极)→桥式整流电路→蓝线→交流电源下负;如果交流电源的极性为上负下正,则电流流经途径:交流电源下正→蓝线→桥式整流电路→晶闸管的 A 极→晶闸管的 K 极→桥式整流电路→棕线→负载→交流电源上负。虽然晶闸管是有极性的,但由于其具有桥式整流电路的极性转换功能,故可使流过晶闸管的电流始终都是由 A 极流向 K 极。

交流型五线式接近开关的输出电路使用继电器触点作为开关,在线圈未通电时,常闭触点(NC)闭合,常开触点(NO)断开;在有关电路为线圈通电时,常闭触点断开,常开触点闭合。

6.3.8 接近开关的选用

接近开关的选择主要考虑检测的材料和检测的距离,并同时兼顾性价比。接近开关的选择要点如下。

- 若检测的对象为金属材料,则可选用电感式接近开关进行检测。其对铁镍、钢类物体的检测最灵敏,对铝、黄铜和不锈钢类物体的检测灵敏度较低。
- 若检测的对象为非金属材料,如塑料、纸张、木材、玻璃和水等,则可选用电容式接近开关进行检测。
- 若检测远距离的金属体和非金属体,则可选用光电式接近开关或超声波式接近开关进行检测。
- 若检测磁性物体,则可选用霍尔式接近开关进行检测。

6.4 位移(测距)传感器

位移(测距)传感器可将位置的移动距离转换成电信号输出,输出电信号的大小与移动距离的关系:移动距离越长,传感器输出的电流越大或电压越高。

6.4.1 电位器式位移传感器

电位器式位移传感器是先利用物体的移动带动电位器滑动端(也称电刷)移动而改变电位器的电阻值,再由电路将变化的电阻转换成变化的电流或电压信号输出。电位器式位移传感器的常见类型有直线电位器式和旋转电位器式。

1. 直线电位器式位移传感器

直线电位器式位移传感器的外形和结构示意图如图6-32所示。当拉动位移传感器的测量轴时,与之连接的测量仪表会显示测量轴移动的距离。当测量轴随被测目标往右移动时,电刷也随之往右移动,a、b之间的电阻体变长,其电阻R_{ab}增大,测量轴右移越多,R_{ab}越大。变化的R_{ab}经电路处理后可转换成变化的电流或电压信号输出。

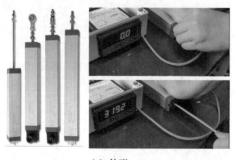
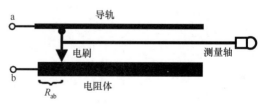

(a) 外形   (b) 结构示意图

图6-32 直线电位器式位移传感器的外形和结构示意图

2. 旋转电位器式位移传感器

旋转电位器式位移传感器的结构如图6-33（a）所示。当转轴顺时针转动时，电刷在环形电阻体上滑动，a、b之间的电阻体变长，其电阻 R_{ab} 增大，也就是说，旋转角度越大，R_{ab} 越大。旋转电位器式位移传感器的常见类型为拉线式，其外形如图6-33（b）所示。在拉绳索时，通过内部的传动机构带动电刷在环形电阻体上滑动，由于传感器内部有减速机构，因此在拉出较长绳索时，电刷仅滑动较短的距离，从而让传感器测量很长的位移。

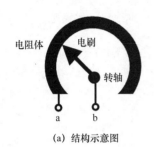

(a) 结构示意图

(b) 拉线式位移传感器的外形

图6-33 旋转电位器式位移传感器

 6.4.2 电感式位移传感器

电感式位移传感器与电感式接近开关的结构和原理相似，两者的区别主要在于：电感式接近开关在金属物体靠近时，内部开关会产生通断动作；电感式位移传感器在物体接近时，会输出电流或电压信号，并且电流或电压信号的大小与物体和传感器检测端之间的距离关系为距离越近，输出的电流或电压信号越大。

电感式位移传感器的外形如图6-34所示。这种位移传感器在检测磁性金属时灵敏度较高，检测非磁性金属时，检测距离会缩短。

名称	电感式位移传感器
工作电压	DC 15～30V
检测距离	1～8mm
电压输出	DC 0～10V
电流输出	4～20mA
开关频率	200Hz
检测物体	金属

图6-34 电感式位移传感器的外形

 6.4.3 磁致伸缩位移传感器

磁致伸缩是指物体在磁场中磁化时，在磁化方向会发生伸长或缩短的现象，伸长或缩短变化明显的材料被称为磁致伸缩材料。**磁致伸缩位移传感器是利用磁致伸缩材料遇到磁场收缩振动产生声波来检测位移的。**

磁致伸缩位移传感器的结构原理说明如图 6-35 所示。磁致伸缩位移传感器的外形如图 6-36 所示。

在工作时，激励电路发送一个激励脉冲到波导丝（由磁致伸缩材料制成），波导丝流过电流时会产生磁场，在磁环处波导丝的磁场与磁环的磁场相互作用，导致波导丝产生收缩振动。该振动以声波的速度往波导丝两端传递，一端的振动波被阻尼吸声管吸收，往另一端传递的振动波使磁条产生振动。绕在磁条上的线圈产生电信号，经检测电路处理后得到一个脉冲信号。由于电信号的传送速度为光速（300 000km/s），故可认为激励电路一发出激励脉冲，磁环处的波导丝立即产生收缩振动，振动以声波速度（340m/s）传递到磁条而让检测电路产生一个脉冲，磁环距离磁条越远，两脉冲的间隔时间 t 越长，只要用电路计算两个脉冲的时间间隔 t 就可以知道磁环的位移。

图 6-35 磁致伸缩位移传感器的结构原理说明

这种传感器作为确定位置的活动磁环和敏感元件无直接接触，可应用在极恶劣的工业环境中，不易受油渍、溶液、尘埃或其他污染的影响。由于这种传感器采用了高科技材料和先进的电子处理技术，因而还能应用在高温、高压和高振荡的环境中。另外，因为敏感元件是非接触的，即使不断重复检测，也不会对传感器造成任何磨损，具有检测可靠性高和使用寿命长的特点。磁致伸缩位移传感器的输出信号为绝对位移值，即使电源中断、重接，数据也不会丢失，无须重新归零。

图 6-36 磁致伸缩位移传感器的外形

6.4.4 超声波位移传感器

人耳可以听见的声波频率为 20Hz～20kHz，低于 20Hz 的声波被称为次声波（如地震发生时产生的地震波），超过 20kHz 的声波被称为超声波（如蝙蝠发出的声波）。**超声波位移传感器是利用超声波发射器发射超声波，遇到被测目标后超声波被反射回来并被接收器接收，从开始发射至接收到超声波，这段时间为超声波在传感器与被测目标之间的来回传播时间，被测目标的距离 $S=$（超声波的传播速度 $V×$ 来回传播时间 t）/2。**

超声波位移传感器一般采用压电晶片振动来产生超声波。当在压电晶片两端施加交流电压时，因发生振动而产生超声波（电-声转换）。由于压电晶片同时具有逆压电效应，因此如果超声波传递到压电晶片使之产生振动，则在压电晶片两端会产生变化的电压（声-电转换）。有的超声波位移传感器具有独立的发射器和接收器，有的超声波位移传感器利用一块压电晶片既用作发射器来产生超声波，又用作接收器来接收超声波。由于两者使用同一块压电晶片，但有时间先后之分，因此可采用电子开关来切换两种不同的状态，即先将压电晶片与发射电路连接来产生超声波，然后与接收电路连接，接收反射回来的超声波。超声波位移传感器的外形如图 6-37 所示。

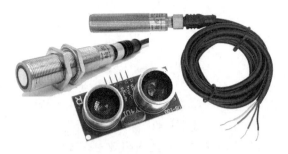

图 6-37 超声波位移传感器的外形

 6.4.5 位移传感器的接线

位移传感器可将位移的长度转换成 4～20mA（或 0～20mA）的电流或 0～10V（或 0～5V）的电压。 位移传感器的种类很多，但接线大同小异。位移传感器的典型接线如图 6-38 所示。

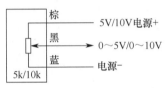

(a) 三线电阻输出型位移传感器

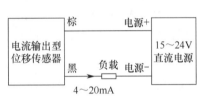

(b) 两线电流输出型位移传感器

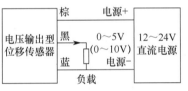

(c) 三线电压输出型位移传感器

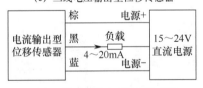

(d) 三线电流输出型位移传感器

图 6-38 位移传感器的典型接线

图 6-38（a）为三线电阻输出型位移传感器。传感器内部只有一个电位器。如果电位器的标称电阻值为 5kΩ，则应在棕线、蓝线处连接 5V 直流电源，黑线可输出 0～5V 电压。如果电位器的标称电阻值为 10kΩ，则应在棕线、蓝线处连接 10V 直流电源，黑线可输出 0～10V 电压。图 6-38（b）为两线电流输出型位移传感器，负载与电源、传感器串接在一起，随着位移的变化，传感器会输出 4～20mA 的电流流过负载。

6.5 压力传感器

压力传感器可将压力大小转换成相对应的电信号输出。 压力传感器广泛应用在各种工业自控领域中，如水利水电、铁路交通、智能建筑、生产自控、航空航天、军工、石化、油井、电力、船舶、机床、管道等行业。

6.5.1 种类与工作原理

压力传感器的种类很多,常见的类型有金属电阻应变片式压力传感器、压阻式压力传感器、压电式压力传感器、电感式压力传感器和电容式压力传感器等。由于压阻式压力传感器具有价格便宜、测量精度高和线性特性好的特点,因此其应用最广。

压阻式压力传感器是利用单晶硅材料的压阻效应来工作的。压阻效应是指硅晶体在受力变形时其电阻会发生变化。 压阻式压力传感器的结构示意图如图6-39所示。

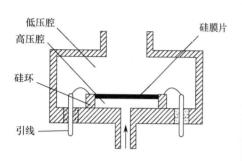

压阻式压力传感器的核心是一块由单晶硅制成的硅膜片,其两侧的空间分别称为高压腔和低压腔。由于在液体或气体进入高压腔时,高压腔的压力大于低压腔的压力,硅膜片往低压腔侧弯曲变形,硅膜片的电阻发生变化,因此高压腔和低压腔的压力差越大,硅膜片的弯曲幅度越大,其电阻的变化就越大,从而将压力变化转换成电阻变化。将硅膜片构成的电阻与有关电路连接,就可以将电阻的变化转换成变化的电压(如0~10V)或电流(如0~20mA)输出。

图6-39 压阻式压力传感器的结构示意图

 ### 6.5.2 外形及型号含义

压力传感器的外形如图6-40所示。在使用时,将其与被测液体或气体管道连接,从而让控制系统了解被测管道中的液体或气体压力,以便进行相应的控制。

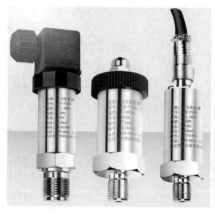

图6-40 压力传感器的外形

压力传感器的生产厂家很多,型号命名没有统一规定,典型的压力传感器型号及含义如图6-41所示。

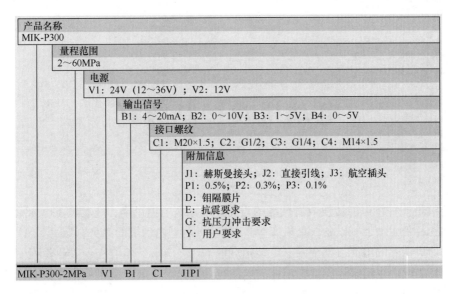

图 6-41 典型的压力传感器型号及含义

 6.5.3 接线

压力传感器的输出方式主要有两线电流输出型和三线电压输出型,其接线如图 6-42 所示。

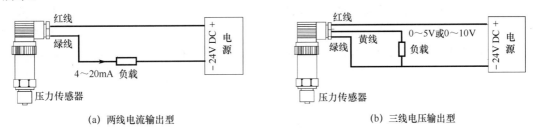

(a) 两线电流输出型　　　　　　　　　　(b) 三线电压输出型

图 6-42 压力传感器的接线

电动机及控制线路

电动机是一种将电能转换成机械能的设备。 从家庭的电风扇、洗衣机、电冰箱，到企业生产用到的各种电动加工设备（如机床等），都可以看到电动机的"身影"。据统计，一个国家各种电动机消耗的电能占整个国家电能消耗的 60%～70%。随着社会工业化程度的不断提高，电动机的应用也越来越广泛，消耗的电能也会越来越大。电动机的种类很多，常见的有三相异步电动机、单相异步电动机、直流电动机、同步电动机、步进电动机、无刷直流电动机和直线电动机等。

7.1 三相异步电动机

7.1.1 三相异步电动机的外形与结构

三相异步电动机的实物外形和结构如图 7-1 所示，主要由外壳、定子、转子等部分组成。

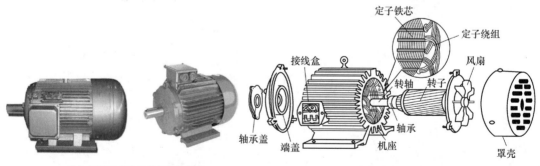

(a) 三相异步电动机的实物外形　　　　(b) 三相异步电动机的结构

图 7-1　三相异步电动机的实物外形和结构

1. 外壳

三相异步电动机的外壳主要由机座、轴承盖、端盖、接线盒、风扇和罩壳等组成。

2. 定子

定子由定子铁芯和定子绕组组成。

- 定子铁芯：由很多圆环状的硅钢片叠合而成，这些硅钢片中间开有很多小槽，用于嵌入定子绕组（也称定子线圈），硅钢片上涂有绝缘层，使得硅钢片之间绝缘。
- 定子绕组：由涂有绝缘漆的铜线绕制而成，并将绕制好的铜线按一定的规律嵌入定子铁芯的小槽内。绕组嵌入小槽后，按一定的方法将槽内的绕组连接起来，使得整个铁芯内的绕组构成 U、V、W 三相绕组，将三相绕组的首、末端引线接到接线盒的 U_1、U_2、V_1、V_2、W_1、W_2 接线柱上。三相异步电动机的接线盒如图 7-2 所示，接线盒中各接线柱与电动机内部绕组的连接关系如图 7-3 所示。

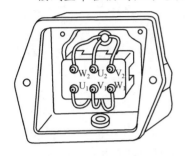 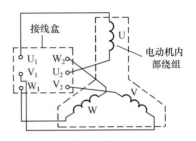

图 7-2 三相异步电动机的接线盒　　图 7-3 接线盒中各接线柱与电动机内部绕组的连接关系

3. 转子

转子是电动机的运转部分，由转子铁芯、转子绕组和转轴组成。

（1）转子铁芯：由很多外圆开有小槽的硅钢片叠合而成（小槽用来放置转子绕组），如图 7-4 所示。

（2）转子绕组：可分为笼式转子绕组和线绕式转子绕组。

- 在转子铁芯的小槽中放入金属导条，并用端环将导条连接起来。任意一根导条与它对应的端环就构成一个闭合的绕组。由于这种绕组形似笼子，因此称为笼式转子绕组。笼式转子绕组又分为铜条转子绕组和铸铝转子绕组两种，如图 7-5 所示。

 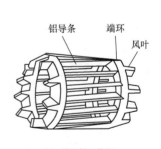

图 7-4 由硅钢片叠合而成的转子铁芯　　图 7-5 两种笼式转子绕组

- 线绕式转子绕组的结构如图 7-6 所示。它是在转子铁芯中按一定的规律嵌入利用绝缘导线绕制好的绕组，并将绕组按三角形或星形接法接好。按星形连接的线绕式转子绕组如图 7-7 所示。

（3）转轴。转轴嵌套在转子铁芯的中心。当三相交流电通过定子绕组后会产生旋转磁场，转子绕组受旋转磁场的作用而旋转，并通过转子铁芯带动转轴转动，将动力从转轴中传递出来。

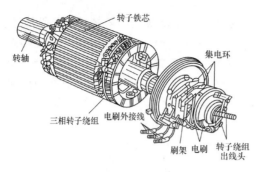
图 7-6　线绕式转子绕组

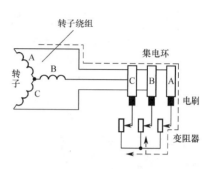
图 7-7　按星形连接的线绕式转子绕组

7.1.2　三相异步电动机的定子绕组接线方式

三相异步电动机的定子绕组由 U、V、W 三相绕组组成，这三相绕组有 6 个接线端，它们与接线盒的 6 个接线柱连接。在接线盒上，可以通过将不同的接线柱短接来将定子绕组接成星形或三角形。

1. 星形接线法

三相异步电动机的定子绕组按星形接线法接线，如图 7-8 所示。

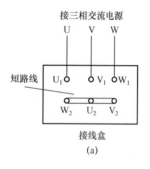
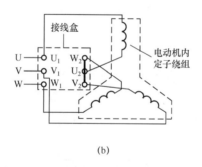

> 在接线时，用短路线把接线盒中的 W_2、U_2、V_2 接线柱短接起来，这样就将电动机内部的绕组接成了星形。

图 7-8　三相异步电动机的定子绕组按星形接线法接线

2. 三角形接线法

三相异步电动机的定子绕组按三角形接线法接线，如图 7-9 所示。

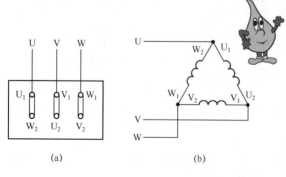

> 在接线时，可用短路线将接线盒中的 U_1 和 W_2、V_1 和 U_2、W_1 和 V_2 接线柱连接起来，并从 U_1、V_1、W_1 接线柱引出导线，与三相交流电源的 3 根相线连接。如果三相交流电源的相线之间的电压是 380V，则对于定子绕组按星形接线法连接的电动机，其每相绕组承受的电压为 220V；对于定子绕组按三角形连接法连接的电动机，其每相绕组承受的电压为 380V。因此，采用三角形接线法的电动机在工作时，其定子绕组将承受更高的电压。

图 7-9　三相异步电动机的定子绕组按三角形接线法接线

7.1.3 三相异步电动机的绕组检测

三相异步电动机的绕组检测如图 7-10 所示。

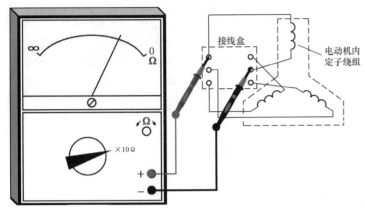

在三相异步电动机内部有三相绕组，每相绕组有两个接线端子，可使用万用表的电阻挡判别各相绕组的接线端子。将万用表置于×10Ω挡，测量任意两个端子的电阻，如果阻值很小，则表明当前所测的两个端子为某相绕组的端子，再用同样的方法找出其他两相绕组的端子。由于各相绕组的结构相同，故可将其中某一组端子标记为 U 相，其他两组端子分别标记为 V、W 相。

图 7-10 三相异步电动机的绕组检测

7.1.4 测量绕组的绝缘电阻

对于新安装或停用 3 个月以上的三相异步电动机，使用前都要用兆欧表测量绕组的绝缘电阻，具体包括测量绕组对地的绝缘电阻和绕组间的绝缘电阻。

1. 测量绕组对地的绝缘电阻

可使用兆欧表（500V）测量绕组对地的绝缘电阻，如图 7-11 所示。

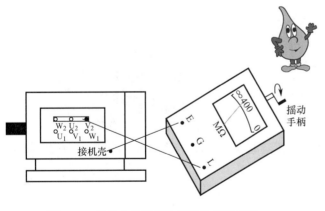

在测量时，先拆掉接线端子的电源线，端子间的连接片保持连接。将兆欧表的 L 端测量线连接任一接线端子，E 端测量线连接电动机的外壳。摇动兆欧表的手柄进行测量。对于新电动机，绝缘电阻大于 1MΩ 为合格，对于运行过的电动机，绝缘电阻大于 0.5MΩ 为合格。若绕组对地的绝缘电阻不合格，则应在烘干后重新测量，在达到合格标准后方能使用。

图 7-11 测量电动机绕组对地的绝缘电阻

2. 测量绕组间的绝缘电阻

可使用兆欧表（500V）测量绕组间的绝缘电阻，如图 7-12 所示。

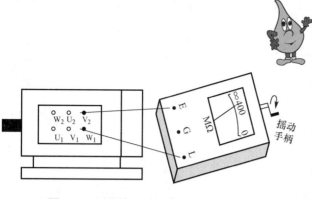

图 7-12 测量绕组间的绝缘电阻

在测量时,先拆掉接线端子的电源线和端子间的连接片。将兆欧表的 L 端测量线连接某相绕组的一个接线端子。E 端测量线连接另一相绕组的一个接线端子。摇动兆欧表的手柄进行测量。绕组间的绝缘电阻大于 1MΩ 为合格,最低限度不能低于 0.5MΩ。若绕组间的绝缘电阻不合格,则应在烘干后重新测量,达到合格要求后方能使用。

7.2 三相异步电动机的常用控制线路

 7.2.1 简单的正转控制线路

正转控制线路是电动机最基本的控制线路,控制线路除了要为电动机提供电源,还要对电动机进行启动/停止控制,以及在电动机过载时进行保护。对于一些要求不高的小容量电动机,可采用如图 7-13 所示的简单正转控制线路。

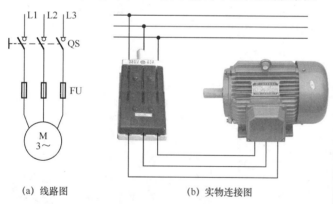

(a) 线路图　　　　(b) 实物连接图

图 7-13　简单正转控制线路

当合上闸刀开关 QS 时,三相交流电通过触点、熔断器到达三相异步电动机,电动机运转;当断开闸刀开关 QS 时,切断电动机供电,电动机停转。如果流过电动机的电流过大,熔断器 FU 会因大电流流过而熔断,切断电动机供电,从而令电动机得到保护。为了安全起见,闸刀开关可安装在配电箱内或绝缘板上。

这种控制线路简单、元器件少,适合作为容量小且启动不频繁的电动机正转控制线路,闸刀开关还可用铁壳开关(封闭式负荷开关)、组合开关或低压断路器来代替。

 7.2.2 点动正转控制线路

1. 线路原理

点动正转控制线路如图 7-14 所示。该线路由主电路和控制电路两部分构成:主电路由电源开关 QS、熔断器 FU1、交流接触器的 3 个 KM 主触点和电动机组成;控制电路由熔断器 FU2、按钮开关 SB 和接触器 KM 线圈组成。

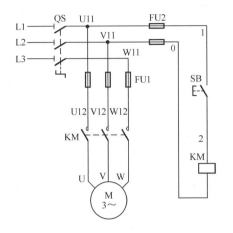

当合上电源开关 QS 时,由于接触器 KM 的 3 个主触点处于断开状态,因此电源无法给电动机供电,电动机不工作。若按下按钮开关 SB,则 L1、L2 两相电压加到接触器 KM 线圈两端,有电流流过 KM 线圈,线圈产生磁场吸合接触器 KM 的 3 个主触点,使 3 个主触点闭合,三相交流电源 L1、L2、L3 通过 QS、FU1 和接触器 KM 的 3 个主触点给电动机供电,电动机运转。

若松开按钮开关 SB,则无电流通过接触器线圈,线圈无法吸合主触点,3 个主触点断开,电动机停止运转。

图 7-14 点动正转控制线路

电路的工作过程如下:

❶ 合上电源开关 QS。

❷ 启动过程。按下按钮 SB→接触器 KM 线圈得电→KM 主触点闭合→电动机 M 通电运转。

❸ 停止过程。松开按钮 SB→接触器 KM 线圈失电→KM 主触点断开→电动机 M 断电停转。

❹ 停止使用时,应断开电源开关 QS。

注意:由于在该线路中按下按钮开关时,电动机运转,在松开按钮开关时,电动机停止运转,因此称这种线路为点动式控制线路。

2. 控制线路安装

在安装控制线路前,需要根据实际情况选择好线路中的各个元器件,控制线路所需的元器件如图 7-15 所示。在选好元器件后,应绘制出元器件在配电板上的布置图(如图 7-16 所示),以及元器件在配电板上的接线图(如图 7-17 所示)。

注意:绘制接线图时,各元器件的连接应与原理图保持一致。

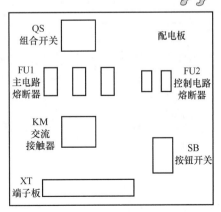

图 7-15 控制线路所需的元器件

图 7-16 元器件在配电板上的布置图

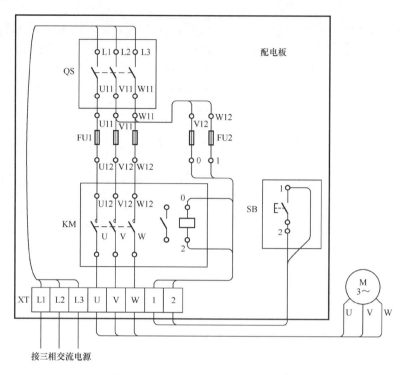

图 7-17 元器件在配电板上的接线图

在绘制好接线图后,就可以开始安装控制线路了。在安装控制线路时,应先检测各个元器件是否正常,再按照布置图将各个元器件用螺钉固定在配电板上,并按照接线图用导线将各元器件连接起来,最后进行通电测试。

7.2.3 自锁正转控制线路

点动正转控制线路仅适用于电动机的短时间运行控制,如果用于长时间的运行控制,则操作极为不便(需要一直按住按钮不放)。在电动机长时间连续运行时,可采用如图 7-18 所示的自锁正转控制线路。

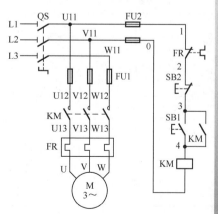

图 7-18 自锁正转控制线路

❶ 合上电源开关 QS。
❷ 启动过程:按下启动按钮 SB1→ L1、L2 两相电压通过 QS、FU2、SB2、SB1 加到接触器 KM 线圈两端→KM 线圈得电吸合,KM 主触点和常开辅助触点闭合→ L1、L2、L3 三相电压通过 QS、FU1 和闭合的 KM 主触点提供给电动机→电动机 M 通电运转。
❸ 运行自锁过程:松开启动按钮 SB1→KM 线圈依靠启动时已闭合的 KM 常开辅助触点供电→KM 主触点仍保持闭合→电动机继续运转。
❹ 停转控制:按下停止按钮 SB2→KM 线圈失电→KM 主触点和常开辅助触点均断开→电动机 M 断电停转。
❺ 断开电源开关 QS。

自锁正转控制线路除了具有长时间运行锁定的功能，还能实现欠电压保护、失电压保护、过载保护功能。

- 欠电压保护是指当电源电压偏低(一般低于额定电压的85%)时切断电动机的供电，让电动机停止运转。欠电压保护的过程：电源电压偏低→L1、L2 两相间的电压偏低→接触器 KM 线圈两端电压偏低，产生的吸合力小，不足以继续吸合 KM 主触点和常开辅助触点→主触点、常开辅助触点断开→电动机因供电被切断而停转。
- 失电压保护是指当电源电压消失时切断电动机的供电途径，并保证在重新供电时无法自行启动。失电压保护的过程：电源电压消失→L1、L2 两相间的电压消失→KM 线圈失电→KM 主触点、常开辅助触点断开→电动机供电被切断。在重新供电后，由于主触点、常开辅助触点已断开，并且启动按钮 SB1 也处于断开状态，因此线路不会自动为电动机供电。
- 过载保护是在线路中连接一个热继电器 FR，并将其发热元件串接在主电路中，常开辅助触点串接在控制电路中。过载保护的过程：流过热继电器发热元件的电流偏大，发热元件（通常为双金属片）因发热而弯曲→通过传动机构将常开辅助触点断开，控制电路被切断→接触器 KM 的线圈失电，主电路中的接触器 KM 的主触点断开→电动机因供电被切断而停转。

注意：热继电器只能进行过载保护，不能进行短路保护，这是因为短路时电流虽然很大，但是热继电器的发热元件需要一定的时间才能弯曲，此时电动机和供电线路可能已被过大的短路电流烧坏。另外，当启动过载保护功能后，即便排除了过载因素，也需要等待一定的时间让发热元件冷却复位，才能重新启动电动机。

7.2.4　接触器联锁正、反转控制线路

在接触器联锁正、反转控制线路的主电路中连接了两个接触器，正、反转操作元器件放置在控制电路中。接触器联锁正/反转控制线路如图 7-19 所示。

主电路连接了接触器 KM1 和接触器 KM2。两个接触器的主触点连接方式不同：KM1 按 L1-U、L2-V、L3-W 方式连接；KM2 按 L1-W、L2-V、L3-U 方式连接。

在工作时，接触器 KM1、KM2 的主触点严禁同时闭合，否则会造成 L1、L3 两相电压直接短路的情况。为了避免 KM1、KM2 主触点同时得电闭合，分别给其串接了对方的常闭辅助触点，例如，给 KM1 线圈串接了 KM2 常闭辅助触点，给 KM2 线圈串接了 KM1 常闭辅助触点。当一个接触器的线圈得电时，会使自己的主触点闭合，还会使自己的常闭触点断开，从而令另一个接触器线圈无法得电。接触器的这种相互制约关系称为接触器的联锁（也称互锁、连锁），实现联锁的常闭辅助触点称为联锁触点。

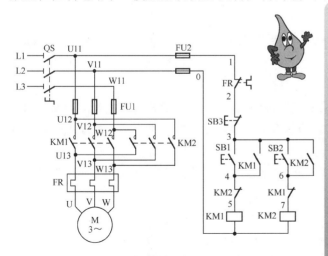

图 7-19　接触器联锁正/反转控制线路

对接触器联锁正/反转控制线路的工作原理分析如下。

❶ 闭合电源开关 QS。

❷ 正转过程。

- 正转联锁控制：按下正转按钮 SB1→KM1 线圈得电→KM1 主触点闭合、KM1 常开辅助触点闭合、KM1 常闭辅助触点断开→将 L1、L2、L3 三相电压分别供给电动机的 U、V、W 端，电动机正转；SB1 松开后 KM1 线圈继续得电（接触器自锁）；切断 KM2 线圈的供电，使 KM2 主触点无法闭合，实现 KM1、KM2 之间的正转联锁控制。
- 停止控制：按下停转按钮 SB3→KM1 线圈失电→KM1 主触点断开、KM1 常开辅助触点断开、KM1 常闭辅助触点闭合→电动机因断电而停转。

❸ 反转过程。

- 反转联锁控制：按下反转按钮 SB2→KM2 线圈得电→KM2 主触点闭合、KM2 常开辅助触点闭合、KM2 常闭辅助触点断开→将 L1、L2、L3 三相电压分别供给电动机的 W、V、U 端，电动机反转；SB2 松开后 KM2 线圈继续得电；切断 KM1 线圈的供电，使得 KM1 主触点无法闭合，实现 KM1、KM2 之间的反转联锁控制。
- 停止控制：按下停转按钮 SB3→KM2 线圈失电→KM2 主触点断开、KM2 常开辅助触点断开、KM2 常闭辅助触点闭合→电动机因断电而停转。

❹ 断开电源开关 QS。

注意：对于接触器联锁正/反转控制线路，若将电动机由正转变为反转，则需要先按下停止按钮让电动机停转，使接触器各触点复位，再按反转按钮让电动机反转。如果在正转时不按停止按钮，而直接按反转按钮，则反转接触器线圈因联锁的原因无法得电而使控制无效。

 ### 7.2.5 限位控制线路

一些机械设备（如车床）的运动部件由电动机驱动，它们在工作时并不都是一直向前运动，而是运动到一定的位置后便自动停止，由操作人员操作按钮使之返回。为了实现这种控制效果，需要给电动机安装限位控制线路。

限位控制线路又称位置控制线路或行程控制线路，利用位置开关来检测运动部件的位置，即当运动部件运动到指定位置时，位置开关给控制线路发出指令，让电动机停转或反转。 常见的位置开关有行程开关和接近开关，其中行程开关使用得更为广泛。

行程开关的外形与符号如图 7-20 所示。行程开关通常安装在运动部件需要停止或改变方向的位置，如图 7-21 所示。行程开关可分为自动复位和非自动复位两种。按钮式和单轮旋转式行程开关可以自动复位（当挡铁移开时，依靠内部的弹簧可使触点自动复位）；双轮旋转式行程开关不能自动复位，当挡铁从一个方向碰压其中一个滚轮时，内部触点执行动作，在挡铁移开后内部触点不能复位，当挡铁反向运动（返回）时碰压另一个滚轮，触点才能复位。

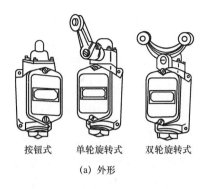

图 7-20 行程开关的外形与符号

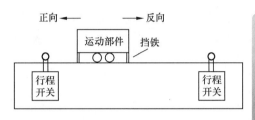

图 7-21 行程开关安装位置示意图

限位控制线路如图 7-22 所示。限位控制线路是在接触器联锁正/反转控制线路的控制电路中通过串接两个行程开关 SQ1、SQ2 构成的。

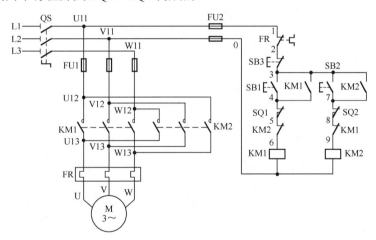

图 7-22 限位控制线路

对限位控制线路的工作原理分析如下。

❶ 闭合电源开关 QS。

❷ 正转控制过程。

- 正转联锁控制：按下正转按钮 SB1→KM1 线圈得电→KM1 主触点闭合、KM1 常开辅助触点闭合、KM1 常闭辅助触点断开→电动机通电正转，驱动运动部件正向运动；KM1 线圈在 SB1 断开时能继续得电（自锁）；KM2 线圈无法得电，实现 KM1、KM2 之间的正转联锁控制。

- 正向限位控制：电动机正转，驱动运动部件运动到行程开关 SQ1 处→SQ1 常闭辅助触点断开（常开辅助触点未用）→KM1 线圈失电→KM1 主触点断开、KM1 常开辅助触点断开、KM1 常闭辅助触点闭合→电动机因断电而停转→运动部件停止正向运动。

❸ 反转控制过程。

- 反转联锁控制：按下反转按钮 SB2→KM2 线圈得电→KM2 主触点闭合、KM2 常开辅助触点闭合、KM2 常闭辅助触点断开→电动机通电反转，驱动运动部件反向运动；锁定 KM2 线圈得电；KM1 线圈无法得电，实现 KM1、KM2 之间的反转联锁控制。

- 反向限位控制：电动机反转，驱动运动部件运动到行程开关 SQ2 处→SQ2 常开辅助触点断开→KM2 线圈失电→KM2 主触点断开、KM2 常开辅助触点断开、KM2 常闭辅助触点闭合→电动机因断电而停转→运动部件停止反向运动。

❹ 断开电源开关 QS。

7.2.6 顺序控制线路

在一些机械设备中安装两个或两个以上的电动机时，为了保证设备能够正常工作，常常要求这些电动机按顺序启动。例如，只有在电动机 A 启动后电动机 B 才能启动，否则机械设备容易出现问题。顺序控制线路就是让多台电动机按先后顺序工作的控制线路。实现顺序控制的线路很多，典型的顺序控制线路如图 7-23 所示。

注意：在该电路中包括 KM1、KM2 两个接触器，KM1、KM2 的主触点属于并联关系。为了让电动机 M1、M2 能按先后顺序启动，要求 KM2 主触点只能在 KM1 主触点闭合后才能闭合。若先按下电动机 M2 的启动按钮，此时 SB1 和 KM1 常开辅助触点断开、KM2 线圈无法得电、KM2 主触点无法闭合，则电动机 M2 无法在电动机 M1 前启动。

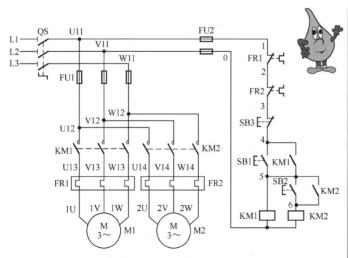

❶ 电动机 M1 的启动控制：按下电动机 M1 的启动按钮 SB1→KM1 线圈得电→KM1 主触点闭合、KM1 常开辅助触点闭合→电动机 M1 通电运转，KM1 线圈在 SB1 断开时继续得电（自锁）。

❷ 电动机 M2 的启动控制：按下电动机 M2 的启动按钮 SB2→KM2 线圈得电→KM2 主触点闭合、KM2 常开辅助触点闭合→电动机 M2 通电运转，KM2 线圈在 SB2 断开时继续得电。

❸ 停转控制：按下停转按钮 SB3→KM1、KM2 线圈均失电→KM1、KM2 主触点均断开→电动机 M1、M2 均断电停转。

图 7-23 典型的顺序控制线路

7.2.7 多地控制线路

利用多地控制线路可以在多个地点控制同一台电动机的启动与停止。多地控制线路如图 7-24 所示。

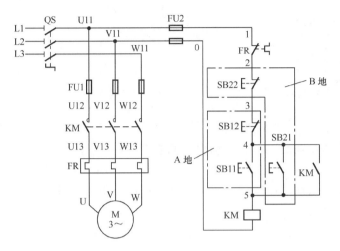

❶ A 地启动控制。按下 A 地启动按钮 SB11→KM 线圈得电→KM 主触点闭合、KM 常开辅助触点闭合→电动机通电运转，使得 KM 线圈在 SB11 断开时继续得电（自锁）。

❷ A 地停止控制。按下 A 地停止按钮 SB12→KM 线圈失电→KM 主触点断开、KM 常开辅助触点断开→电动机断电停转，使得 KM 线圈在 SB12 复位闭合时无法得电。

图 7-24　多地控制线路

下面以 A 地的启动控制和停止控制为例说明多地控制线路的工作过程：SB11、SB12 为 A 地启动和停止按钮，安装在 A 地；SB21、SB22 为 B 地启动和停止按钮，安装在 B 地。

注意：B 地与 A 地的启动控制、停止控制的原理相同，这里不再赘述。如果要实现 3 个或 3 个以上地点的控制，只要将各地的启动按钮并联，将停止按钮串联即可。

 ### 7.2.8 星形-三角形降压启动控制线路

在刚启动电动机时，流过定子绕组的电流很大，为额定电流的 4～7 倍。对于容量大的电动机，若采用普通的全压启动方式，则会出现在启动时因电流过大而使供电电源电压下降的现象，从而影响采用同一供电电源的其他设备的正常工作。

解决上述问题的方法是对电动机进行降压启动，待电动机正常运转后再提供全压。一般规定，供电电源容量在 180kV·A 以上、电动机容量在 7kW 以下的三相异步电动机可采用全压启动方式，其余均需采用降压启动方式。另外，由于降压启动时流入电动机的电流较小，电动机产生的力矩小，因此降压启动需要在轻载或空载时进行。

降压启动控制线路的种类很多，下面仅介绍较常见的星形-三角形（Y-△）降压启动控制线路。

三相异步电动机接线盒有 U1、U2、V1、V2、W1、W2 共 6 个接线端。当 U2、V2、W2 三端连接在一起时，内部绕组就构成了星形连接；当 U1 和 W2、U2 和 V1、V2 和 W1 连接在一起时，内部绕组就构成了三角形连接。三相异步电动机的接线盒与两种接线方式如图 7-25 所示。若任意两相之间的电压是 380V，当电动机绕组接成星形时，每相绕组上的实际电压值为 $380V/\sqrt{3} = 220V$；当电动机绕组接成三角形时，每相绕组上的电压值为 380V。由于绕组接成星形时电压降低，因此，流过绕组的电流也减小（约为三角形连接的 1/3）。

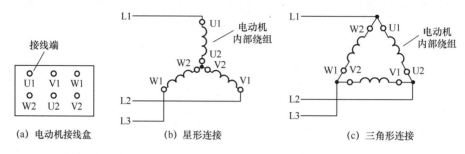

图 7-25　三相异步电动机的接线盒与两种接线方式

星形-三角形降压启动控制线路就是在启动时将电动机的绕组接成星形，启动后再将绕组接成三角形，从而让电动机全压启动。当电动机绕组接成星形时，绕组上的电压低、流过的电流小，因而产生的力矩也小，所以星形-三角形降压启动控制线路只适用于轻载或空载启动。

星形-三角形降压启动控制线路如图 7-26 所示，该线路采用时间继电器进行控制切换。

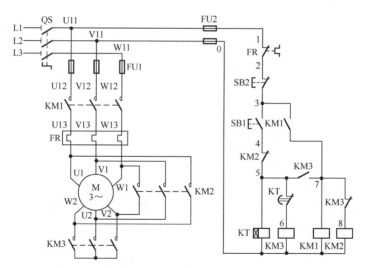

图 7-26　星形-三角形降压启动控制线路

对星形-三角形降压启动线路的工作原理分析如下。

❶ 闭合电源开关 QS。

❷ 星形降压启动控制：按下启动按钮 SB1→接触器 KM3 的线圈和时间继电器 KT 的线圈均得电→KM3 主触点闭合、KM3 常开辅助触点闭合、KM3 常闭辅助触点断开→将电动机绕组接成星形，KM2 线圈的供电切断，KM1 线圈得电→KM1 常开辅助触点和主触点均闭合→KM1 线圈在 SB1 断开后继续得电，电动机 U1、V1、W1 端得电，电动机以星形连接方式降压启动。

❸ 三角形正常运行控制：在时间继电器 KT 的线圈得电一段时间后，其延时常开辅助触点断开→KM3 线圈失电→KM3 主触点断开、KM3 常开辅助触点断开、KM3 常闭辅助触点闭合→取消电动机绕组的星形连接，KM2 线圈得电→KM2 常闭辅助触点断开、KM2 主触点闭合→KT 线圈失电，电动机以三角形连接方式正常运行。

❹ 停止控制：按下停止按钮 SB2→KM1、KM2、KM3 线圈均失电→KM1、KM2、KM3 主触点均断开→电动机因供电被切断而停转。

❺ 断开电源开关 QS。

7.3 单相异步电动机及控制线路

单相异步电动机是一种采用单相交流电源供电的小容量电动机。它具有供电方便、成本低廉、运行可靠、结构简单和噪声小等优点，广泛应用在家用电器、工业和农业等领域的中小功率设备中。

7.3.1 单相异步电动机的结构与原理

单相异步电动机的种类很多，但结构基本相同。单相异步电动机的典型结构如图 7-27 所示。

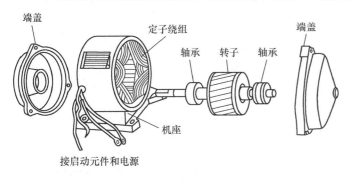

从图 7-27 中可以看出，其结构与三相异步电动机基本相同，都是由机座、定子绕组、转子、轴承、端盖和接线等组成的。

图 7-27 单相异步电动机典型结构

单相异步电动机的工作原理如图 7-28 所示。

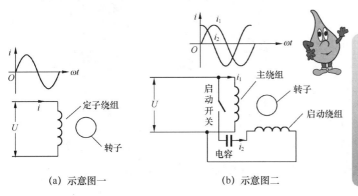

三相异步电动机的定子绕组有 U、V、W 三相，当三相绕组连接三相交流电时会产生旋转磁场，从而推动转子旋转。单相异步电动机在工作时连接单相交流电源，定子只有一相绕组，如图 7-28（a）所示。单相绕组产生的磁场不会旋转，因此转子不会产生转动。

图 7-28 单相异步电动机的工作原理

为了解决这个问题，分相式单相异步电动机的定子绕组通常采用两相绕组：一相绕组称为工作绕组（或主绕组），另一相绕组称为启动绕组（或副绕组），如图 7-28（b）所示。两相绕组在定子铁芯上的位置相差 90°，并且给启动绕组串接电容，将交流电源的相位改变 90°（超前移相 90°）。当单相交流电源加到定子绕组时，有电流 i_1 直接流入主绕组，电流 i_2 经电容超前移相 90°后流入启动绕组，两个相位不同的电流分别流入空间位置相差 90°的两相绕组，两相绕组就会产生旋转磁场，处于旋转磁场内的转子将随之旋转起来。转子运转后，即便断开启动开关、切断启动绕组，转子仍会继续运转，这是因为单个主绕组产生的磁场不会旋转，但由于转子已转动起来，若将已转动的转子看成不动，那么主绕组的磁场就相当于发生了旋转，因此转子会继续运转。

由此可见，启动绕组的作用是启动转子旋转，若转子要继续旋转，则仅依靠主绕组就可实现，因此，有些分相式单相异步电动机在启动后就将启动绕组断开，只让主绕组工作。对于主绕组正常、启动绕组损坏的单相异步电动机，在通电后不会运转，若通过人力使转子运转，则电动机仅在主绕组的作用下就可一直运转下去。

7.3.2　判别启动绕组与主绕组

单相异步电动机的内部有启动绕组和主绕组（运行绕组），两相绕组在内部将一端接在一起并引出一个端子，即单相异步电动机的对外接线有公共端、主绕组端和启动绕组端共三个接线端子。启动绕组和主绕组的判别如图 7-29 所示。在使用时，主绕组端要直接接电源，而启动绕组端要在串接开关或电容后再接电源。由于启动绕组的匝数多、线径小，其阻值较主绕组更大一些，因此可使用万用表的电阻挡来判别两相绕组。

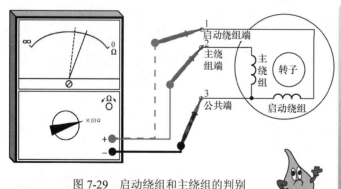

图 7-29　启动绕组和主绕组的判别

2、3 之间为主绕组，其阻值最小；1、3 之间为启动绕组，其阻值稍大一些；1、2 之间为主绕组和启动绕组的串联，其阻值最大。在测量时，先将万用表拨至×1Ω挡，测量某两个接线端子之间的电阻，然后保持一根表笔不动，另一根表笔转接第 3 个接线端子，如果两次测得的阻值接近，则以阻值稍大的一次测量为准，不动的表笔所接为公共端，另一根表笔所接为启动绕组端，剩下的则为主绕组端。

7.3.3　转向控制线路

单相异步电动机是在旋转磁场的作用下运转的，其转向与旋转磁场的方向相同，因此，只要改变旋转磁场的方向就可以改变电动机的转向。**对于单相异步电动机，只要将主绕组或启动绕组的接线反接就可以改变转向，但不能将主绕组和启动绕组同时反接。**正转接线方式和两种反转接线方式如图 7-30 所示。

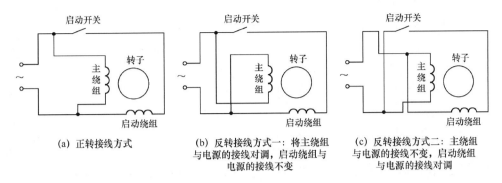

(a) 正转接线方式　　(b) 反转接线方式一：将主绕组与电源的接线对调，启动绕组与电源的接线不变　　(c) 反转接线方式二：主绕组与电源的接线不变，启动绕组与电源的接线对调

图 7-30　正转接线方式和两种反转接线方式

7.3.4　调速控制线路

单相异步电动机的调速控制线路主要有变极调速线路和变压调速线路两类：**变极调速线路是通过改变电动机定子绕组的磁极对数来调节转速的；变压调速线路是通过改变定子绕组的两端电压来调节转速的。**在这两类线路中，变压调速线路最为常见，具体又可分为串联电抗器调速线路、串联电容器调速线路、抽头调速线路等。

1．串联电抗器调速线路

电抗器又称电感器，对交流电具有一定的阻碍作用。电抗器对交流电的阻碍称为电抗（也称感抗），电抗器的电感量越大，电抗越大，对交流电的阻碍越大，在电抗器上产生的压降越大。

两种常见的串联电抗器调速线路如图 7-31 所示。其中，L 表示电抗器，它有"高""中""低" 3 个接线端；A 表示启动绕组；M 表示主绕组；C 表示电容器。

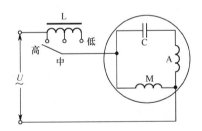

(a) 线路一

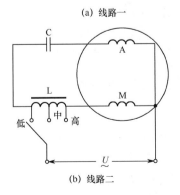

(b) 线路二

图 7-31　两种常见的串联电抗器调速线路

在图 7-31（a）中，当挡位开关置于"高"时，交流电压全部加到电动机的定子绕组上，定子绕组两端的电压最大，产生的磁场最强，电动机转速最快；当挡位开关置于"中"时，交流电压需要经过电抗器的部分线圈后再送到电动机定子绕组，电抗器线圈会产生压降，产生的磁场变弱，电动机转速变慢。

在图 7-31（b）中，当挡位开关置于"高"时，交流电压全部加到电动机主绕组上，电动机转速最快；当挡位开关置于"低"时，交流电压需经过整个电抗器后再送到电动机主绕组，主绕组两端的电压很低，电动机转速很慢。

注意：串联电抗器调速线路除了可以调节单相异步电动机的转速，还可以调节启动转矩大小：在图 7-31（a）中，当挡位开关置于"低"时，提供给主绕组和启动绕组的电压都会降低，因此转速变慢，启动转矩也减小；在图 7-31（b）中，当挡位开关置于"低"时，主绕组两端的电压较低，而启动绕组两端的电压很高，因此转速慢，启动转矩却很大。

2. 串联电容器调速线路

电容器与电阻器一样，对交流电具有一定的阻碍作用。电容器对交流电的阻碍称为容抗，电容器的容量越小，容抗越大，对交流电的阻碍越大，交流电通过时在电容器上产生的压降就越大。串联电容器调速线路如图 7-32 所示。

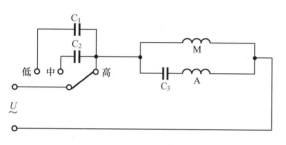

图 7-32　串联电容器调速线路

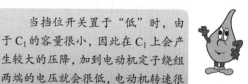

当挡位开关置于"低"时，由于 C_1 的容量很小，因此在 C_1 上会产生较大的压降，加到电动机定子绕组两端的电压就会很低，电动机转速很慢。当挡位开关置于"中"时，由于电容器 C_2 的容量大于 C_1 的容量，所以加到电动机定子绕组两端的电压较低挡时高，电动机转速变快。

3. 抽头调速线路

采用抽头调速线路的单相异步电动机与普通电动机不同，它的定子绕组除了有主绕组和启动绕组，还增加了一个调速绕组。根据调速绕组与主绕组、启动绕组的连接方式不同，抽头调速线路有 L1 型接法、L2 型接法和 T 型接法 3 种形式。3 种形式的抽头调速线路如图 7-33 所示。

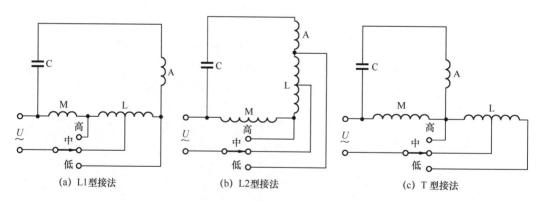

图 7-33　3 种形式的抽头调速线路

- L1 型接法：将调速绕组与主绕组串联，并嵌在同一槽内，与启动绕组有 90° 相位差。调速绕组的线径较主绕组细，匝数可与主绕组匝数相等或为主绕组匝数的一倍。调速绕组可根据调速挡位数从中间引出多个抽头。当挡位开关置于"低"时，全部调速绕组与主绕组串联，主绕组两端的电压减小。调速绕组产生的磁场还会削弱主绕组磁场，令电动机转速变慢。
- L2 型接法：将调速绕组与启动绕组串联，并嵌在同一槽内，与主绕组有 90° 相位差。调速绕组的线径和匝数与 L1 型接法相同。
- T 型接法：在电动机高速运转时，调速绕组不工作；在电动机低速运转时，主绕组和启动绕组的电流会流过调速绕组，电动机出现发热现象。

7.4 直流电动机

直流电动机是一种采用直流电源供电的电动机。 直流电动机具有启动力矩大、调速性能好和磁干扰少等优点，它不但可用在小功率设备中，还可用在大功率设备中，如大型可逆轧钢机、卷扬机、电力机车、电车等，作为动力源。

7.4.1 工作原理

直流电动机是根据通电导体在磁场中受力旋转来工作的。直流电动机的结构与工作原理如图 7-34 所示。从该图中可看出，直流电动机主要由磁铁、转子绕组（又称电枢绕组）、电刷和换向器组成。电动机的换向器与转子绕组连接，并与电刷接触。电动机在工作时，换向器与转子绕组同步旋转，而电刷静止不动。当直流电源通过导线、电刷、换向器为转子绕组供电时，通电的转子绕组在磁铁产生的磁场作用下会旋转起来。

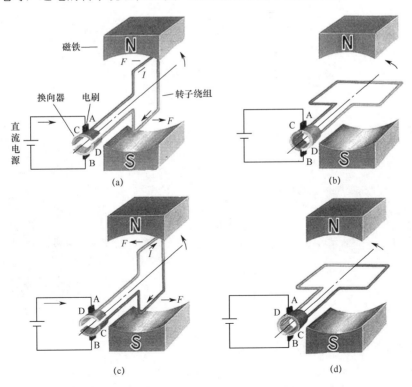

图 7-34 直流电动机的结构与工作原理

对直流电动机的工作原理分析如下：

❶ 在图 7-34（a）中，流过转子绕组的电流方向是电源正极→电刷 A→换向器 C→转子绕组→换向器 D→电刷 B→电源负极，根据左手定则可知，转子绕组上导线的受力方向为左，下导线的受力方向为右，因此，转子绕组逆时针旋转。

❷ 在图 7-34（b）中，电刷 A 与换向器 C 脱离，电刷 B 与换向器 D 脱离，转子绕组无电流通过，没有磁场作用力，但由于惯性作用，转子绕组会继续逆时针旋转。

❸ 在图 7-34（c）中，电刷 A 与换向器 D 接触，电刷 B 与换向器 C 接触，流过转子绕组的电流方向是电源正极→电刷 A→换向器 D→转子绕组→换向器 C→电刷 B→电源负极，转子绕组上导线（即原下导线）的受力方向为左，下导线（即原上导线）的受力方向为右，因此，转子绕组按逆时针方向继续旋转。

❹ 在图 7-34（d）中，电刷 A 与换向器 D 脱离，电刷 B 与换向器 C 脱离，转子绕组无电流通过，没有磁场作用力，但由于惯性作用，转子绕组会继续逆时针旋转。

注意：以后会不断重复上述过程，转子绕组也不断旋转。直流电动机中的换向器和电刷的作用是当转子绕组转到一定位置时，及时改变转子绕组中的电流方向，从而让转子绕组不断地运转。

7.4.2 外形与结构

常见直流电动机的实物外形如图 7-35 所示。直流电动机的典型结构如图 7-36 所示。

图 7-35　常见直流电动机的实物外形

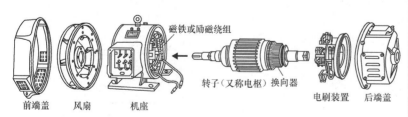

图 7-36　直流电动机的典型结构

直流电动机主要由前端盖、风扇、机座（含磁铁或励磁绕组等）、转子（含换向器）、电刷装置和后端盖组成。在机座中，有的电动机安装磁铁，如永磁直流电动机；有的电动机则安装励磁绕组（用来产生磁场的绕组），如并励直流电动机、串励直流电动机等。在直流电动机的转子中嵌有转子绕组，转子绕组通过换向器与电刷接触，直流电源通过电刷、换向器为转子绕组供电。

7.5　无刷直流电动机

直流电动机具有运行效率高和调速性能好的优点，**但普通的直流电动机需要利用换向**

器和电刷来切换电压极性，在切换过程中容易出现电火花和接触不良的问题，从而形成干扰并导致直流电动机的寿命缩短。无刷直流电动机有效解决了电火花和接触不良的问题。

7.5.1 外形

常见的无刷直流电动机的实物外形如图 7-37 所示。

图 7-37　常见的无刷直流电动机的实物外形

7.5.2 结构与工作原理

普通永磁直流电动机以永久磁铁作为定子，以转子绕组作为转子，在工作时除了要为旋转的转子绕组供电，还要及时改变电压极性，这就需要用到电刷和换向器。电刷和换向器长期摩擦，很容易出现接触不良、电火花和电磁干扰等问题。为了解决这些问题，无刷直流电动机采用永久磁铁作为转子，通电绕组作为定子，这样就不需要电刷和换向器，但在工作时需要配套驱动线路。

1. 工作原理

无刷直流电动机的结构和驱动线路简图如图 7-38 所示。

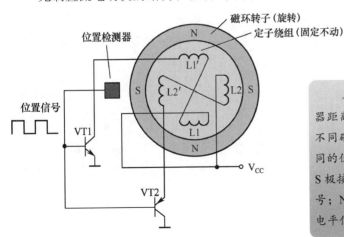

在无刷直流电动机的位置检测器距离磁环转子很近，磁环转子的不同磁极靠近检测器时，将输出不同的位置信号（电信号）。这里假设 S 极接近位置检测器，输出高电平信号；N 极接近位置检测器，输出低电平信号。

图 7-38　无刷直流电动机的结构和驱动线路简图

无刷电动机定子绕组与磁环转子磁场的相互作用如图 7-39 所示。

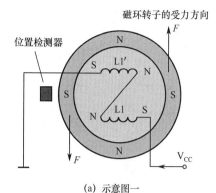

(a) 示意图一

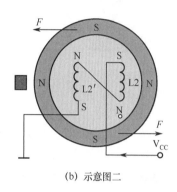

(b) 示意图二

图 7-39 无刷电动机定子绕组与磁环转子磁场的相互作用

在启动电动机时，若磁环转子的 S 极恰好接近位置检测器，则输出高电平信号。该信号送到三极管 VT1、VT2 的基极，VT1 导通，VT2 截止，定子绕组 L1、L1′有电流流过。电流的流通途径：电源 V_{CC}→L1→L1′→VT1→地。L1、L1′绕组因有电流通过而产生磁场，该磁场与磁环转子磁场的相互作用如图 7-39（a）所示。

在图 7-39（a）中，电流流过 L1、L1′时，L1 产生左 N 右 S 的磁场，L1′产生左 S 右 N 的磁场，这样就会出现 L1 的左 N 与磁环转子的左 S 吸引（同时 L1 的左 N 会与磁环转子的下 N 排斥）、L1 的右 S 与磁环转子的下 N 吸引、L1′的右 N 与磁环转子的右 S 吸引、L1′的左 S 与磁环转子的上 N 吸引的现象。由于绕组 L1、L1′固定在定子铁芯上不能运转，因此磁环转子受磁场作用将逆时针旋转起来。在电动机运转后，磁环转子的 N 极马上接近位置检测器，位置检测器输出低电平信号。该信号被送到三极管 VT1、VT2 的基极，VT1 截止，VT2 导通，有电流流过 L2、L2′。电流的流通途径：电源 V_{CC}→L2→L2′→VT2→地。L2、L2′绕组因有电流通过而产生磁场，该磁场与磁环转子磁场的相互作用如图 7-39（b）所示，两磁场的相互作用力将推动磁环转子继续旋转。

2. 结构

无刷直流电动机的结构如图 7-40 所示。

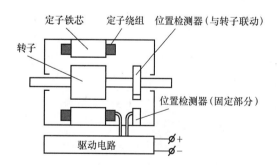

图 7-40 无刷直流电动机的结构

无刷直流电动机主要由定子铁芯、定子绕组、位置检测器、转子和驱动电路等组成。

位置检测器包括固定和运动两部分：运动部分安装在转子轴上，与转子联动，用于反映转子的磁极位置；通过固定部分可以检测出转子的位置信息。有些无刷直流电动机的位置检测器无运转部分，它直接检测转子的位置信息。驱动电路的功能是根据位置检测器送来的位置信号，利用电子开关（如三极管）来切换定子绕组的电源的。

7.5.3 驱动电路

无刷直流电动机需要有相应的驱动电路才能工作。下面介绍几种常见的三相无刷直流电动机的驱动电路。

1. 星形连接三相半桥驱动电路

星形连接三相半桥驱动电路如图 7-41 所示。A、B、C 三相定子绕组有一端共同连接，构成星形连接方式。星形连接三相半桥驱动电路的结构简单，但由于在同一时刻只能有一相绕组工作，因此电动机的效率较低，并且转子运转的脉动较大，即运转时容易时快时慢。

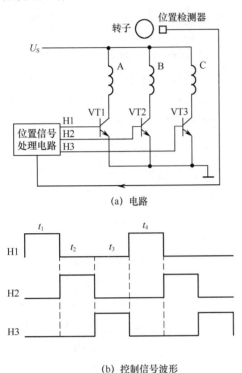

因位置检测器靠近磁环转子而产生位置信号，经位置信号处理电路处理后输出如图7-41（b）所示的 H1、H2、H3 共 3 个控制信号。

在 t_1 期间，H1 信号为高电平，H2、H3 信号为低电平，三极管 VT1 导通，有电流流过 A 相绕组，因绕组产生磁场而推动转子旋转。

在 t_2 期间，H2 信号为高电平，H1、H3 信号为低电平，三极管 VT2 导通，有电流流过 B 相绕组，因绕组产生磁场而推动转子旋转。

在 t_3 期间，H3 信号为高电平，H1、H2 信号为低电平，三极管 VT3 导通，有电流流过 C 相绕组，因绕组产生磁场而推动转子旋转。

t_4 期间以后，重复上述过程。

图 7-41 星形连接三相半桥驱动电路

2. 星形连接三相桥式驱动电路

星形连接三相桥式驱动电路如图 7-42 所示。

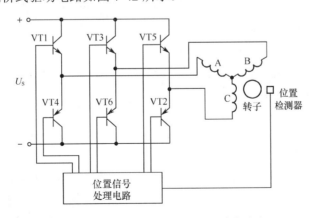

图 7-42 星形连接三相桥式驱动电路

星形连接三相桥式驱动电路可以工作在两种方式下：二二导通方式和三三导通方式。

工作在何种方式由位置信号处理电路输出的控制信号决定。

（1）二二导通方式

二二导通方式是指在某一时刻有两个三极管同时导通。电路中 6 个三极管的导通顺序：VT1、VT2→VT2、VT3→VT3、VT4→VT4、VT5→VT5、VT6→VT6、VT1。这 6 个三极管的导通由位置信号处理电路发送的脉冲控制。下面以 VT1、VT2 导通为例说明此驱动电路的工作过程。

由位置检测器发送的位置信号经位置信号处理电路后形成的控制脉冲输出，其中，高电平信号发送到 VT1 的基极，低电平信号发送到 VT2 基极，其他三极管的基极无信号。VT1、VT2 导通，有电流流过 A、C 相绕组。电流的流通途径：电源正极→VT1→A 相绕组→C 相绕组→VT2→电源负极，由两相绕组产生的磁场推动转子旋转 60°。

（2）三三导通方式

三三导通方式是指在某一时刻有 3 个三极管同时导通。电路中 6 个三极管的导通顺序：VT1、VT2、VT3→VT2、VT3、VT4→VT3、VT4、VT5→VT4、VT5、VT6→VT5、VT6、VT1→VT6、VT1、VT2。这 6 个三极管的导通由位置信号处理电路发送的脉冲控制。下面以 VT1、VT2、VT3 导通为例说明该驱动电路的工作过程。

由位置检测器发送的位置信号经位置信号处理电路后形成的控制脉冲输出，其中，高电平信号发送到 VT1、VT3 的基极，低电平发送到 VT2 的基极，其他三极管的基极无信号。VT1、VT2、VT3 导通，有电流流过 A、B、C 相绕组，其中，VT1 导通，流过的电流通过 A 相绕组；VT3 导通，流过的电流通过 B 相绕组；两电流汇合后流过 C 相绕组，再通过 VT2 流到电源的负极。在任意时刻三相绕组都有电流流过，其中，一相绕组的电流很大（是其他绕组电流的 2 倍），由三相绕组产生的磁场推动转子旋转 60°。

三三导通方式的转矩较二二导通方式的转矩小。如果三极管切换时发生延迟，则此导通方式可能出现直通短路的情况。例如，VT4 开始导通时 VT1 还未完全截止，则电源会通过 VT1、VT4 直接短路，因此，星形连接三相桥式驱动电路通常采用二二导通方式。

三相无刷直流电动机除了可采用星形连接驱动电路，还可采用如图 7-43 所示的三角形连接三相桥式驱动电路。

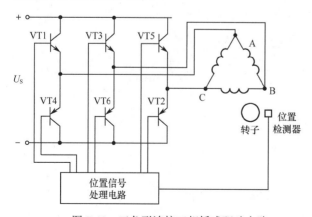

图 7-43　三角形连接三相桥式驱动电路

该电路与星形连接三相桥式驱动电路一样，也有二二导通方式和三三导通方式两种，这里不再赘述。

7.6 直线电动机

直线电动机是一种将电能转换成直线运动的电动机。直线电动机是将旋转电动机的结构进行变化制成的。直线电动机的种类很多，从理论上讲，每种旋转电动机都有与之对应的直线电动机。常用的直线电动机有直线异步电动机（应用最为广泛）、直线同步电动机、直线直流电动机和其他直线电动机（如直线无刷电动机、直线步进电动机等）。

7.6.1 外形

常见直线电动机的实物外形如图 7-44 所示。

图 7-44　常见直线电动机的实物外形

7.6.2 结构与工作原理

直线电动机可以看成将旋转电动机径向剖开并拉直得到，如图 7-45 所示。其中，由定子转变而来的部分称为初级；由转子转变而来的部分称为次级。

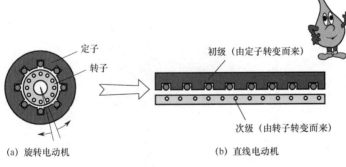

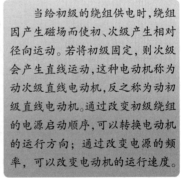

当给初级的绕组供电时，绕组因产生磁场而使初、次级产生相对径向运动。若将初级固定，则次级会产生直线运动，这种电动机称为动次级直线电动机，反之称为动初级直线电动机。通过改变初级绕组的电源启动顺序，可以转换电动机的运行方向；通过改变电源的频率，可以改变电动机的运行速度。

图 7-45　直线电动机的结构

7.6.3 种类

直线电动机的初、次级结构主要有单边型、双边型和圆筒型等类型。

1. 单边型

单边型直线电动机的结构如图 7-46 所示，又可分为短初级和短次级两种形式。

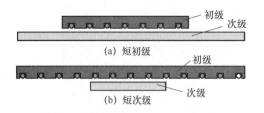

图 7-46 单边型直线电动机的结构

2. 双边型

双边型直线电动机的结构如图 7-47 所示。

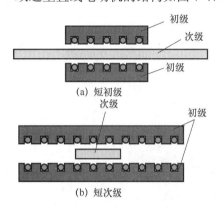

图 7-47 双边型直线电动机的结构

3. 圆筒型

圆筒型（或称管型）直线电动机的结构如图 7-48 所示。

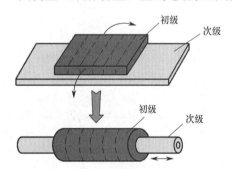

图 7-48 圆筒型直线电动机的结构

直线电动机主要应用在要求进行直线运动的机电设备中。由于牵引力或推动力可直接产生，不需要中间联动部分，没有摩擦、噪声、转子发热、离心力影响等问题，因此其应用将越来越广泛。其中，直线异步电动机主要用在较大功率的直线运动机构中，如自动门开闭装置，起吊、传递和升降的机械设备；直线同步电动机的应用场合与直线异步电动机的应用场合基本相同，但由于其性能优越，因此有取代直线异步电动机的趋势；直线步进电动机主要用在数控制图机、数控绘图仪、磁盘存储器、记录仪、数控裁剪机、精密定位机构等设备中。

家装电工技能

家装电工主要是进行室内配电线路的安装,具体包括照明光源的安装、导线的安装、开关与插座的安装、配电箱的安装等。在室内配电线路安装好后,不仅可以在室内获得照明、通过插座为各种家用电器供电、在电器出现过载和人体触电时能实现自动保护,而且还能对室内的用电量进行记录等。

8.1 照明光源

8.1.1 白炽灯

白炽灯是一种最常用的照明光源,它有卡口式和螺口式两种,如图 8-1 所示。

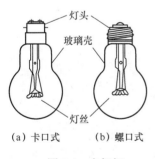

(a) 卡口式　　(b) 螺口式

图 8-1　白炽灯

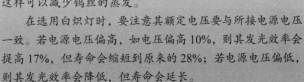

白炽灯内的灯丝为钨丝,通电后钨丝因温度升高到 2200℃~3300℃而发出强光。当温度太高时,会使钨丝因蒸发过快而降低寿命,并且蒸发后的钨沉积在玻璃壳内壁上,使壳内壁发黑,进而影响亮度。为此通常在 60W 以上的白炽灯玻璃壳内充有适量的惰性气体(氩、氪、氙等),这样可以减少钨丝的蒸发。

在选用白炽灯时,要注意其额定电压要与所接电源电压一致。若电源电压偏高,如电压偏高 10%,则其发光效率会提高 17%,但寿命会缩短到原来的 28%;若电源电压偏低,则其发光效率会降低,但寿命会延长。

注意: 在安装白炽灯时,灯座的安装高度通常应在 2m 以上,环境差的场所应达到 2.5m 以上;照明开关的安装高度不应低于 1.3m。

常用的白炽灯开关控制线路如图 8-2 所示。在实际接线时,导线的接头应尽量安排在灯座和开关内部的接线端子上。这样做不仅可减少线路连接的接头数,而且在线路出现故障时也比较容易查找。

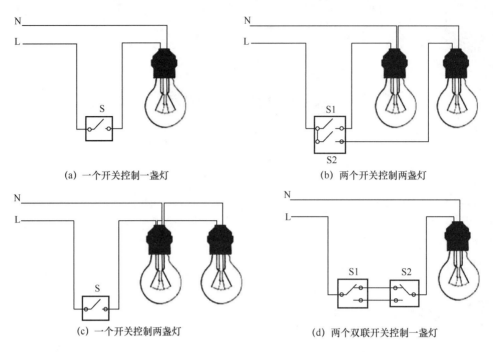

图 8-2 常用的白炽灯开关控制线路

8.1.2 荧光灯

荧光灯又称日光灯，是一种利用气体放电而发光的光源。荧光灯具有光线柔和、发光效率高和寿命长等特点。荧光灯的结构及电路连接如图 8-3 所示。

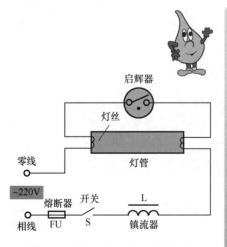

图 8-3 荧光灯的结构及电路连接

当闭合开关 S 时，220V 电压通过熔断器、开关 S、镇流器和灯管的灯丝加到启辉器两端。由于启辉器内部的动、静触片距离很近，触片间的电压使中间的气体电离，并发出辉光，辉光的热量使动触片因弯曲而与静触片接通。于是电路中有电流通过，其流经途径：相线→熔断器→开关→镇流器→右灯丝→启辉器→左灯丝→零线。随着电流流过灯丝，灯丝温度升高。当灯丝温度升高到 850℃～900℃时，灯管内的汞蒸发变成气体。与此同时，由于启辉器中动、静触片的接触而使得辉光消失→动触片无辉光加热又恢复原样→动、静触片断开→电路被切断→流过镇流器（实际上是一个电感）的电流突然减小→镇流器两端产生很高的反峰电压。该电压与 220V 电压叠加，被发送到灯丝间（即灯丝间的电压为"220V+镇流器上的电压"），使得灯丝间的汞蒸气电离，同时发出紫外线，紫外线激发灯管壁上的荧光粉发光。除此之外，两灯丝可通过电离的汞蒸气接通，使得灯丝间的电压下降（100V 以下），启辉器两端的电压下降，无法产生辉光→内部动、静触片处于断开状态。这时取下启辉器，灯管仍可发光。

8.1.3 卤钨灯

卤钨灯是在白炽灯的基础上改进而来的,即在充有惰性气体的白炽灯内加入卤族元素(如氟、碘、溴等)就制成了卤钨灯。由于卤钨灯具有体积小、发光效率高、色温稳定、几乎无光衰、寿命长等优点,所以应用十分广泛,并有逐渐取代白炽灯的趋势。

根据充入的卤族元素的不同,卤钨灯可分为碘钨灯、溴钨灯等(这里以碘钨灯为例进行介绍)。常见的碘钨灯外形与结构如图 8-4 所示。

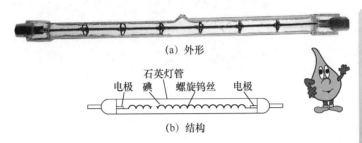

图 8-4 常见的碘钨灯外形与结构

当给碘钨灯的两个电极接上电源时,有电流流过钨丝,钨丝发热→钨丝因高温,使得部分钨成为钨蒸气,并与灯管壁附近的碘发生化学反应,生成气态的碘化钨→通过对流和扩散,碘化钨又返回到灯丝的高温区→高温将碘化钨分解成钨和碘,钨沉积在灯丝表面,而碘则扩散到温度较低的灯管壁附近,并继续与蒸发的钨发生化学反应。这个过程会不断循环,从而使钨丝不会因蒸发而变细,灯管壁上也不会有钨沉积,灯管始终保持透亮。

注意:卤钨灯对电源电压的稳定性要求较高,当电源电压超过卤钨灯额定电压的 5%时,卤钨灯的寿命会缩短 50%,因此要求电源电压的变化在 2.5%以内。卤钨灯要水平安装,若倾斜角超过±4°,则会严重影响使用寿命。卤钨灯在工作时,灯管壁温度很高(近 600℃),因此其安装位置应远离易燃物,并且添加灯罩,接线时最好采用耐高温导线。

8.1.4 高压汞灯

高压汞灯又称高压水银灯,是一种利用气体放电而发光的灯。高压汞灯的实物外形和结构如图 8-5 所示。高压汞灯具有负阻特性,即两个主电极之间的电阻会随着温度的升高而变小,通过的电流变大,从而出现温度升高→电阻更小→电流更大→温度更高的情况。高压汞灯与镇流器的连接如图 8-6 所示。目前,市面上已有一种不用镇流器的高压汞灯,它是在高压汞灯内部的一个主电极上串接一根钨丝作为灯丝,如图 8-7 所示。

注意:高压汞灯通电后,并不是马上就发出强光,而是慢慢变亮。这个过程称为高压汞灯的启动过程,耗时 4~8min。

(a) 外形

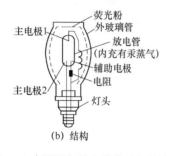

(b) 结构

在高压汞灯通电时，电压通过灯头加到主电极1和主电极2上。主电极1的电压经过一个电阻加到辅助电极上。由于辅助电极与主电极2的距离较近，因此它们之间会因放电而产生辉光，并令放电管内的气体电离，主电极1和主电极2之间也会因放电而发出白光。两个主电极导通，使得主电极1和主电极2之间的电压降低，又因电阻的电压降低，使得主电极2与辅助电极之间的电压更低，所以它们之间的放电停止。随着两个主电极间的放电，放电管内的温度升高，汞蒸气的气压增大，放电管发出更明亮的可见的蓝绿色光和不可见的紫外线光，紫外线光照射到外玻璃管内壁的荧光粉上，令荧光粉也发出亮光。

图 8-5　高压汞灯的实物外形与结构

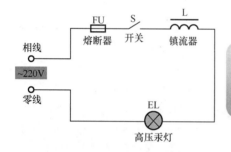

随着温度的不断升高，放电管内的气压不断增大，高压汞灯很容易损坏，因此需要给高压汞灯串接一个镇流器，用于对高压汞灯的电流进行限制。

图 8-6　高压汞灯与镇流器的连接

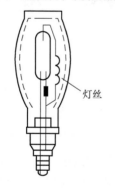

高压汞灯在工作时，有电流流过灯丝，灯丝发光。灯丝因发热而阻值变大，并且温度越高，阻值越大，这正好与放电管温度越高、阻值越小相反，从而防止流过放电管的电流过大。这种高压汞灯具有颜色多、启动快和使用方便等优点。

图 8-7　不用镇流器的高压汞灯

注意：在安装和使用高压汞灯时，要求电源电压稳定，当电压降低 5% 时，所需的启动时间长，并且容易自灭；高压汞灯要垂直安装，若水平安装，则亮度会降低，并且容易自灭；如果选用普通的高压汞灯，则需要串接镇流器，并且镇流器的功率要与高压汞灯一致；在高压汞灯的外玻璃管破裂后仍可发光，但会发出大量的紫外线光，对人体有危害，应更换外玻璃管；若在使用高压汞灯时突然关闭电源，则应在 10～15min 后再通电。

8.2 室内配电布线

8.2.1 了解整幢楼的配电系统

在设计室内配电线路前,有必要先了解一下整幢楼的配电系统。一幢8层共16个用户的配电系统如图8-8所示。

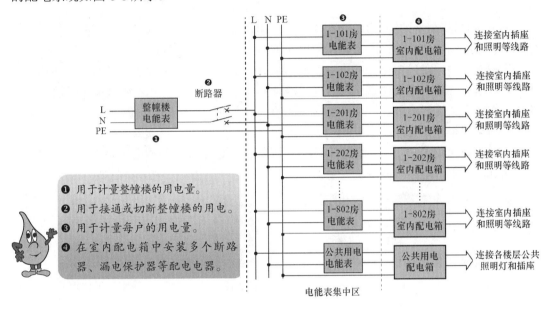

图8-8 一幢8层共16个用户的配电系统

8.2.2 室内配电原则

现在的住宅电器越来越多,为了避免因某一电器出现问题而影响其他或全部电器的工作,需要在配电箱中分配入户电源,以提供给不同的电器使用。不管采用哪种配电方式,在配电时应尽量遵循基本原则。室内配电的基本原则如下。

- 一条线路支路的容量应在1.5kW以下,如果单个电器的功率在1kW以上,则建议将其单独设为一条支路。
- 照明、插座尽量分成不同的线路支路。当插座线路连接的电器设备出现故障时,只会使该支路的电源中断,不会影响照明线路的工作,因此可以在有照明的情况下对插座线路进行检修。如果照明线路出现故障,则可在插座线路中接上临时照明灯具,从而对照明线路进行检修。
- 照明可分成几条支路。当一条照明线路出现故障时,不会影响其他的照明线路工作。
- 对于大功率电器(如空调、电热水器、电磁炉等),尽量一个电器分配一条线路支路,并且线路应选用截面积大的导线。如果多台大功率电器合用一条线路,当它们同时使用时,导线会因流过的电流很大而易发热。即使导线不会马上烧坏,长期使用也会降低导线的绝缘性能。与截面积小的导线相比,截面积大的导线的电阻更小、对电能损耗更小、不易发热、使用寿命更长。

- 潮湿环境(如浴室)中的插座和照明灯具的线路支路必须采取接地保护措施。一般的插座可采用两极、三极普通插座,潮湿环境需要采用防溅三极插座。如果使用的灯具具有金属外壳,则要求外壳必须接地(与 PE 线连接)。

 ### 8.2.3 配电布线

配电布线是将导线从配电箱引到室内各个用电处(主要是灯具或插座)的操作。布线分为明装布线和暗装布线,这里以常用的线槽布线(明装)为例进行说明。

线槽布线是一种较常用的住宅配电布线方式,即将绝缘导线放在绝缘槽板(塑料或木质)内,由于导线有槽板的保护,因此绝缘性能和安全性能较好。塑料槽板布线用于干燥场合,作为永久性明线敷设,或用于简易建筑、永久性建筑的附加线路。

线槽类型很多,其中,使用最广泛的为 PVC 电线槽,其外形如图 8-9 所示:方形 PVC 电线槽的截面积较大,可以容纳更多导线;半圆形 PVC 电线槽的截面积要小一些,但因其外形特点,在用于地面布线时更安全。

图 8-9 PVC 电线槽

1. 布线定位

在布线定位时,应先确定各处的开关、插座和灯具的位置,再确定线槽的走向。在墙壁上画线定位,如图 8-10 所示:横线弹在槽上沿,纵线弹在槽中央位置。在安装好线槽后可将定位线遮拦住,使墙面干净、整洁。

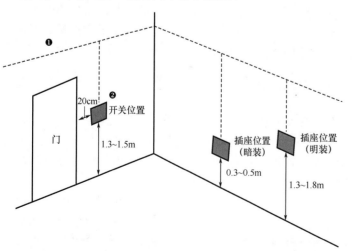

❶ 线槽一般沿建筑物墙、柱、顶的边角处布置,要横平竖直,尽量避开不易打孔的混凝梁、柱。

❷ 线槽一般不要紧靠墙角,应隔一定的距离,紧靠墙角不易施工。

图 8-10 在墙壁上画线定位

2. 安装线槽

线槽的外形与安装如图 8-11 所示。线槽的安装要点如图 8-12 所示。

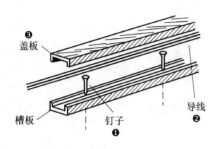

❶ 用钉子将槽板固定在墙壁上。
❷ 在槽板内铺入导线。
❸ 压上盖板。

图 8-11　线槽的外形与安装

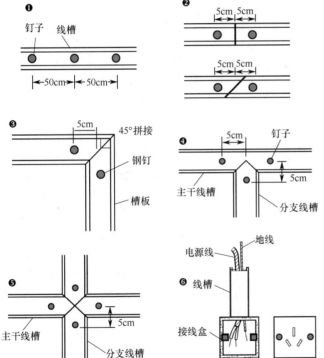

❶ 内部钉子之间相隔的距离不要大于 50cm。
❷ 钉子与拼接中心点的距离不大于 5cm。
❸ 钉子与拼接中心点的距离不大于 5cm。
❹ T 字形拼接：在主干线槽旁边切出一个凹三角形，将分支线槽切成凸三角形。
❺ 十字形拼接：将 4 个线槽的头部切成凸三角形，并拼接在一起。
❻ 线槽与接线盒紧密地连接在一起。

图 8-12　线槽的安装要点

3. 安装线槽配件

为了让线槽布线更为美观和方便，可通过线槽配件来连接线槽。线槽配件在线槽布线时的安装位置如图 8-13 所示（仅用来说明各配件在线槽布线时的安装位置，并不代表实际布线）。

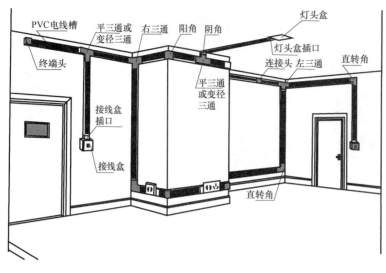

在线槽采用暗装布线时,由于线管被隐藏起来,故将配电分成多个支路并不影响室内的整洁和美观;在采用明装布线时,如果也将配电分成多个支路,则会在墙壁上敷设大量的线槽,不但不美观,而且比较碍事。

图 8-13 线槽配件在线槽布线时的安装位置

4. 配电线路的连接方式

为了适应明装布线的特点,线槽布线常采用区域配电方式。配电线路的连接方式主要有三种:单主干接多分支方式、双主干接多分支方式、多分支方式。

(1)单主干接多分支方式

单主干接多分支方式是一种低成本的配电方式:从配电箱引出一条主干线→主干线依次走线到各厅室→每个厅室都利用接线盒从主干线接出一条分支线,由分支线为本厅室配电。单主干接多分支方式的示意图如图 8-14 所示:从配电箱引出一条主干线(采用与入户线相同截面积的导线);根据住宅的结构,并遵循走线最短原则,主干线从配电箱引出后,依次经过餐厅、厨房、过道、卫生间、主卧室、客房、书房、客厅和阳台;在餐厅、厨房等合适的主干线经过的位置安装接线盒;从接线盒中接出分支线,在分支线上安装插座、开关和灯具。主干线在接线盒中穿盒而过,接线时不要截断主干线,只要剥掉主干线的部分绝缘层即可,分支线与主干线采用 T 型接线方式。在给带门的房间引入分支线时,可在墙壁上钻孔,并为导线添加保护管,以便穿墙。该方式的某房间走线与接线如图 8-15 所示。

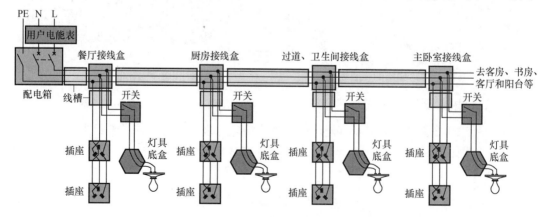

图 8-14 单主干接多分支方式的示意图

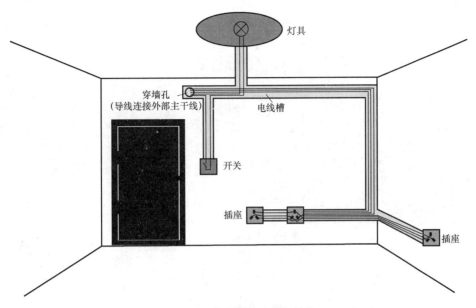

图 8-15 某房间的走线与接线

（2）双主干接多分支方式

双主干接多分支方式是从配电箱引出照明和插座两条主干线→这两条主干线依次走线到各厅室→每个厅室都用接线盒从两条主干线分别接出照明和插座分支线。双主干接多分支方式比单主干接多分支方式的成本要高，但由于可分别为照明和插座供电，当一路出现故障时，可暂时使用另一路供电。双主干接多分支方式的示意图如图 8-16 所示（该方式的某房间走线与接线与图 8-15 相同）。

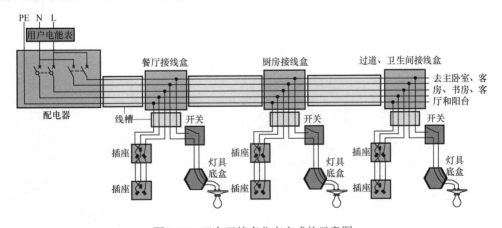

图 8-16 双主干接多分支方式的示意图

（3）多分支方式

多分支方式是根据各厅室的位置和用电功率将住宅用电划分为多个区域，从配电箱引出多条分支线，分别供给不同区域。为了不影响房间的美观，通常使用单路线槽进行明线布线，而单路线槽不能容纳很多导线（导线总截面积不能超过线槽截面积的 60%），因此，在确定分支线的数量时，应考虑线槽与导线的截面积。

多分支方式的示意图如图 8-17 所示：将住宅用电分为三个区域，在配电箱引出三条分支线，分别用开关控制各分支的通断；共有 9 根导线通过单路线槽引出。

❶ 先将分支线 1 从线槽引到该区域的接线盒中，再在接线盒内分为三条分支，分别供给餐厅、厨房和过道。

❷ 先将分支线 2 从线槽引到该区域的接线盒中，再在接线盒内分为三条分支，分别供给主卧室、书房和客房。

❸ 先将分支线 3 从线槽引到该区域的接线盒中，再在接线盒内分为三条分支，分别供给卫生间、客厅和阳台。

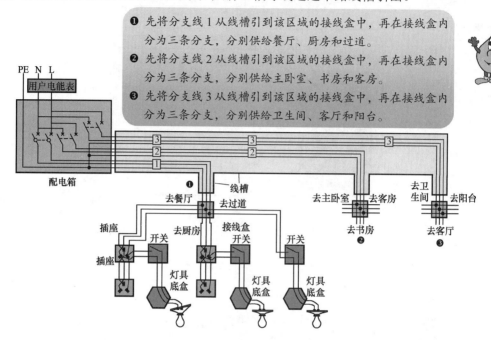

图 8-17　多分支方式的示意图

注意：由于线槽中的导线数量较多，为了方便区分，可每隔一段距离对各分支线做标记。

5. 导线连接点的处理

在室内布线时，除了要安装主干线，还要安装分支线，而分支线与主干线连接时就会产生连接点。导线连接点是电气线路的薄弱环节，容易出现氧化、漏电和接触不良等故障。在采用槽板、套管和暗装布线时，由于无法看见导线，故在连接点出现故障后很难查找。

正确处理导线连接点可以提高电气线路的稳定性，并且在出现故障后易于检查。处理导线连接点的常用方法是将连接点放在插座和接线盒内，如图 8-18 和图 8-19 所示。

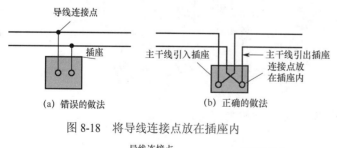

图 8-18　将导线连接点放在插座内

导线连接点除了可以放在插座和接线盒中，还可以放在开关和灯具的灯座中。由于导线故障大多数发生在导线连接点，因此当配电线路出现故障后，可先检查插座、接线盒内的导线连接点。

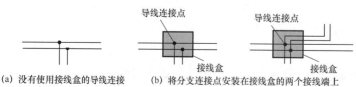

图 8-19　将导线连接点放在接线盒中

8.3 开关、插座和配电箱的安装

8.3.1 开关的安装

1. 暗装开关的拆卸与安装

拆卸是安装的逆过程,在安装暗装开关前,可先了解一下如何拆卸已安装的暗装开关。单联暗装开关的拆卸如图 8-20 所示,多联暗装开关的拆卸如图 8-21 所示。

(a) 撬下面板

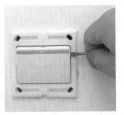
(b) 撬下盖板

(c) 旋出固定螺钉

(d) 拆下开关主体

图 8-20 单联暗装开关的拆卸

(a) 未撬下面板

(b) 已撬下面板

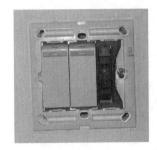
(c) 已撬下一个开关盖板

图 8-21 多联暗装开关的拆卸

由于暗装开关是安装在暗盒内的,因此在安装暗装开关时,要求暗盒(又称安装盒或底盒)已嵌入墙内并已穿线,如图 8-22 所示。暗装开关的安装如图 8-23 所示:先从暗盒中拉出导线,接在开关的接线端;然后用螺钉将开关主体固定在暗盒上;最后依次装好盖板和面板即可。

图 8-22 已埋入墙内并穿线的暗盒

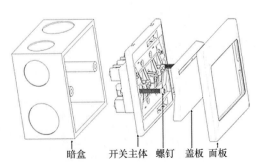

图 8-23 暗装开关的安装

2. 明装开关的安装

明装开关直接安装在建筑物表面。明装开关有分体式和一体式两种类型。分体式明装开关如图 8-24 所示（采用明盒与开关组合的方式）。在安装分体式明装开关时，可用电钻在墙壁上钻孔，并往孔内敲入膨胀管；将螺钉穿过明盒的底孔，并旋入膨胀管，将明盒固定在墙壁上；从侧孔将导线穿入底盒，并与开关的接线端连接；用螺钉将开关固定在明盒上。明装与暗装所用的开关是一样的，但底盒不同：暗装底盒嵌入墙壁，底部无须螺钉固定孔，如图 8-25 所示。一体式明装开关如图 8-26 所示。

注意：为避免水汽进入开关而影响开关寿命或导致电气事故，卫生间的开关最好安装在卫生间门外。若必须安装在卫生间内，应给开关加装防水盒。开放式阳台的开关最好安装在室内，若必须安装在阳台，应给开关加装防水盒。

图 8-24　分体式明装开关（明盒+开关）　　　图 8-25　暗装底盒

在安装时先要撬开面板盖，才能看见开关的固定孔；用螺钉将开关固定在墙壁上；将导线引入开关并接好线；合上面板盖即可。

图 8-26　一体式明装开关

 ## 8.3.2　插座的安装

插座的种类很多，常用的基本类型有两孔插座、三孔插座、四孔插座、五孔插座、三相四线插座、带开关插座等。

1. 暗装插座的拆卸与安装

暗装插座的拆卸方法与暗装开关是一样的，暗装插座的拆卸如图 8-27 所示。

图 8-27　暗装插座的拆卸

暗装插座的安装与暗装开关也是一样的：先从暗盒中拉出导线，按极性规定将导线与插座相应的接线端连接；然后，用螺钉将插座主体固定在暗盒上，盖好面板即可。

2．明装插座的安装

与明装开关一样，明装插座也有分体式和一体式两种类型。分体式明装插座如图 8-28 所示（采用明盒与插座组合的方式）。一体式明装插座如图 8-29 所示。

图 8-28　分体式明装插座（明盒+插座）

在安装分体式明装插座时，先将明盒固定在墙壁上，再从侧孔将导线穿入底盒，并与插座的接线端连接，最后用螺钉将插座固定在明盒上。

图 8-29　一体式明装插座

在安装时，先要撬开面板盖，看见插座的螺钉孔和接线端，再用螺钉将插座固定在墙壁上，并接好线，合上面板盖。

在选择插座时，要注意插座的电压和电流规格（住宅插座的电压通常为 220V，电流等级有 10A、16A、25A 等）。插座所接的负载功率越大，插座电流的等级越高。如果需要在潮湿的环境（如卫生间和开放式阳台）中安装插座，应给插座安装防水盒。插座的插孔一定要按规定与相应极性的导线连接。插座的接线极性规律如图 8-30 所示。

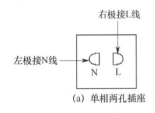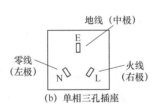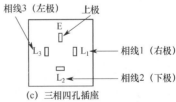

(a) 单相两孔插座　　(b) 单相三孔插座　　(c) 三相四孔插座

图 8-30　插座的接线极性规律

8.3.3　配电箱的安装

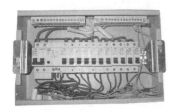

图 8-31　已经安装配电电器并接线的配电箱

配电箱的种类很多，已经安装配电电器并接线的配电箱如图 8-31 所示。在配电箱中安装的配电电器主要有断路器和漏电保护器。在安装这些配电电器时，需要先将它们固定在配电箱内部的导轨上，再给配电电器接线。

配电箱线路原理图如图 8-32 所示，与之对应的配电箱的配电电器接线示意图如图 8-33 所示。

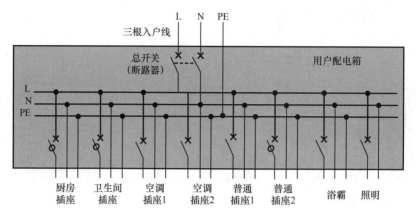

图 8-32　配电箱线路原理图

三根入户线（L、N、PE）进入配电箱，其中 L、N 线接到断路器的输入端；PE 线接到地线公共接线柱（所有接线柱都是相通的）。断路器输出端的 L 线接到 3 个漏电保护器的 L 端和 5 个单极断路器的输入端。断路器输出端的 N 线接到 3 个漏电保护器的 N 端和零线公共接线柱。在输出端，每个漏电保护器的 2 根输出线（L、N）和 1 根由地线公共接线柱引出的 PE 线组成一条分支线；单极断路器的 1 根输出线（L）、1 根由零线公共接线柱引出的 N 线，以及 1 根由地线公共接线柱引出的 PE 线组成一条分支线。由于照明线路一般不需要地线，故该分支线未使用 PE 线。

注意：在安装住宅配电箱时，当箱体高度小于 60cm 时，箱体下端距离地面宜为 1.5m；当箱体高度大于 60cm 时，箱体上端距离地面不宜大于 2.2m。为配电箱接线时，对导线颜色也有规定：相线应为黄、绿或红色（单相线可选择其中一种颜色）；零线（中性线）应为浅蓝色；地线应为绿、黄双色导线。

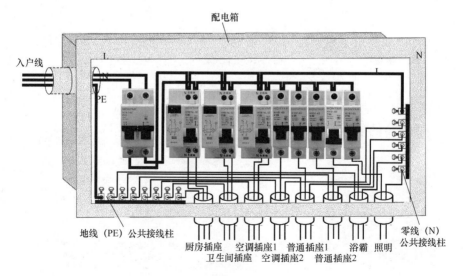

图 8-33　配电箱的配电电器接线示意图

电工识图基础

电气图是一种用图形符号、线框或简化外形来表示电气系统或设备各组成部分相互关系及其连接关系的一种简图,主要用来阐述电气工作原理,描述电气产品的构造和功能,并提供产品安装和使用方法。

9.1 电气图的分类

电气图的分类方法很多,如根据应用场合的不同,可分为电力系统电气图、船舶电气图、邮电通信电气图、工矿企业电气图等。按最新国家标准规定,电气信息文件可分为功能性文件(如系统图、电路图等)、位置文件(如电气平面图)、接线文件(如接线图)、设备元件和材料表等。

9.1.1 系统图

系统图又称概略图或框图,是用符号和带注释的框来概略表示系统或分系统的基本组成、相互关系及其主要特征的一种简图。图 9-1 为某变电所的供电系统图,表示变电所用变压器将 10kV 电压变换成 380V 的电压,再分成三条供电支路。图 9-1(a)为用图形符号表示的系统图,图 9-1(b)为用文字框表示的系统图。

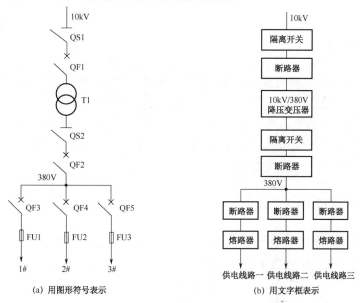

图 9-1 某变电所的供电系统图

9.1.2 电路图

电路图是按工作顺序将图形符号从上到下、从左到右排列并连接起来,用来详细表示电路、设备或成套装置的全部组成和连接关系,而不考虑其实际位置的一种简图。通过识读电路图可以详细理解设备的工作原理,分析和计算电路特性及参数,所以这种图又被称为电气原理图、电气线路图。

图 9-2 为三相异步电动机的点动控制电路,由主电路和控制电路两部分构成。其中,主电路由电源开关 QS、熔断器 FU1、交流接触器 KM 的 3 个主触点和电动机组成,控制电路由熔断器 FU2、按钮开关 SB 和接触器 KM 线圈组成。

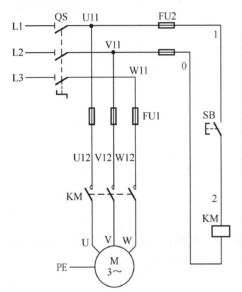

 当合上电源开关 QS 时,由于交流接触器 KM 的 3 个主触点处于断开状态,电源无法给电动机供电,因此电动机不工作。若按下按钮开关 SB,L1、L2 两相电压加到接触器 KM 线圈两端,则有电流流过接触器 KM 线圈,线圈产生磁场吸合 3 个主触点,使 3 个主触点闭合,三相交流电源 L1、L2、L3 通过 QS、FU1 和 3 个主触点给电动机供电,电动机运转。此时,若松开按钮开关 SB,则无电流通过接触器 KM 线圈,线圈无法吸合 3 个主触点,3 个主触点断开,电动机停止运转。

图 9-2 三相异步电动机的点动控制电路

 9.1.3 接线图

接线图是用来表示成套装置、设备或装置的连接关系,用以进行安装、接线、检查、实验和维修等的一种简图。图 9-3 是三相异步电动机点动控制电路(见图 9-2)的接线图。从图中可以看出,接线图中的各元件连接关系除要与电路图一致外,还要考虑实际的元件。例如,接触器 KM 由线圈和触点组成,在绘制电路图时,接触器 KM 的线圈和触点可以绘制在不同位置,而在绘制接线图时,则要考虑到接触器是一个元件,其线圈和触点是在一起的。

 9.1.4 电气平面图

电气平面图是用来表示电气工程项目的电气设备、装置和线路的平面布置图,一般是在建筑平面图的基础上制作出来的。常见的电气平面图有电力平面图、变配电所平面图、供电线路平面图、照明平面图、弱电系统平面图、防雷和接地平面图等。图 9-4 是某工厂车间的动力电气平面图。

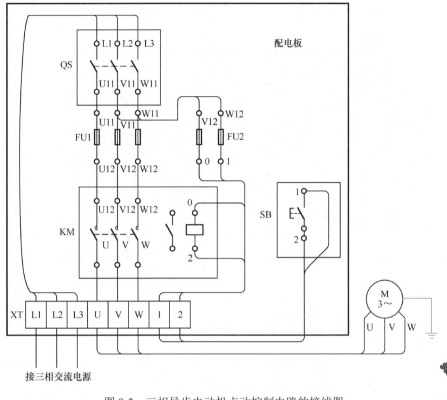

图 9-3 三相异步电动机点动控制电路的接线图

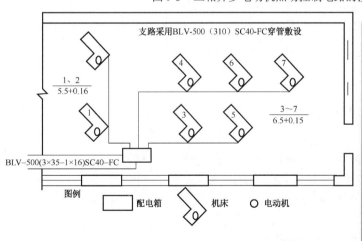

图 9-4 某工厂车间的动力电气平面图

图中的 BLV-500（3×35-1×16）SC40-FC 表示外部接到配电箱的主电源线规格及布线方式，其中，BLV：布线用的塑料铝芯导线；500：导线绝缘耐压为 500V；3×35-1×16：3 根截面积为 35mm² 和 1 根截面积为 16mm² 的导线；SC40：穿直径为 40mm 的钢管；FC：沿地暗敷（导线穿入电线管后埋入地面）。图中的 $\frac{1、2}{5.5+0.16}$ 意为 1、2 号机床的电动机功率均为 5.5kW，机床安装离地 16cm。

 9.1.5 设备元件和材料表

设备元件和材料表将设备、装置、成套装置的组成元件和材料列出，并注明各元件和材料的名称、型号、规格和数量等，便于设备的安装和维修，也能让读图者更好地了解各元器件和材料在装置中的作用和功能。设备元件和材料表是电气图的重要组成部分，可将它放置在图中的某一位置，如果数量较多也可单独放置在一页。

179

表 9-1 是三相异步电动机点动控制电路（见图 9-3）的设备元件和材料表。

表 9-1 三相异步电动机点动控制电路的设备元件和材料表

符 号	名 称	型 号	规 格	数 量
M	三相笼型异步电动机	Y112M-4	4kW、380V、△接法、8.8A、1440r/min	1
QS	断路器	DZ5-20/330	三极复式脱扣器、380V、20A	1
FU1	螺旋式熔断器	RL1-60/25	500V、60A、配熔体额定电流 25A	3
FU2	螺旋式熔断器	RL1-15/2	500V、15A、配熔体额定电流 2A	2
KM	交流接触器	CJT1-20	20A、线圈电压 380V	1
SB	按钮	LA4-3H	保护式、按钮数 3（代用）	1
XT	端子板	TD-1515	15A、15 节、660V	1
	配电板		500mm×400mm×20mm	1
	主电路导线		BV 1.5mm² 和 BVR 1.5mm²（黑色）	若干
	控制电路导线		BV 1mm²（红色）	若干
	按钮导线		BVR 0.75mm²（红色）	若干
	接地导线		BVR 1.5mm²（黄绿双色）	若干
	紧固体和编码套管			若干

电气图种类很多，前面介绍了一些常见的电气图，对于一台电气设备，不同的人接触到的电气图可能不同。一般来说，生产厂家具有较齐全的设备电气图（如系统图、电路图、印制板图、设备元件和材料表等），为了技术保密或其他一些原因，厂家提供给用户的往往只有设备的系统图、接线图等形式的电气图。

9.2 电气图的制图与识图规则

电气图是电气工程通用的技术语言和技术交流工具，它除了要遵守国家制定的与电气图有关的标准，还要遵守机械制图、建筑制图等方面的有关规定，因此制图和识图人员有必要了解这些规定与标准。限于篇幅，这里主要介绍一些常用的规定与标准。

9.2.1 图纸格式、幅面尺寸和图纸分区

1. 图纸格式

电气图图纸的格式与建筑图纸、机械图纸的格式基本相同，一般由边界线、图框线、**标题栏、会签栏**等组成。电气图图纸的格式如图 9-5 所示。图 9-6 是一种较典型的标题栏格式。

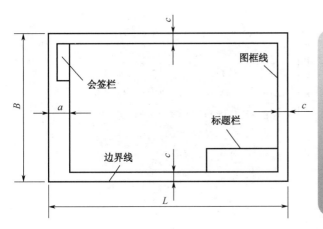

电气图应绘制在图框线内，图框线与图纸边界之间要有一定的留空。标题栏相当于图纸的铭牌，设有用来记录图样的项目名称、图号、页张次、更改和有关人员签署等内容的栏目，位于图纸的下方或右下方。目前我国尚未规定统一的标题栏格式。

图9-5 电气图图纸的格式

会签栏通常用于水、暖、建筑和工艺等相关专业设计人员会审图纸时签名，如无必要，也可取消会签栏。

图9-6 典型的标题栏格式

2. 幅面尺寸

电气图图纸的幅面一般分为5种：0号图纸（A0）、1号图纸（A1）、2号图纸（A2）、3号图纸（A3）、4号图纸（A4）。电气图图纸的幅面尺寸规格见表9-2，从表中可以看出，如果图纸需要装订，其装订侧边宽（a）留空要大一些。

表9-2 电气图图纸的幅面尺寸规格（单位：mm）

幅面代号	A0	A1	A2	A3	A4
宽×长（B×L）	841×1189	594×841	420×594	297×420	210×297
边宽（c）	10			5	
装订侧边宽（a）	25				

3. 图纸分区

对于一些大幅面、内容复杂的电气图，为了便于确定图纸内容的位置，可对图纸进行分区。分区的方法是将图纸按长、宽方向各加以等分，分区数为偶数，每一分区的长度为25～75mm，每个分区内竖边方向用大写字母编号，横边方向用阿拉伯数字编号，编号顺序从图纸左上角（标题栏在右下角）开始。图纸分区示例如图9-7所示。

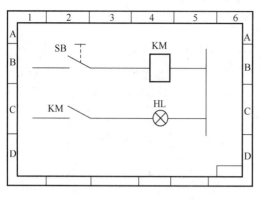
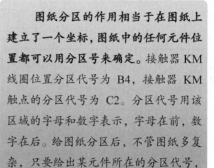

图 9-7 图纸分区示例

9.2.2 图线和字体等规定

1. 图线

图线是指图中用到的各种线条。国家标准规定了 8 种基本图线，分别是粗实线、中实线、细实线、虚线、双折线、双点画线、粗点画线、细点画线。8 种基本图线的形式及应用见表 9-3。图线的宽度一般为 0.25mm、0.35mm、0.5mm、0.7mm、1.0mm、1.4mm。在电气图中绘制图线时，以粗实线的宽度 b 为基准，其他图线宽度应按规定，以 b 为标准按比例（1/2、1/3）选用。

表 9-3 8 种基本图线的形式及应用

符 号	名 称	形 式	宽 度	应 用 举 例
1	粗实线	————	b	可见过渡线、可见轮廓线、电气图中简图主要内容用线、图框线、可见导线
2	中实线	————	约 $b/2$	土建图中门、窗等的外轮廓线
3	细实线	————	约 $b/3$	尺寸线、尺寸界线、引出线、剖面线、分界线、范围线、指导线、辅助线
4	虚 线	- - - -	约 $b/3$	不可见轮廓线、不可见过渡线、不可见导线、计划扩展内容用线、地下管道、屏蔽线
5	双折线	—/\—	约 $b/3$	被断开部分的边界线
6	双点画线	— —	约 $b/3$	运动零件在极限或中间位置时的轮廓线、辅助用零件的轮廓线及其剖面线、剖视图中被剖去的前面部分的假想投影轮廓线
7	粗点画线	— —	b	有特殊要求的线或表面的表示线、平面图中大型构件的轴线位置线
8	细点画线	— —	约 $b/3$	物体或建筑物的中心线、对称线、分界线、结构围框线、功能围框线

2. 字体

文字包括汉字、字母和数字，是电气图的重要组成部分。国家标准规定，文字必须做到字体端正、笔画清楚、排列整齐、间隔均匀。其中，汉字采用国家正式公布的长仿宋体，字母可采用大写、小写、正体和斜体；数字通常采用正体。

字号（字体高度，单位：mm）可分为 20 号、14 号、10 号、7 号、5 号、3.5 号、2.5 号和 1.8 号 8 种，字宽约为字高的 2/3。

3．箭头

电气图中主要使用开口箭头和实心箭头，如图 9-8 所示。**开口箭头常用于表示电气连接上电气能量或电气信号的流向；实心箭头表示力、运动方向、可变性方向或指引线方向。**

(a) 开口箭头　　　　　　　　(b) 实心箭头

图 9-8　两种常用箭头

4．指引线

指引线用于指示注释的对象。指引线一端指向注释对象，另一端放置注释文字。电气图中使用的指引线主要有三种形式，如图 9-9 所示。

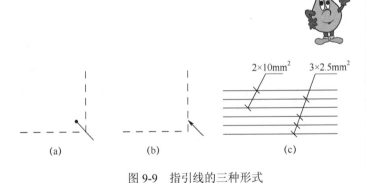

图 9-9　指引线的三种形式

若指引线末端需指在轮廓线内，则可在指引线末端使用黑圆点，如图 9-9（a）所示；若指引线末端需指在轮廓线上，则可在指引线末端使用箭头，如图 9-9（b）所示；若指引线末端需指在电气线路上，则可在指引线末端使用斜线，如图 9-9（c）所示。

5．围框

如果电气图中有一部分是功能单元、结构单元或项目组（如电器组、接触器装置），则可用围框（点画线）将这一部分围起来，围框的形状可以是不规则的。在电气图中采用围框时，围框线不应与元件符号相交（插头、插座和端子符号除外），使用举例如图 9-10 所示。

6．比例

电气图上画的图形大小与物体实际大小的比值称为比例。电气原理图一般不按比例绘制，而电气位置平面图等常按比例绘制或部分按比例绘制。对于采用比例绘制的电气平面图，只要在图上测出两点距离就可按比例值计算现场两点间的实际距离。

电气图采用的比例一般为 1:10、1:20、1:50、1:100、1:200 和 1:500。

在图 9-10（a）的细点画线围框中有两个接触器，每个接触器都有三个触点和一个线圈，用一个围框将其包围可以使两个接触器的作用关系看起来更加清楚。如果电气图很复杂，一页图纸无法放置，则可用围框表示电气图中的某个单元，该单元的详图可画在其他图纸上，并在图框内说明，如图 9-10（b）所示，表示该含义的围框应用双点画线。

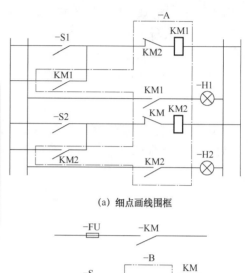

(a) 细点画线围框

(b) 双点画线围框

图 9-10 围框使用举例

7. 尺寸

尺寸是制造、施工、加工和装配的主要依据。 尺寸由尺寸线、尺寸界线、尺寸起点（实心箭头或 45°斜短画线）和尺寸数字共 4 个要素组成。尺寸标注的两种方式如图 9-11 所示。

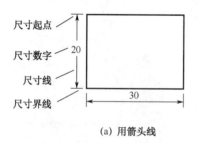

(a) 用箭头线

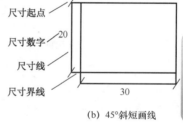

(b) 45°斜短画线

图 9-11 尺寸标注的两种方式

电气图纸上的尺寸通常以 mm（毫米）为单位，除特殊情况外，图纸上一般不标注单位。

8. 注释

注释的作用是对图纸上的对象进行说明。 注释可采用两种方式：

❶ 将注释内容直接放在所要说明的对象附近，如有必要，可使用指引线。
❷ 先给注释对象和内容加相同标记，再将注释内容放在图纸的别处或其他图纸上。

若图中有多个注释，应将这些注释进行编号，并按顺序放在图纸边框附近。如果是多张图，则一般性注释通常放在第一张图上，其他注释放在与其内容相关的图上。在添加注释时，可采用文字、图形、表格等形式，以便更好地表达清楚。

9.2.3 电气图的布局

图纸上的电气图布局是否合理，对正确快速识图有很大影响。电气图布局的原则是：便于绘制、易于识读、突出重点、均匀对称、清晰美观。**在电气图布局时，可按以下步骤进行：**

❶ **明确电气图的绘制内容。** 在电气图布局时,要明确整个图纸的绘制内容(如需绘制的图形、图形的位置、图形之间的关系、图形的文字符号、图形的标注内容、设备元件明细表和技术说明等)。

❷ **确定电气图布局方向。** 电气图布局方向有水平布局和垂直布局,如图9-12所示。

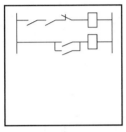

(a) 水平布局

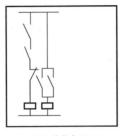

(b) 垂直布局

在水平布局时,应将元件和设备在水平方向布置;在垂直布局时,应将元件和设备在垂直方向布置。

图9-12 电气图的两种布局方向

❸ **确定各对象在图纸上的位置。** 确定各对象在图纸上的位置时,需要了解各对象的形状大小,以安排合理的空间范围。在安排元件的位置时,一般按因果关系和动作顺序从左到右、从上到下布置,元件的布局示例如图9-13所示。

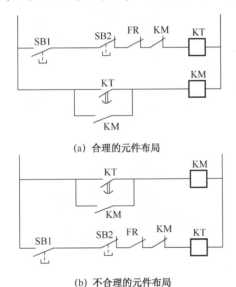

(a) 合理的元件布局

(b) 不合理的元件布局

如图9-13(a)所示,当SB1闭合时,时间继电器KT线圈得电,一段时间后,得电延时闭合KT触点闭合,接触器KM线圈得电,KM常开自锁触点闭合,锁定KM线圈得电,同时KM常闭联锁触点断开,KT线圈失电,KT触点断开。如果采用图9-13(b)所示的元件布局,虽然电气原理与图9-13(a)相同,但识图时不符合习惯。

图9-13 元件的布局示例

9.3 电气图的表示方法

9.3.1 电气连接线的表示方法

电气连接线简称导线,用于连接电气元件和设备,其功能是传输电能或传递电信号。

1. 导线的一般表示方法

（1）导线的符号

导线的符号如图9-14所示，一般符号可表示任何形式的导线，母线是指在供配电系统中使用的粗导线。

图9-14 导线的符号

（2）多根导线的表示

在表示多根导线时，可用多根单导线符号组合在一起表示，也可用单线来表示多根导线，如图9-15所示。

图9-15 多根导线表示示例

> 如果导线数量少，则可直接在单线上画多根45°短画线；若导线根数很多，通常在单线上画一根短画线，并在旁边标注导线根数。

（3）导线特征的表示

导线的特征主要有导线材料、截面积、电压、频率等，一般直接标注在导线旁边，也可在导线上画45°短画线来指定该导线特征，如图9-16所示。

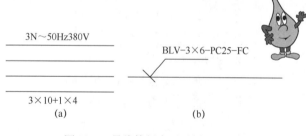

图9-16 导线特征表示示例

> 在图9-16（a）中，3N～50Hz380V表示有3根相线、1根中性线，导线电源频率和电压分别为50Hz和380V；$3\times10+1\times4$ 表示3根相线的截面积为$10mm^2$，1根中性线的截面积为$4mm^2$。在图9-16（b）中，BLV-3×6-PC25-FC表示有3根铝芯塑料绝缘导线，导线的截面积为$6mm^2$，用管径为25mm的塑料电线管（PC）埋地暗敷（FC）。

（4）导线换位的表示

在某些情况下需要导线相序变换、极性反向和交换导线，可采用如图9-17所示的方法来表示，图中表示L1和L3相线互换。

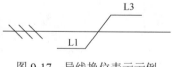

图9-17 导线换位表示示例

2. 导线连接点的表示方法

导线连接点的表示方法有T字形和十字形，如图9-18所示。

3. 导线连接关系表示

导线的连接关系有连续表示法和中断表示法。

（1）导线连接的连续表示

在表示多根导线连接时，既可采用多线形式，也可采用单线形式，如图 9-19 所示。在采用单线形式表示导线连接时，可使电气图看起来简单、清晰。常见的导线单线连接形式如图 9-20 所示。

对于 T 字形连接点，可加黑圆点，也可不加，如图 9-18（a）所示；对于十字形连接点，如果交叉导线不连接，则交叉处不加黑圆点，如图 9-18（b）所示；如果交叉导线有连接关系，则交叉处应加黑圆点，如图 9-18（c）所示；导线应避免在交叉点改变方向，应在跨过交叉点后再改变方向，如图 9-18（d）所示。

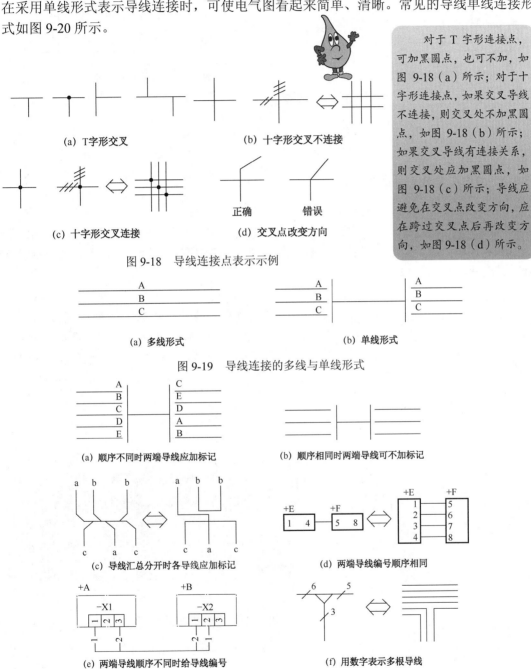

图 9-18 导线连接点表示示例

图 9-19 导线连接的多线与单线形式

图 9-20 常见的导线单线连接形式

（2）导线连接的中断表示

如果导线需要穿越众多的图形符号，或者一张图纸上的导线要连接到另一张图纸上，则可采用中断方式来表示导线连接。导线连接的中断表示示例如图 9-21 所示。

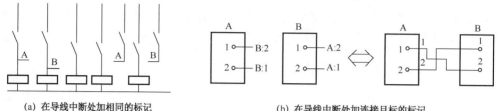

(a) 在导线中断处加相同的标记　　　　(b) 在导线中断处加连接目标的标记

图 9-21　导线连接的中断表示示例

 9.3.2　电气元件的表示方法

1. 复合型电气元件的表示方法

有些电气元件只有一个完整的图形符号（如电阻器），有些电气元件由多个部分组成（如接触器由线圈和触点组成），这类电气元件称为复合型电气元件，其不同部分使用不同图形符号表示。**对于复合型电气元件，在电气图中可采用集中方式表示、半集中方式表示或分开方式表示**，如图 9-22 所示。

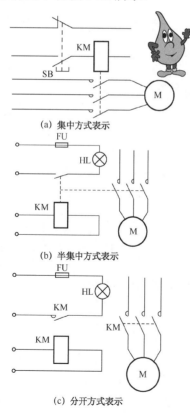

(a) 集中方式表示

(b) 半集中方式表示

(c) 分开方式表示

图 9-22　复合型电气元件的表示方法

集中方式表示是指将电气元件的全部图形符号集中绘制在一起，用直虚线（机械连接符号）将全部图形符号连接起来。电气元件的集中方式表示如图 9-22（a）所示，简单电路图中的电气元件适合用集中方式表示。

半集中方式表示是指将电气元件的全部图形符号分散绘制，用虚线将全部图形符号连接起来。电气元件的半集中方式表示如图 9-22（b）所示。

分开方式表示是指将电气元件的全部图形符号分散绘制，各图形符号都用相同的项目代号表示。与半集中方式表示相比，电气元件采用分开方式绘制可以减少电气图上的图线（虚线），且更灵活，但由于未用虚线连接，识图时容易遗漏电气元件的某个部分。电气元件的分开方式表示如图 9-22（c）所示。

2. 电气元件状态的表示

在绘制电气元件图形符号时，其状态均按"正常状态"表示，即元件未受外力作用、未通电时的状态。 例如：

❶ 继电器、接触器应处于非通电状态，其触点状态也应处于线圈未通电时对应的状态。

❷ 断路器、隔离开关和负荷开关应处于断开状态。

❸ 带零位的手动控制开关应处于零位置；不带零位的手动控制开关应处于图中规定位置。

❹ 机械操作开关（如行程开关）的状态由机械部件的位置决定，可在开关附近或别处标注开关状态与机械部件位置之间的关系。

❺ 压力继电器、温度继电器应处于常温和常压时的状态。

❻ 事故、报警、备用等开关或继电器的触点应处于设备正常使用的位置，如有特定位置，应在图中加以说明。

❼ 复合型开闭器件（如组合开关）的各组成部分必须表示在相互一致的位置上，而不管电路的工作状态。

3．电气元件触点的绘制规律

对于电类继电器、接触器、开关、按钮等电气元件的触点，在同一电路中加电或受力后，各触点符号的动作方向应一致，其绘制规律为"左开右闭，下开上闭"，如图 9-23 所示。

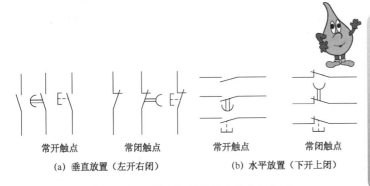

图 9-23　一般电气元件触点的绘制规律

> 当触点符号垂直放置时，动触点在静触点左侧为常开触点（也称动合触点），动触点在右侧为常闭触点（又称动断触点），如图 9-23（a）所示。当触点符号水平放置时，动触点在静触点下方为常开触点，动触点在静触点上方为常闭触点，如图 9-23（b）所示。

4．电气元件标注的表示

电气元件的标注包括项目代号、技术数据等。

（1）项目代号的表示

项目代号是区分不同项目的标记，如电阻项目代号用 R 表示，多个不同电阻分别用 R1、R2……表示。电气元件的项目代号和技术数据表示示例如图 9-24 所示。

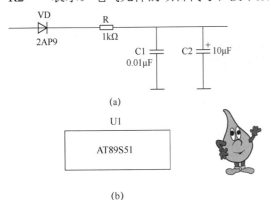

> 项目代号的一般表示规律如下：
> ❶ 项目代号的标注位置尽量靠近图形符号。
> ❷ 当元件水平布局时，项目代号一般应标在元件图形符号的上方，如图 9-24（a）中的 VD、R；当元件垂直布局时，项目代号一般标在元件图形符号的左方，如图 9-24（a）中的 C1、C2。
> ❸ 围框的项目代号应标注在其上方或右方，如图 9-24（b）中的 U1。

图 9-24　电气元件的项目代号和技术数据表示示例

（2）技术数据的表示

元件的技术数据主要包括元件型号、规格、工作条件、额定值等。技术数据的一般表示规律如下：

❶ 技术数据的标注位置尽量靠近图形符号。

❷ 当元件水平布局时，技术数据一般应标在元件图形符号的下方，如图9-24（a）中的2AP9、1kΩ；当元件垂直布局时，技术数据一般标在项目代号的下方或右方，如图9-24（a）中的0.01μF、10μF。

❸ 对于像集成电路、仪表等方框符号或简化外形符号，技术数据可标在符号内，如图9-24（b）中的AT89S51。

5. 电气元件接线端子的表示

元件的接线端子有固定端子和可拆换端子，端子的图形符号如图9-25所示。

为了区分不同的接线端子，需要对端子进行编号。**接线端子编号的一般表示规律如图9-26所示。**

图 9-25 端子的图形符号

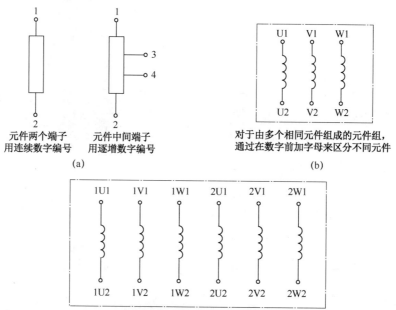

图 9-26 接线端子的一般表示规律

9.3.3 电气线路的表示方法

电气线路的表示通常有多线表示法、单线表示法和混合表示法，如图9-27所示。

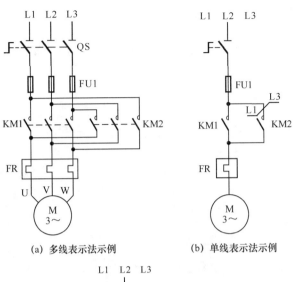

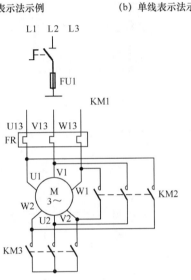

多线表示法是将电路的所有元件和连接线都绘制出来的表示方法。图9-27（a）是用多线表示法表示电动机正、反转控制的主电路。

单线表示法是将电路中的多根导线和多个相同图形符号用一根导线和一个图形符号来表示的方法。图9-27（b）是用单线表示法表示的电动机正、反转控制的主电路。单线表示法适用于三相电路和多线基本对称电路，不对称部分应在图中说明，如图9-27（b）中在接触器KM2触点前加了L1、L3导线互换标记。

混合表示法是在电路中同时采用单线表示法和多线表示法。在使用混合表示法时，对于三相和基本对称的电路部分可采用单线表示法，对于非对称和要求精确描述的电路应采用多线表示法。图9-27（c）是用混合表示法绘制的电动机星形-三角形切换主电路。

图 9-27　电气线路的表示方法

9.4 电气符号的含义、构成和表示方法

电气符号包括图形符号、文字符号等。电气符号由国家标准统一规定，只有了解电气符号的含义、构成和表示方法，才能正确识读电气图。

 ### 9.4.1 图形符号

图形符号是表示设备或概念的图形、标记或字符等的总称。它通常用于图样或其他文件中，是构成电气图的基本单元，是电工技术文件中的"象形文字"，是电气工程"语言"的"词汇"和"单词"，能够正确、熟练地绘制和识别各种电气图形符号是识读电气图的基本功。

1. 图形符号的组成

图形符号通常由基本符号、符号要素、一般符号和限定符号四部分组成，如图 9-28 所示。

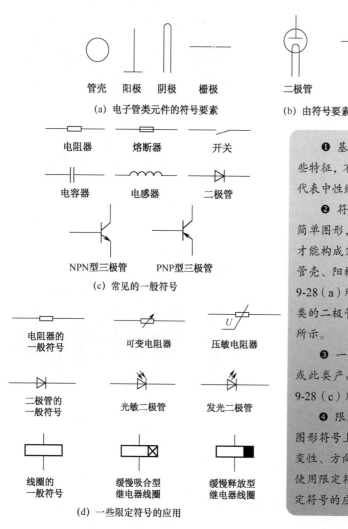

❶ 基本符号。基本符号用来说明电路的某些特征，不表示单独的元件或设备。例如，"N" 代表中性线，"+" "-" 分别代表正、负极。

❷ 符号要素。符号要素是具有确定含义的简单图形，它必须和其他图形符号组合在一起才能构成完整的符号。例如，电子管类元件有管壳、阳极、阴极和栅极四个符号要素，如图 9-28（a）所示，这四个要素可以组合成电子管类的二极管、三极管和四极管等，如图 9-28（b）所示。

❸ 一般符号。一般符号用来表示一类产品或此类产品特征，其图形往往比较简单。图 9-28（c）所示为一些常见的一般符号。

❹ 限定符号。限定符号是一种附加在其他图形符号上的符号，用来表示附加信息（如可变性、方向等）。限定符号一般不能单独使用，使用限定符号可表示更多种类的产品。一些限定符号的应用如图 9-28（d）所示。

图 9-28　图形符号的组成

2. 图形符号的分类

根据表示对象和用途的不同，图形符号可分为两类：电气图用图形符号和电气设备用图形符号。

- 电气图用图形符号：电气图用图形符号是指用在电气图纸上的符号。电气图形符号的种类很多，国家标准 GB/T 4728—2005 将电气简图用图形符号分为 11 类：❶导线和连接器件；❷无源元件；❸半导体管和电子管；❹电能的发生和转换；❺开关、控制和保护装置；❻测量仪表、灯和信号器件；❼电信-交换类和外围设备；⑧电信-传输类；⑨电力、照明和电信布置；⑩二进制逻辑单元；⑪模拟单元。
- 电气设备用图形符号：电气设备用图形符号主要标注在实际电气设备或电气部件上，用于识别、限定、说明、命令、警告和指示等。国家标准 GB/T 5465—1996 将电气设备用图形符号分为 6 类：❶通用符号；❷广播电视及音响设备符号；❸通信、测量、定位符号；❹医用设备符号；❺电化教育符号；❻家用电器及其他符号。

9.4.2 文字符号

文字符号用于表示元件、装置和电气设备的类别名称、功能、状态及特征，一般标在元件、装置和电气设备符号之上或附近。电气系统中的文字符号分为基本文字符号和辅助文字符号。

1. 基本文字符号

基本文字符号主要表示元件、装置和电气设备的类别名称，分为单字母符号和双字母符号。

- 单字母符号：单字母符号用于将元件、装置和电气设备分成 20 多个大类，每个大类用一个大写字母表示（I、O、J 字母未用）。例如，R 表示电阻器类；M 表示电动机类。
- 双字母符号：双字母符号由表示大类的单字母符号之后增加一个字母组成。例如，R 表示电阻器类，RP 表示电阻器类中的电位器；H 表示信号器件类，HL 表示信号器件类的指示灯，HA 表示信号器件类的声响指示灯。

2. 辅助文字符号

辅助文字符号主要表示元件、装置和电气设备的功能、状态、特征及位置等。例如，ON、OFF 分别表示闭合、断开；PE 表示保护接地；ST、STP 分别表示启动、停止。

3. 文字符号使用注意事项

在使用文字符号时，要注意以下事项：

❶ 电气系统中的文字符号不适用于各类电气产品的命名和型号编制。
❷ 文字符号的字母应采用正体大写格式。
❸ 一般情况下基本文字符号优先使用单字母符号，如果希望表示得更详细，则可使用双字母符号。

第10章 照明与动力配电线路的识读

10.1 基础知识

10.1.1 照明灯具的标注

在电气图中，照明灯具的一般标注格式为：

$$a\text{-}b\frac{c\times dl}{e}f$$

其中，a 为同类灯具的数量；b 为灯具的具体型号或类型代号，见表 10-1；c 为灯具内灯泡或灯管的数量；d 为单个灯泡或灯管的功率；l 为灯具光源类型代号，见表 10-2；e 为灯具的安装高度（灯具底部至地面高度，单位：m）；f 为灯具的安装方式代号，见表 10-3。

表 10-1 灯具的具体型号或类型代号

灯具名称	文字符号	灯具名称	文字符号
普通吊灯	P	工厂一般灯具	G
壁灯	B	荧光灯灯具	Y
花灯	H	隔爆灯	G 或专用符号
吸顶灯	D	水晶底罩灯	J
柱灯	Z	防水防尘灯	F
卤钨探照灯	L	搪瓷伞罩灯	S
投光灯	T	无磨砂玻璃罩万能型灯	W_w

表 10-2 灯具光源类型代号

光源类型	文字符号	光源类型	文字符号
氖灯	Ne	发光灯	EL
氙灯	Xe	弧光灯	ARC
钠灯	Na	荧光灯	FL
汞灯	Hg	红外线灯	IR
碘钨灯	I	紫外线灯	UV
白炽灯	IN	发光二极管	LED

表 10-3 灯具的安装方式代号

表达内容	标注符号	
	新代号	旧代号
线吊式	CP	
自在器线吊式	CP	X
固定线吊式	CP1	X1
防水线吊式	CP2	X2
吊线器式	CP3	X3

(续表)

表达内容	标注符号	
	新代号	旧代号
链吊式	Ch	L
管吊式	P	G
吸顶式或直附式	S	D
嵌入式（嵌入不可进入的顶棚）	R	R
顶棚内安装（嵌入可进入的顶棚）	CR	DR
墙壁内安装	WR	BR
台上安装	T	T
支架上安装	SP	J
壁装式	W	B
柱上安装	CL	Z
座装	HM	ZH

例如：

$$5\text{-}Y\frac{2\times 40\text{FL}}{3}P$$

表示该场所安装 5 盏同类型的灯具（5），灯具类型为荧光灯（Y），每盏灯具中安装两根灯管（2），每根灯管功率为 40W（40），灯具光源类型为荧光灯（FL），灯具安装高度为 3m（3），采用管吊式安装（P）。

 10.1.2 配电线路的标注

在电气图中，配电线路的一般标注格式为：

$$a\text{-}b\text{-}c\times d\text{-}e\text{-}f$$

其中，a 为线路在系统中的编号（如支路号）；b 为导线型号，见表 10-4；c 为导线的根数；d 为导线的截面积（单位：mm²）；e 为导线的敷设方式和穿管直径（单位：mm），导线敷设方式见表 10-5；f 为导线的敷设位置，见表 10-6。

表 10-4 导线型号

名称	型号	名称	型号
铜芯橡胶绝缘线	BX	铝芯橡胶绝缘线	BLX
铜芯塑料绝缘线	BV	铝芯塑料绝缘线	BLV
铜芯塑料绝缘护套线	BVV	铝芯塑料绝缘护套线	BLVV
铜母线	TMY	裸铝线	LJ
铝母线	LMY	硬铜线	TJ

例如：

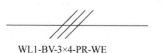

WL1-BV-3×4-PR-WE

表示第一条照明支路（WL1），导线为塑料绝缘铜芯导线（BV），共有 3 根截面积均为 4 mm² 的导线（3×4），敷设方式为用塑料线槽敷设（PR），敷设位置为沿墙敷设（WE）。

表 10-5　导线敷设方式

导线敷设方式	代号	
	新代号	旧代号
用塑料线槽敷设	PR	XC
用硬质塑料管敷设	PC	VG
用半硬塑料管槽敷设	PEC	ZVG
用电线管敷设	TC	DG
用焊接钢管敷设	SC	G
用金属线槽敷设	SR	GC
用电缆桥架敷设	CT	
用瓷夹敷设	PL	CJ
用塑制夹敷设	PCL	VT
用蛇皮管敷设	CP	
用瓷瓶式或瓷柱式绝缘子敷设	K	CP

表 10-6　导线的敷设位置

导线敷设位置	代号	
	新代号	旧代号
沿钢索敷设	SR	S
沿屋架或层架下弦敷设	BE	LM
沿柱敷设	CLE	ZM
沿墙敷设	WE	QM
沿天棚敷设	CE	PM
吊顶内敷设	ACE	PNM
暗敷在梁内	BC	LA
暗敷在柱内	CLC	ZA
暗敷在屋面内或顶板内	CC	PA
暗敷在地面内或地板内	FC	DA
暗敷在不能进入的吊顶内	ACC	PND
暗敷在墙内	WC	QA

再如：

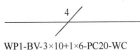

WP1-BV-3×10+1×6-PC20-WC

表示第一条动力支路（WP1），导线为塑料绝缘铜芯导线（BV），共有 4 根线，3 根截面积均为 $10mm^2$（3×10），1 根截面积为 $6mm^2$（1×6），敷设方式为穿直径为 20mm 的硬质塑料管敷设（PC20），敷设位置为暗敷在墙内（WC）。

 10.1.3　用电设备的标注

用电设备的标注格式一般为：

$$\frac{a}{b} 或 \frac{a}{b}+\frac{c}{d}$$

例如，$\frac{10}{7.5}$ 表示该电动机在系统中的编号为 10，其额定功率为 7.5kW；$\frac{10}{7.5}+\frac{100}{0.3}$ 表示该电动机的编号为 10，额定功率为 7.5kW，低压断路器脱扣器的电流为 100A，安装高度为 0.3m。

 10.1.4　电力和照明设备的标注

1. 一般标注格式

$$a\frac{b}{c} 或 a-b-c$$

例如，$3\frac{Y200L-4}{15}$ 或 3-(Y200L-4)-15 表示该电动机编号为 3，为 Y 系列笼型异步电动机，机座中心高度为 200mm，机座为长机型（L），磁极为 4 极，额定功率为 15kW。

2．含引入线的标注格式

$$a\frac{b\text{-}c}{d(e\times f)\text{-}g}$$

例如，$3\dfrac{(Y200L\text{-}4)\text{-}15}{BV(4\times 6)SC25\text{-}FC}$ 表示该电动机编号为 3，为 Y 系列笼型异步电动机，机座中心高度为 200mm，机座为长机型（L），磁极为 4 极，额定功率为 15kW，4 根 6mm^2 的塑料绝缘铜芯导线穿入直径为 25mm 的钢管埋入地面暗敷。

10.1.5 开关与熔断器的标注

1．一般标注格式

$$a\frac{b}{c/i} \text{ 或 } a\text{-}b\text{-}c/i$$

其中，a 表示设备的编号；b 表示设备的型号；c 表示额定电流（单位：A）；i 表示整定电流（单位：A）。

例如，$\dfrac{DZ20Y\text{-}200}{200/200}$ 或 3-(DZ20Y-200)200/200 表示断路器编号为 3，型号为 DZ20Y-200，其额定电流和整定电流均为 200A。

2．含引入线的标注格式

$$a\frac{b\text{-}c/i}{d(e\times f)\text{-}g}$$

其中，a 表示设备的编号；b 表示设备的型号；c 表示额定电流（单位：A）；i 表示整定电流（单位：A）；d 表示导线型号；e 表示导线的根数；f 表示导线的截面积（单位：mm^2）；g 表示导线敷设方式与位置。

例如，$3\dfrac{DZ20Y\text{-}200\text{-}200/200}{BV(3\times 50)K\text{-}BE}$ 表示设备编号为 3，型号为 DZ20Y-200，其额定电流和整定电流均为 200A，3 根 50mm^2 的塑料绝缘铜芯导线用瓷瓶式绝缘子沿屋架敷设。

10.1.6 电缆的标注

电缆的标注方式与配电线路基本相同，当电缆与其他设施交叉时，其标注格式为

$$\frac{a\text{-}b\text{-}c\text{-}d}{e\text{-}f}$$

其中，a 表示保护管的根数；b 表示保护管的直径（单位：mm）；c 表示管长（单位：m）；d 表示地面标高（单位：m）；e 表示保护管埋设的深度（单位：m）；f 表示交叉点的坐标。

例如，$\dfrac{4\text{-}100\text{-}8\text{-}1.0}{0.8\text{-}f}$ 表示 4 根保护管，直径为 100mm，管长为 8m，于标高 1.0m 处埋深 0.8m，交叉坐标一般用文字标注，如与××管道交叉。

10.1.7 常用电气设备符号的说明

常用电气设备符号见表 10-7。

表 10-7 常用电气设备符号

名 称	图形符号	名 称	图形符号
灯具一般符号		单联双控开关	
吸顶灯		延时开关	
花灯		风扇调速开关	
壁灯		门铃	
荧光灯一般符号		按钮	
三管荧光灯		电话插座	TP
五管荧光灯		电话分线箱	
墙上灯座		电视插座	TV
单联跷板暗装开关		三分配器	
双联跷板暗装开关		单相两孔明装插座	
三联跷板防水开关		单相三孔暗装插座	
单联拉线明装开关		单相五孔暗装插座	
三相四线暗装插座		向下配线	
电风扇		垂直通过配线	
照明配电箱		二分支器	
隔离开关		串接一分支插座	
断路器		电视放大器	
漏电保护器		数字信息插座	TO
电能表	kW·h	感烟探测器	
熔断器		可燃气体探测器	
向上配线			

10.2 住宅照明配电电气图的识读

住宅电气图主要有电气系统图和电气平面图。电气系统图用于表示整个工程或工程某一项目的供电方式和电能配送关系。电气平面图是用来表示电气工程项目的电气设备、装置和线路的平面布置图,它一般是在建筑平面图的基础上制作出来的。

10.2.1 整幢楼总电气系统图的识读

图 10-1 是一幢楼的总电气系统图。

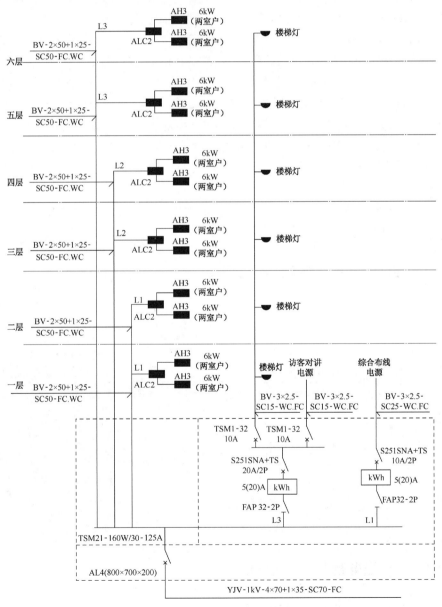

图 10-1 一幢楼的总电气系统图

1. 总配电箱电源的引入

变电所或小区配电房的 380V 三相电源通过电缆接到整幢楼的总配电箱，电缆标注是 YJV-1kV-4×70+1×35-SC70-FC，其含义为：交联聚乙烯绝缘聚氯乙烯护套电力电缆（YJV)；额定电压为 1kV；电缆有 5 根芯线：4 根截面积均为 70mm^2，1 根截面积为 35mm^2；电缆穿直径为 70mm 的钢管（SC70)；埋入地面暗敷（FC)。总配电箱 AL4 的规格为 800mm（长）×700mm（宽）×200mm（高）。

2. 总配电箱的电源分配

三相电源通过 5 芯电缆（L1、L2、L3、N、PE）进入总配电箱，并接到总断路器（型号为 TSM21-160W/30-125A)。经总断路器后，三相电源进行分配：L1 相电源接到一、二层配电箱；L2 相电源接到三、四层配电箱；L3 相电源接到五、六层配电箱。每相电源分配使用 3 根导线（L、N、PE)，导线标注是 BV-2×50+1×25-SC50-FC.WC，其含义为：塑料绝缘铜芯导线（BV)，两根截面积均为 50 mm^2 的导线（2×50)，1 根截面积为 25mm^2 的导线（1×25)，导线穿直径为 50mm 的钢管（SC50)，埋入地面和墙内暗敷（FC.WC)。

L3 相电源除供给五、六层外，还通过断路器、电能表分成两路：一路经隔离开关后接到各楼层的楼梯灯；另一路经断路器接到访客对讲系统作为电源。L1 相电源除供给一、二层外，还通过隔离开关、电能表和断路器接到综合布线设备作为电源。电能表用于对本路用电量进行计量。

总配电箱将单相电源接到楼层配电箱后，楼层配电箱又将该电源一分为二（一层两户)，并接到每户的室内配电箱。

10.2.2 楼层配电箱电气系统图的识读

楼层配电箱的电气系统图如图 10-2 所示。

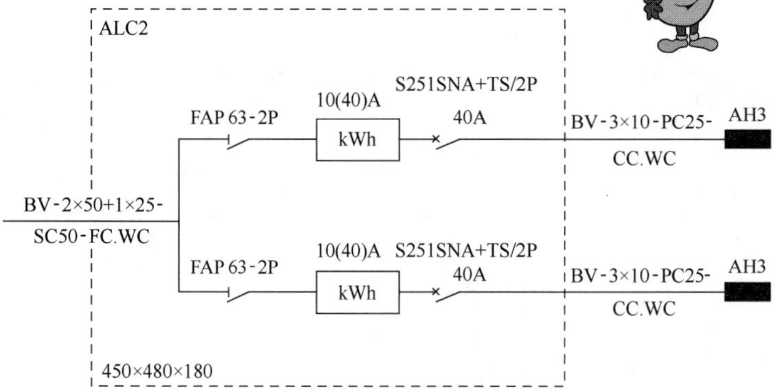

> ALC2 为楼层配电箱，由总配电箱送来的单相电源（L、N、PE）进入 ALC2，分作两路，每路都先经过隔离开关后接到电能表，电能表之后再通过一个断路器接到户内配电箱 AH3。电能表用于对户内用电量进行计量，将电能表安排在楼层配电箱而不是户内配电箱，可方便相关人员查看用电量而不用进入室内，也可减少窃电情况的发生。

图 10-2 楼层配电箱的电气系统图

10.2.3 户内配电箱电气系统图的识读

户内配电箱的电气系统图如图 10-3 所示。

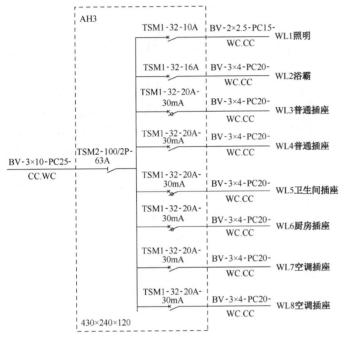

图 10-3　户内配电箱的电气系统图

AH3 为户内配电箱,由楼层配电箱送来的单相电源(L、N、PE)进入,并接到 63A 隔离开关(型号为 TSM2-100/2P-63A),经隔离开关后分作 8 条支路:照明支路用 10A 断路器(型号为 TSM1-32-10A)控制本线路的通断;浴霸支路用 16A 断路器(型号为 TSM1-32-16A)控制本线路的通断;其他 6 条支路均采用额定电流为 20A、漏电保护电流为 30mA 的漏电保护器(型号为 TSM1-32-20A-30mA)控制本线路的通断。户内配电箱的进线采用 BV-3×10-PC25-CC.WC,其含义是:塑料绝缘铜芯导线(BV),3 根截面积均为 10mm² 的导线(3×10),导线穿直径为 25mm 的 PVC 管(PC25),埋入顶棚和墙内暗敷(CC.WC)。支路线有两种规格:功率小的照明支路使用 2 根 2.5mm² 的塑料绝缘铜芯导线,并且穿直径为 15mm 的 PVC 管暗敷;其他 7 条支路均使用 3 根 4mm² 的塑料绝缘铜芯导线,并且都穿直径为 20mm 的 PVC 管暗敷。

10.2.4　住宅照明与插座电气平面图的识读

图 10-4 是一套两室两厅住宅的照明与插座电气平面图。

- WL1 支路:WL1 支路为照明线路。从户内配电箱 AH3 引出的 WL1 支路接到门厅灯(13 表示 13W,S 表示吸顶安装),在门厅灯处分作两路:一路去客厅灯,在客厅灯处又分作两路(大阳台灯、大卧室灯);另一路去过道灯→小卧室灯→厨房灯(符号为防潮灯)→小阳台灯。照明支路中的门厅灯、客厅灯、大阳台灯、大卧室灯、过道灯和小卧室灯分别由一个单联跷板开关控制,厨房灯和小阳台灯由一个双联跷板开关控制。

- WL2 支路:WL2 支路为浴霸支路。从户内配电箱 AH3 引出的 WL2 支路直接接到卫生间的浴霸,浴霸功率为 2000W,采用吸顶安装。从浴霸引出 6 根线接到一个五联单控开关,分别控制浴霸上的 4 个取暖灯和 1 个照明灯。

- WL3 支路:WL3 支路为普通插座支路。WL3 支路的走向:户内配电箱 AH3→客厅左上角插座→客厅左下角插座→客厅右下角插座(分作两路:一路接客厅右上角插座;另一路接大卧室左下角插座)→大卧室右下角插座→大卧室右上角插座。

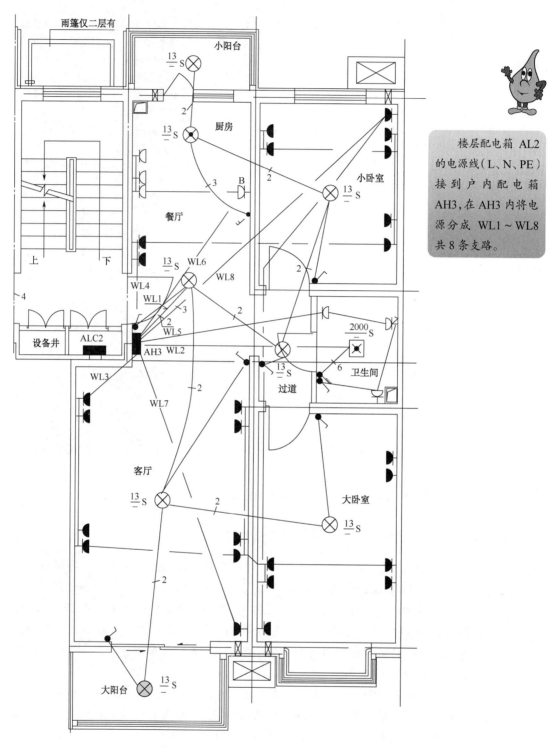

图 10-4 一套两室两厅住宅的照明与插座电气平面图

- WL4 支路：WL4 支路也为普通插座支路。WL4 支路的走向：户内配电箱 AH3→餐厅插座→小卧室右下角插座→小卧室右上角插座→小卧室左上角插座。

- WL5 支路：WL5 支路为卫生间插座支路。WL5 支路的走向：户内配电箱 AH3→卫生间左方防水插座→卫生间右方防水插座（该插座带有一个单极开关）→卫生间下方防水插座，该插座受一个开关控制。
- WL6 支路：WL6 支路为厨房插座支路。WL6 支路的走向：户内配电箱 AH3→厨房右方防水插座→厨房左方防水插座。
- WL7 支路：WL7 支路为客厅空调插座支路。WL7 支路的走向：户内配电箱 AH3→客厅右下角空调插座。
- WL8 支路：WL8 支路为卧室空调插座支路。WL8 支路的走向：户内配电箱 AH3→小卧室右上角空调插座→大卧室左下角空调插座。

10.3 动力配电电气图的识读

住宅配电的对象主要是照明灯具和插座。动力配电的对象主要是电动机，故动力配电主要用于工厂企业。

10.3.1 动力配电系统的三种接线方式

根据接线方式的不同，动力配电系统可分为三种：放射式动力配电系统（见图 10-5）、树干式动力配电系统（见图 10-6）和链式动力配电系统（见图 10-7）。

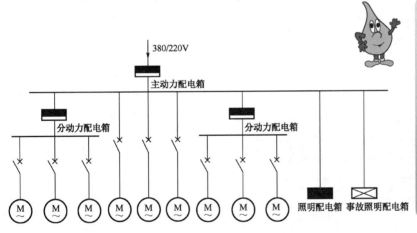

图 10-5 放射式动力配电系统

这种配电方式的可靠性较高，适用于动力设备数量不多、容量大小差别较大、设备运行状态比较平稳的场合。这种系统在具体接线时，主动力配电箱宜安装在容量较大的设备附近，分动力配电箱和控制电路应和动力设备安装在一起。

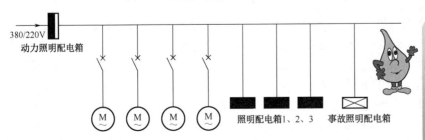

图 10-6 树干式动力配电系统

这种配电方式的可靠性较放射式稍低一些，适用于动力设备分布均匀、设备容量差距不大且安装距离较近的场合。

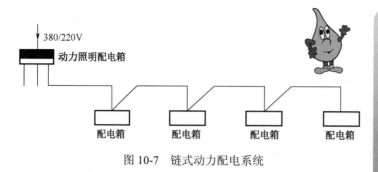

图 10-7 链式动力配电系统

该配电方式适用于动力设备距离配电箱较远、各动力设备容量小且设备间距离近的场合。链式动力配电的可靠性较差,当一条线路出现故障时,可能会影响多台设备的正常运行,通常一条线路可接3~4台设备(最多不超过5台),总功率不要超过10kW。

 10.3.2 动力配电系统图的识图实例

图 10-8 是某锅炉房动力配电系统图。下面以此为例来介绍动力配电系统图的识读。

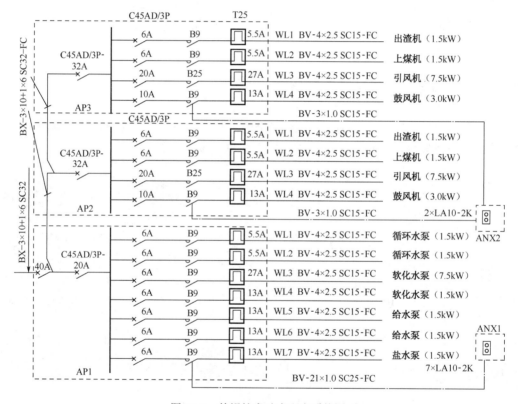

图 10-8 某锅炉房动力配电系统图

图 10-8 中有 5 个配电箱:AP1~AP3 配电箱内安装有断路器(C45AD/3P)、B9 型接触器和 T25 型热继电器;ANX1、ANX2 配电箱安装有操作按钮,又称按钮箱。

电源首先通过配线进入 AP1 配电箱,配线标注为 BX-3×10+1×6 SC32:BX 表示橡胶绝缘铜芯导线;3×10+1×6 表示 3 根截面积为 10mm^2 和 1 根截面积为 6mm^2 的导线;SC32 表示穿直径为 32mm 的钢管。电源配线进入 AP1 配电箱后,接型号为 C45AD/3P-40A 的主断路器,40A 表示额定电流为 40A,3P 表示断路器为 3 极,D 表示短路动作电流为 10~14 倍额定电流。

AP1 配电箱主断路器之后的电源配线分作两路:一路到本配电箱的断路器

（C45AD/3P-20A）；另一路到 AP2 配电箱的断路器（C45AD/3P-32A），再接到 AP3 配电箱的断路器(C45AD/3P-32A)。接到 AP2、AP3 配电箱的配线标注均为 BX-3×10+1×6 SC32-FC：BX 表示橡胶绝缘铜芯导线；3×10+1×6 表示 3 根截面积为 10mm^2 和 1 根截面积为 6mm^2 的导线；SC32 表示穿直径为 32mm 的钢管；FC 表示埋入地面暗敷。

在 AP1 配电箱中，电源分成 7 条支路，每条支路都安装 1 个型号为 C45AD/3P 的断路器（额定电流均为 6A）、1 个 B9 型接触器和 1 个用作电动机过载保护的 T25 型热继电器。AP1 配电箱的 7 条支路通过 WL1～WL7 共 7 路配线连接 7 台水泵电动机，7 路配线标注均为 BV-4×2.5 SC15-FC：BV 表示塑料绝缘铜芯导线；4×2.5 表示 4 根截面积为 2.5mm^2 的导线；SC15 表示穿直径为 15mm 的钢管；FC 表示埋入地面暗敷。

ANX1 按钮箱用于控制 AP1 配电箱内的接触器通断。ANX1 内部安装有 7 个型号为 LA10-2K 的双联按钮（启动/停止控制），通过配线接到 AP1 配电箱，配线标注为 BV-21×1.0 SC25-FC：BV 表示塑料绝缘铜芯导线；21×1.0 表示 21 根截面积为 1.0mm^2 的导线；SC25 表示穿直径为 25mm 的钢管；FC 表示埋入地面暗敷。

AP2、AP3 为两个相同的配电箱，每个配电箱的电源都分为 4 条支路，有 4 个断路器、4 个交流接触器和 4 个热继电器。4 条支路通过 WL1～WL4 共 4 路配线连接 4 台电动机（出渣机、上煤机、引风机和鼓风机）。4 路配线标注均为 BV-4×2.5 SC15-FC。

ANX2 按钮箱用于控制 AP2、AP3 配电箱内的接触器通断。ANX2 内部安装有两个型号为 LA10-2K 的双联按钮（启动/停止控制），通过两路配线接到 AP2、AP3 配电箱。一个双联按钮控制一个配电箱所有接触器的通断，两路配线标注均为 BV-3×1.0 SC15-FC。

10.3.3 动力配电平面图的识图实例

图 10-9 是某锅炉房动力配电平面图，表 10-8 为其主要设备表。

室外电源线从右端进入值班室的 AP1 配电箱，在 AP1 配电箱中除分出一路电源线接到 AP2 配电箱外，在本配电箱内还分成 WL1～WL7 共 7 条支路：WL1、WL2 支路分别接到两台循环水泵（4）；WL3、WL4 支路分别接到两台软化水泵（5）；WL5、WL6 支路分别接到两台给水泵（6）；WL7 支路接到盐水泵（7）。ANX1 按钮箱安装在水处理车间门口，通过配线接到 AP1 配电箱。

从 AP1 配电箱接来的电源线分出一路接到锅炉间的 AP2 配电箱，在 AP2 配电箱中除分出一路电源线接到 AP3 配电箱外，在本配电箱内还分成 WL1～WL4 共 4 条支路：WL1 支路接到出渣机（8）；WL2 支路接到上煤机（1）；WL3 支路接到引风机（2）；WL4 支路接到鼓风机（3）。

由 AP2 配电箱分出的电源线接到 AP3 配电箱。在该配电箱中将电源分成 WL1～WL4 共 4 条支路：WL1 支路接到出渣机（8）；WL2 支路接到上煤机（1）；WL3 支路接到引风机（2）；WL4 支路接到鼓风机（3）。

ANX2 按钮箱用来控制 AP2、AP3 配电箱，安装在锅炉房外。该按钮箱接出两路按钮线（先到 AP2 配电箱）：一路接在 AP2 配电箱内；另一路从 AP2 配电箱内与电源线一起接到 AP3 配电箱。

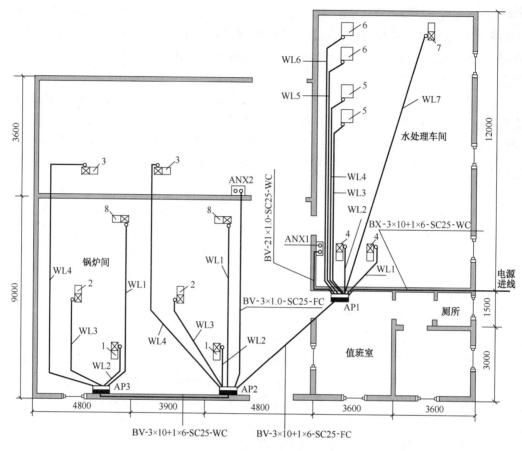

图 10-9 某锅炉房动力配电平面图

表 10-8 某锅炉房的主要设备表

序 号	名 称	容量/kW	序 号	名 称	容量/kW
1	上煤机	1.5	5	软化水泵	1.5
2	引风机	7.5	6	给水泵	1.5
3	鼓风机	3.0	7	盐水泵	1.5
4	循环水泵	1.5	8	出渣机	1.5

10.3.4 动力配电线路图和接线图的识图实例

1. 锅炉房水处理车间的动力配电线路图与接线图

锅炉房水处理车间的动力配电线路图如图 10-10 所示,其接线图如图 10-11 所示。

2. 锅炉间的动力配电线路图与接线图

锅炉间有两套相同的动力配电线路。配电线路图如图 10-12 所示,其接线图如图 10-13 所示。两套线路的操作按钮都安装在 ANX2 按钮箱内。

第 10 章 照明与动力配电线路的识读

从图中可以看出，接线图与线路图的工作原理是一样的，但画接线图对必须考虑实际元件、方便布线和操作方便等因素。比如，在线路图中，一个接触器的线圈与触点、辅助触点可以画在不同位置，而在接线图中，接触器是一个整体，线圈、主触点、辅助触点必须画在一起。另外，在线路图中，操作按钮可以和其他电器画在一起，而在接线图中，操作按钮要与其他电器分开，单独安装在接钮箱中。

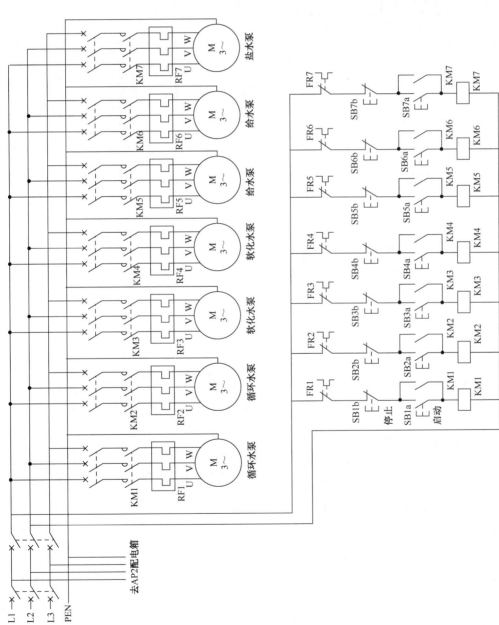

图 10-10 锅炉房水处理车间的动力配电线路图

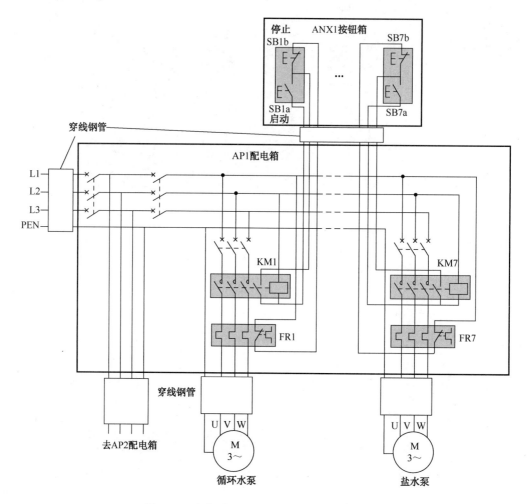

图 10-11　锅炉房水处理车间的动力配电接线图

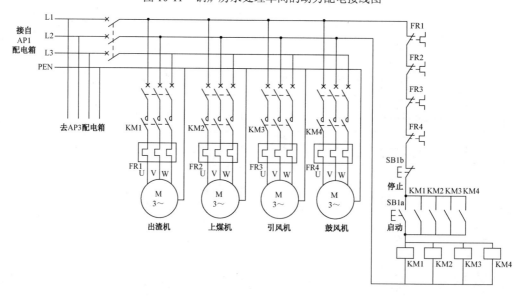

图 10-12　锅炉间的动力配电线路图

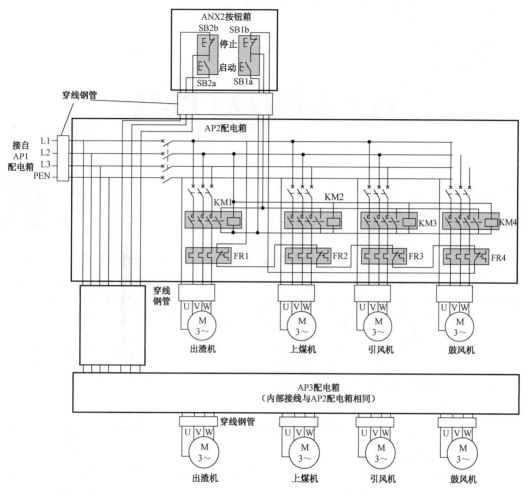

图 10-13 锅炉间的动力配电接线图

第11章 PLC 基础与入门实战

11.1 认识 PLC

PLC 是英文 Programmable Logic Controller 的缩写，意为可编程序逻辑控制器。世界上第一台 PLC 于 1969 年由美国数字设备公司（DEC）研制成功。随着技术的发展，PLC 的功能大大增强，不再仅限于逻辑控制，因此美国电气制造协会 NEMA 于 1980 年对它进行重命名，称为可编程控制器（Programmable Controller），简称 PC。但由于 PC 容易和个人计算机（Personal Computer，PC）混淆，故人们仍习惯将 PLC 当作可编程控制器的缩写。

11.1.1 两种类型的 PLC

按硬件的结构形式不同，PLC 可分为整体式和模块式，如图 11-1 和图 11-2 所示。

图 11-1　整体式 PLC

整体式 PLC 又称箱式 PLC，其外形像一个长方形的箱体，这种 PLC 的 CPU、存储器、I/O 接口等都安装在一个箱体内。整体式 PLC 的结构简单、体积小、价格低。小型 PLC 一般采用整体式结构。

图 11-2　模块式 PLC（组合式 PLC）

模块式 PLC 又称组合式 PLC，基板上有很多总线插槽，其中，由 CPU、存储器和电源构成的一个模块通常固定安装在某个插槽中，其他功能模块安装在其他不同的插槽内。模块式 PLC 的配置灵活（可通过增减模块来组成不同规模的系统），安装、维修方便，但价格较贵。大、中型 PLC 一般采用模块式结构。

11.1.2 PLC 控制与继电器控制比较

PLC 控制是在继电器控制的基础上发展起来的，为了更好地了解 PLC 控制方式，下面以电动机正转控制为例对两种控制系统进行比较。

1. 继电器正转控制

图 11-3 所示是一种常见的继电器正转控制线路，可以对电动机进行正转和停转控制。

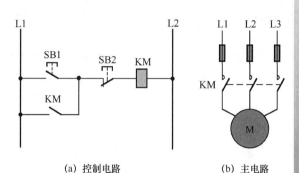

按下启动按钮 SB1，接触器 KM 线圈得电，主电路中的 KM 主触点闭合，电动机得电运转。与此同时，控制电路中的 KM 常开自锁触点也闭合，锁定 KM 线圈得电（即 SB1 断开后 KM 线圈仍可通过自锁触点得电）。

按下停止按钮 SB2，接触器 KM 线圈失电，KM 主触点断开，电动机失电停转，同时 KM 常开自锁触点也断开，解除自锁（即 SB2 闭合后 KM 线圈无法得电）。

图 11-3 继电器正转控制线路

2. PLC 正转控制

图 11-4 所示是 PLC 正转控制线路，可以实现与图 11-3 所示的继电器正转控制线路相同的功能。PLC 正转控制线路也可分为主电路和控制电路两部分，PLC 与外接的输入、输出设备构成控制电路，主电路与继电器正转控制线路的电路相同。

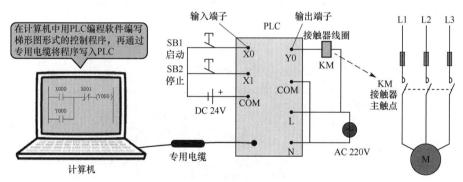

图 11-4 PLC 正转控制线路

在组建 PLC 控制系统时，除了要进行硬件接线外，还要为 PLC 编写控制程序，并将程序从计算机通过专用电缆传送给 PLC。PLC 输入端子连接 SB1（启动）、SB2（停止）和电源，输出端子连接接触器线圈 KM 和电源，PLC 本身也通过 L、N 端子获得供电。

PLC 正转控制线路的工作过程如下。

❶ 按下启动按钮 SB1，有电流流过 X0 端子（电流途径：DC 24V 正端→COM 端子→COM、X0 端子之间的内部电路→X0 端子→闭合的 SB1→DC 24V 负端），PLC 内部程序运

211

行，运行结果使 Y0、COM 端子之间的内部触点闭合，有电流流过接触器线圈（电流途径：AC 220V 一端→接触器线圈→Y0 端子→Y0、COM 端子之间的内部触点→COM 端子→AC 220V 另一端），接触器 KM 线圈得电，主电路中的 KM 主触点闭合，电动机运转；松开 SB1 后，X0 端子无电流流过，PLC 内部程序维持 Y0、COM 端子之间的内部触点闭合，使 KM 线圈继续得电（自锁）。

❷ 按下停止按钮 SB2，有电流流过 X1 端子（电流途径：DC 24V 正端→COM 端子→COM、X1 端子之间的内部电路→X1 端子→闭合的 SB2→DC 24V 负端），PLC 内部程序运行，运行结果使 Y0、COM 端子之间的内部触点断开，无电流流过接触器 KM 线圈，线圈失电，主电路中的 KM 主触点断开，电动机停转；松开 SB2 后，内部程序使 Y0、COM 端子之间的内部触点维持断开状态。

❸ 当 X0、X1 端子输入信号（即输入端子有电流流过）时，PLC 输出端子会输出何种控制信号是由写入 PLC 的内部程序决定的，例如，可以通过修改 PLC 程序将 SB1 用于停转控制，将 SB2 用于启动控制。

11.2 PLC 的组成与工作原理

11.2.1 PLC 的组成方框图

PLC 的种类很多，但结构大同小异，典型的 PLC 控制系统组成方框图如图 11-5 所示。

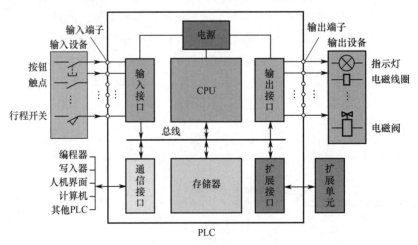

图 11-5　典型的 PLC 控制系统组成方框图

11.2.2 输入接口电路

输入接口电路是输入设备与 PLC 内部电路之间的连接电路，用于将输入设备的状态或产生的信号传送给 PLC 内部电路。

PLC 的输入接口电路分为开关量（又称数字量）输入接口电路和模拟量输入接口电路：

开关量输入接口电路用于接收开关通断信号；模拟量输入接口电路用于接收模拟量信号。模拟量输入接口电路采用 A/D 转换电路，将模拟量信号转换成数字信号。开关量输入接口电路采用的电路形式较多，根据使用电源的不同，可分为内部直流输入接口电路、外部交流输入接口电路和外部交/直流输入接口电路。三种类型的开关量输入接口电路如图 11-6 所示。

该类型的输入接口电路的电源由 PLC 内部直流电源提供。当输入开关闭合时，有电流流过光电耦合器和输入指示灯（电流途径：DC 24V 右正→光电耦合器的发光管→输入指示灯→R1→输入端子→输入开关→COM 端子→DC 24V 左负）。光电耦合器的光敏管受光导通，将输入开关状态传送给内部电路。由于光电耦合器内部是通过光线传递信号的，故可将外部电路与内部电路有效隔离，输入指示灯点亮，用于指示输入端子有输入。输入端子有电流流过时称作输入为 ON（或称输入为 1）。R2、C 为滤波电路，用于滤除通过输入端子窜入的干扰信号，R1 为限流电阻。该类型的输入接口电路的电源由外部的交流电源提供。为了适应交流电源的正负变化，接口电路采用双向发光管型光电耦合器和双向发光二极管指示灯。

当输入开关闭合时，若交流电源 AC 极性为上正下负，则有电流流过光电耦合器和指示灯（电流途径：AC 电源上正→输入开关→输入端子→C、R2 元件→左正右负发光二极管指示灯→光电耦合器的上正下负发光管→COM 端子→AC 电源下负）；当交流电源 AC 极性变为上负下正时，也有电流流过光电耦合器和指示灯（电流途径：AC 电源下正→COM 端子→光电耦合器的下正上负发光管→右正左负发光二极管指示灯→R2、C 元件→输入端子→输入开关→AC 电源上负），光电耦合器导通，将输入开关的状态传送给内部电路。该类型的输入接口电路的电源由外部的直流或交流电源提供。输入开关闭合后，不管外部是直流电源还是交流电源，均有电流流过光电耦合器。

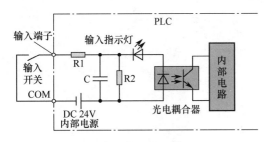

(a) 内部直流输入接口电路

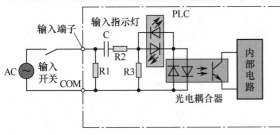

(b) 外部交流输入接口电路

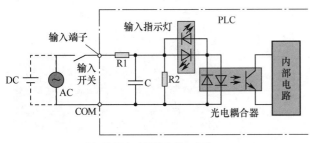

(c) 外部交/直流输入接口电路

图 11-6 三种类型的开关量输入接口电路

 11.2.3 输出接口电路

输出接口电路是 PLC 内部电路与输出设备之间的连接电路，用于将 PLC 内部电路产生的信号传送给输出设备。

PLC 的输出接口电路也分为开关量输出接口电路和模拟量输出接口电路。模拟量输出接口电路采用 D/A 转换电路，将数字量信号转换成模拟量信号。开关量输出接口电路主要有三种类型：继电器输出接口电路、晶体管输出接口电路和双向晶闸管（也称双向可控硅）输出接口电路。三种类型开关量输出接口电路如图 11-7 所示。

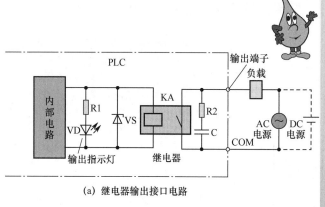

当 PLC 内部电路输出为 ON（也称输出为 1）时，内部电路会输出电流流过继电器 KA 线圈，继电器 KA 常开触点闭合，负载有电流流过（电流途径：电源一端→负载→输出端子→内部闭合的 KA 触点→COM 端子→电源另一端）。

由于继电器触点无极性之分，故继电器输出接口电路可驱动交流或直流负载（即负载电路可采用直流电源或交流电源供电），但触点开闭速度慢，其响应时间长，动作频率低。

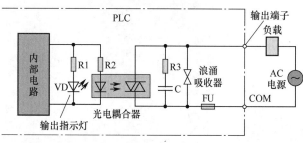

采用光电耦合器与晶体管配合使用，当 PLC 内部电路输出为 ON 时，内部电路会输出电流流过光电耦合器的发光管，发光管受光导通，为晶体管基极提供电流，晶体管也导通，负载有电流流过（电流途径：DC 电源上正→负载→输出端子→导通的晶体管→COM 端子→电源下负）。

由于晶体管有极性之分，故晶体管输出接口电路只可驱动直流负载（即负载电路只能使用直流电源供电）。晶体管输出接口电路是依靠晶体管导通与截止实现开闭的，开闭速度快，动作频率高，适合输出脉冲信号。采用双向晶闸管型光电耦合器，在受光照射时，光电耦合器内部的双向晶闸管可以双向导通。双向晶闸管输出接口电路的响应速度快，动作频率高，用于驱动交流负载。

(a) 继电器输出接口电路

(b) 晶体管输出接口电路

(c) 双向晶闸管输出接口电路

图 11-7 三种类型开关量输出接口电路

11.2.4 PLC 的工作方式

PLC 是一种由程序控制运行的设备，其工作方式与微型计算机不同，微型计算机运行到结束指令 END 时，程序运行结束；PLC 运行程序时，会按顺序依次逐条执行存储器中的程序指令，当执行完最后的指令后，并不会马上停止，而是又重新开始再次执行存储器中的程序，如此周而复始，PLC 的这种工作方式称为循环扫描方式。PLC 的工作过程如图 11-8 所示。

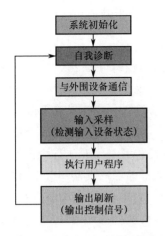
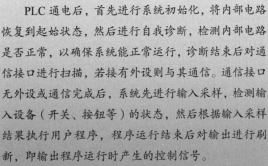

图 11-8 PLC 的工作过程

PLC 有两个工作模式：RUN（运行）模式和 STOP（停止）模式。当 PLC 处于 RUN 模式时，系统会执行用户程序；当 PLC 处于 STOP 模式时，系统不执行用户程序。PLC 正常工作时应处于 RUN 模式，而在下载和修改程序时，应让 PLC 处于 STOP 模式。PLC 两种工作模式可通过面板上的开关进行切换。

PLC 工作在 RUN 模式时，将执行输入采样、处理用户程序和输出刷新所需的时间称为扫描周期，一般为 1～100ms。扫描周期与用户程序的长短、指令的种类和 CPU 执行指令的速度有很大关系。

 11.2.5 实例：PLC 程序控制电气线路的工作过程

PLC 的用户程序执行过程很复杂，下面以 PLC 正转控制线路为例进行说明。图 11-9 所示是 PLC 正转控制线路与内部用户程序，为了便于说明，图中画出了 PLC 内部等效图。

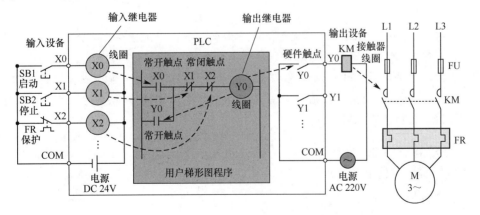

图 11-9 PLC 正转控制线路与内部用户程序

PLC 内部等效图中的 X0（也可用 X000 表示）、X1、X2 称为输入继电器，它们由线圈和触点两部分组成，由于线圈与触点都是等效而来，故又称为软件线圈和软件触点；Y0（也可用 Y000 表示）称为输出继电器，它也包括线圈和触点。中间部分为用户程序（梯形图

215

程序），程序形式与继电器控制电路相似，两端相当于电源线，中间为触点和线圈。

PLC 正转控制线路的工作过程如下。

❶ 当按下启动按钮 SB1 时，输入继电器 X0 线圈得电（电流途径：DC 24V 正端→X0 线圈→X0 端子→SB1→COM 端子→DC 24V 负端）。X0 线圈得电，会使得用户程序中的 X0 常开触点（软件触点）闭合，输出继电器 Y0 线圈得电（电流途径：左等效电源线→已闭合的 X0 常开触点→X1 常闭触点→Y0 线圈→右等效电源线）。Y0 线圈得电，一方面使得用户程序中的 Y0 常开自锁触点闭合，对 Y0 线圈供电进行锁定；另一方面使得输出端的 Y0 硬件常开触点闭合（Y0 硬件触点又称物理触点，实际是继电器的触点或晶体管），接触器 KM 线圈得电（电流途径：AC 220V 一端→KM 线圈→Y0 端子→内部 Y0 硬件触点→COM 端子→AC 220V 另一端），主电路中的接触器 KM 主触点闭合，电动机得电运转。

❷ 当按下停止按钮 SB2 时，输入继电器 X1 线圈得电，使得用户程序中的 X1 常闭触点断开，输出继电器 Y0 线圈失电，即一方面使得用户程序中的 Y0 常开自锁触点断开，解除自锁；另一方面使得输出端的 Y0 硬件常开触点断开，接触器 KM 线圈失电，KM 主触点断开，电动机失电停转。

❸ 若电动机在运行过程中电流长时间过大，则热继电器 FR 产生动作，使得 PLC 的 X2 端子外接的 FR 触点闭合→输入继电器 X2 线圈得电→用户程序中的 X2 常闭触点断开→输出继电器 Y0 线圈马上失电→输出端的 Y0 硬件常开触点断开→接触器 KM 线圈失电→KM 主触点闭合→电动机失电停转，从而避免电动机长时间过流运行。

11.3 三菱 FX$_{3U}$ 系列 PLC 介绍

三菱 FX$_{3U}$ 系列 PLC 属于 FX 三代高端机型，是二代机 FX$_{2N}$ 的升级机型。三菱 FX$_{3U}$ 系列 PLC 的特性如下。

- 支持的指令数：基本指令 29 条，步进指令 2 条，应用指令 218 条。
- 程序容量 64 000 步，可使用带程序传送功能的闪存存储器盒。
- 支持软元件数量：辅助继电器 7680 点，定时器（计时器）512 点，计数器 235 点，数据寄存器 8000 点，扩展寄存器 32 768 点，扩展文件寄存器 32 768 点（只有安装存储器盒后才可以使用）。

三菱 FX$_{3U}$ 系列 PLC 的控制规模为 16～256 点（基本单元：16/32/48/64/80/128 点，连接扩展 IO 时最多可使用 256 点）；在使用 CC-Link 远程 I/O 时，三菱 FX$_{3U}$ 系列 PLC 的控制规模为 384 点。

11.3.1 面板组成部件

三菱 FX$_{3U}$-32M 型 PLC 面板组成部件如图 11-10 所示。

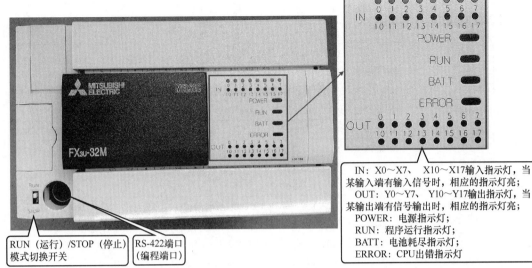

(a) 面板一（未拆保护盖）

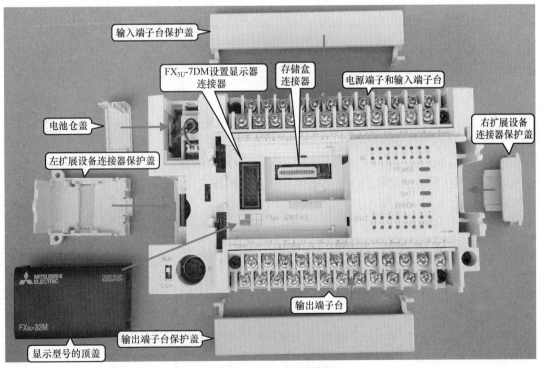

(b) 面板二（拆下各种保护盖）

图 11-10　三菱 FX_{3U}-32M 型 PLC 面板组成部件

11.3.2　规格概要

三菱 FX_{3U} 基本单元规格概要如表 11-1 所示。

表 11-1　三菱 FX$_{3U}$ 基本单元规格概要

项目		规格概要
电源、输入/输出	电源规格	AC 电源型：AC 100～240V，50/60Hz；DC 电源型：DC 24V
	消耗电量	AC 电源型：30W（16M），35W（32M），40W（48M），45W（64M），50W（80M），65W（128M）；DC 电源型：25W（16M），30W（32M），35W（48M），40W（64M），45W（80M）
	冲击电流	AC 电源型：最大 30A，5ms 以下/AC 100V；最大 45A，5ms 以下/AC 200V
	24V 供给电源	AC 电源 DC 输入型：400mA 以下（16M，32M），600mA 以下（48M，64M，80M，128M）
	输入规格	DC 输入型：DC 24V，5/7mA（无电压触点或漏型输入时：NPN 开路集电极晶体管；源型输入时：PNP 开路集电极晶体管）
		AC 输入型：AC 100～120V
	输出规格	继电器输出型：2A/1 点，8A/4 点 COM，8A/8 点 COM，AC 250V（取得 CE、UL/cUL 认证时为 240V），DC 30V 以下
		双向可控硅型：0.3A/1 点，0.8A/4 点 COM，AC 85～242V
		晶体管输出型：0.5A/1 点，0.8A/4 点，1.6A/8 点 COM，DC 5～30V
	输入/输出扩展	用于连接 FX$_{2N}$ 系列的扩展设备
内置通信端口		RS-422

11.4　PLC 入门实战

11.4.1　PLC 控制双灯先后点亮的硬件线路及说明

三菱 FX$_{3U}$-MT/ES 型 PLC 控制双灯先后点亮的硬件线路如图 11-11 所示。PLC 控制双灯先后点亮系统实现的功能：当按下开灯按钮时，A 灯点亮，5s 后 B 灯再点亮；当按下关灯按钮时，A、B 灯同时熄灭。

PLC 控制双灯先后点亮系统的工作过程如下。

❶ 当按下开灯按钮时，有电流流过内部的 X0 输入电路（电流途径：24V 端子→开灯按钮→X0 端子→X0 输入电路→S/S 端子→0V 端子），有电流流过 X0 输入电路，使得内部 PLC 程序中的 X000 常开触点闭合，Y000 线圈和 T0 定时器同时得电。Y000 线圈得电，一方面使得 Y000 常开自锁触点闭合，锁定 Y000 线圈得电；另一方面使得 Y0 输出电路输出控制信号，控制晶体管导通，有电流流过 Y0 端子外接的 A 灯（电流途径：24V 电源适配器的 24V 正端→A 灯→Y0 端子→内部导通的晶体管→COM1 端子→24V 电源适配器的 24V 负端），A 灯点亮。在程序中的 Y000 线圈得电时，T0 定时器同时也得电，并进行 5s 计时，5s 后 T0 定时器产生动作，T0 常开触点闭合，Y001 线圈得电，Y1 输出电路输出控制信号，控制晶体管导通，有电流流过 Y1 端子外接的 B 灯（电流途径：24V 电源适配器的 24V 正端→B 灯→Y0 端子→内部导通的晶体管→COM1 端子→24V 电源适配器的 24V 负端），B 灯也点亮。

❷ 当按下关灯按钮时，有电流流过内部的 X1 输入电路（电流途径：24V 端子→关灯按钮→X1 端子→X1 输入电路→S/S 端子→0V 端子），有电流流过 X1 输入电路，使得内部

PLC 程序中的 X001 常闭触点断开，Y000 线圈和 T0 定时器同时失电。Y000 线圈失电，一方面使得 Y000 常开自锁触点断开；另一方面使得 Y0 输出电路停止输出控制信号，晶体管截止（不导通），无电流流过 Y0 端子外接的 A 灯，A 灯熄灭。T0 定时器失电会使 T0 常开触点断开，Y001 线圈失电，Y001 端子内部的晶体管截止，B 灯也熄灭。

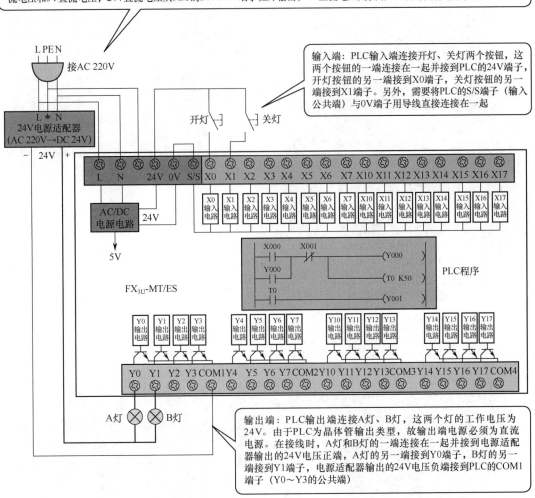

图 11-11　三菱 FX$_{3U}$-MT/ES 型 PLC 控制双灯先后点亮的硬件线路

11.4.2　DC 24V 电源适配器与 PLC 的电源接线

PLC 供电电源有两种类型：DC 24V（24V 直流电源）和 AC 220V（220V 交流电源）。对于采用 220V 交流供电的 PLC，一般内置 AC 220V 转 DC 24V 的电源电路；对于采用 DC 24V 供电的 PLC，可以在外部连接 24V 电源适配器，由其将 AC 220V 转换成 DC 24V 后再提供给 PLC。

1. DC 24V 电源适配器

DC 24V 电源适配器的功能是将 220V（或 110V）交流电压转换成 24V 的直流电压输出。图 11-12 所示是一种常用的 DC 24V 电源适配器。

电源适配器的 L、N 端为交流电压输入端，L 端接相线（也称火线），N 端接零线，接地端与接地线（与大地连接的导线）连接。若电源适配器因出现漏电而使外壳带电，则外壳的漏电可以通过接地端和接地线流入大地，这样接触外壳时不会发生触电。当然，即便接地端不接地线，电源适配器也会正常工作。-V、+V 端为 24V 直流电压输出端，-V 端为电源负端，+V 端为电源正端。

电源适配器上有一个输出电压调节电位器，可以调节输出电压，让输出电压在 24V 左右变化，在使用时应将输出电压调节到 24V。电源指示灯用于指示电源适配器是否已接通电源。

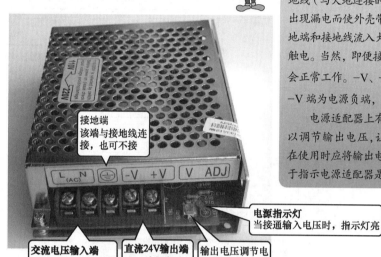

(a) 接线端、输出电压调节电位器和电源指示灯

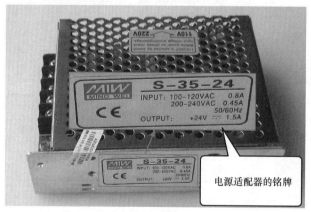

在电源适配器上一般会有一个铭牌（标签），在铭牌上会标注型号及输入、输出电压、电流等参数。从铭牌上可以看出，该电源适配器输入端可以接 100~120V 的交流电压，也可以接 200~240V 的交流电压，输出电压为 24V，输出电流最大为 1.5A。

(b) 铭牌

图 11-12　一种常用的 DC 24V 电源适配器

2. 三极电源线及插头、插座

图 11-13 所示是常见的三极电源线及插头、插座，其导线的颜色、插头和插座的极性都有规定标准。

L线（即相线，俗称火线）可以使用红、黄、绿或棕色线；N线（即零线）使用蓝色线；PE线（即接地线）使用黄绿双色线。插头的插片和插座的插孔，要按标准进行接线。

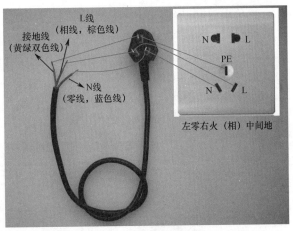

图 11-13　常见的三极电源线及插头、插座

3．PLC 的电源接线

在 PLC 下载程序和工作时都需要连接电源，三菱 FX$_{3U}$-MT/ES 型 PLC 没有采用 DC 24V 供电，而是采用 220V 交流电源直接供电，其供电接线如图 11-14 所示。

将三极电源线的棕、蓝、黄绿双色线分别接 PLC 的 L、N 和接地端子。若使用两极电源线，则只接 L、N 端子即可，PLC 也能正常工作。PLC 内部电源电路将输入的 220V 交流电压转换成 24V 直流电压，从 24V、0V 端子输出。S/S 为输入公共端子，小黑点标注的端子为空端子。

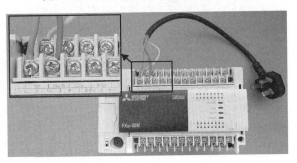

图 11-14　PLC 的电源接线

11.4.3　编程电缆（下载线）及驱动程序的安装

1．编程电缆

在计算机中用 PLC 编程软件编写好程序后，如果要将其传送到 PLC，则需要用编程电缆（又称下载线）将计算机与 PLC 连接起来。三菱 FX 系列 PLC 常用的编程电缆有 FX-232 型和 FX-USB 型，其外形如图 11-15 所示。一些旧计算机有 COM 端口（又称串口、RS-232 端口），可使用 FX-232 型编程电缆。无 COM 端口的计算机可使用 FX-USB 型编程电缆。

(a) FX-232型编程电缆　　　　　　　(b) FX-USB型编程电缆

图 11-15　三菱 FX 系列 PLC 常用的编程电缆

2．驱动程序的安装

用 FX-USB 型编程电缆将计算机和 PLC 连接起来后，计算机还不能识别该电缆，需要

在计算机中安装此编程电缆的驱动程序。

FX-USB型编程电缆驱动程序的安装如图11-16所示。打开编程电缆配套驱动程序的文件夹，如图11-16（a）所示，文件夹中有一个"HL-340.EXE"可执行文件，双击该文件，弹出如图11-16（b）所示的对话框，单击"INSTALL"（安装）按钮，即可开始安装驱动程序；单击"UNINSTALL"（卸载）按钮，可以卸载先前已安装的驱动程序。安装成功后，会弹出驱动安装成功对话框，如图11-16（c）所示。

(a) 打开驱动程序文件夹并双击"HL-340.EXE"文件

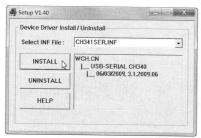

(b) 单击"INSTALL"按钮开始安装驱动程序　　　　(c) 驱动安装成功

图 11-16　FX-USB型编程电缆驱动程序的安装

3. 查看计算机连接编程电缆的端口号

编程电缆的驱动程序成功安装后，在计算机的"设备管理器"中可以查看计算机分配给编程电缆的端口号，如图11-17所示。

图 11-17　查看计算机分配给编程电缆的端口号

先将FX-USB型编程电缆的USB口插入计算机的USB口，再在计算机桌面上右击"计算机"图标，弹出右键快捷菜单，选择"设备管理器"，弹出"设备管理器"窗口。其中有一项"端口（COM和LPT）"，若未成功安装编程电缆的驱动程序，则不会出现该选项（操作系统为 Windows 7 系统时）。展开"端口（COM和LPT）"选项，从中看到一项端口信息"USB-SERIAL CH340（COM3）"，该信息表明编程电缆已被计算机识别出来，分配给编程电缆的连接端口号为 COM3。也就是说，当编程电缆将计算机与PLC连接起来后，计算机是通过COM3端口与PLC进行连接的。记住该端口号，在进行计算机与PLC通信设置时要输入或选择该端口号。如果编程电缆插在计算机的不同USB口，则分配的端口号会不同。

11.4.4 编写程序并下载到 PLC

1. 用编程软件编写程序

三菱 FX$_1$、FX$_2$、FX$_3$ 系列 PLC 可使用三菱 GX Developer 软件编写程序。用 GX Developer 软件编写的控制双灯先后点亮的 PLC 程序如图 11-18 所示。

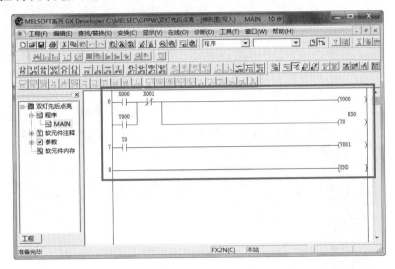

图 11-18　用 GX Developer 软件编写的控制双灯先后点亮的 PLC 程序

2. 用编程电缆连接 PLC 与计算机

在将计算机中编写好的 PLC 程序传送给 PLC 前，需要用编程电缆将计算机与 PLC 连接起来，如图 11-19 所示。

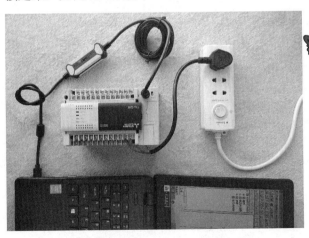

图 11-19　用编程电缆连接 PLC 与计算机

在连接时，将 FX-USB 型编程电缆一端的 USB 口插入计算机的 USB 口，另一端的 9 针圆口插入 PLC 的 RS-422 端口，再给 PLC 接通电源，PLC 面板上的 POWER（电源）指示

3. 通信设置

用编程电缆将计算机与 PLC 连接起来后，除了要在计算机中安装编程电缆的驱动程序外，还需要在 GX Developer 软件中进行通信设置，这样两者才能建立通信连接。在 GX

Developer 软件中进行通信设置，如图 11-20 所示。

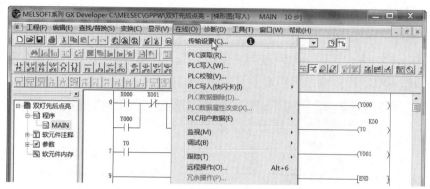

(a) 在 GX Developer 软件中执行菜单命令"在线→传输设置"

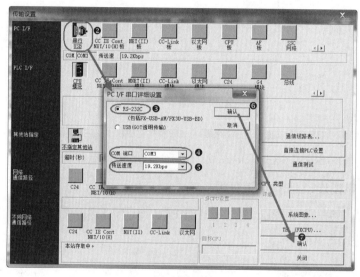

(b) 通信设置

图 11-20 在 GX Developer 软件中进行通信设置

4. 将程序传送给 PLC

在用编程电缆将计算机与 PLC 连接起来并进行通信设置后，就可以在 GX Developer 软件中将编写好的 PLC 程序（或打开先前已编写好的 PLC 程序）传送给（又称写入）PLC。在 GX Developer 软件中将程序传送给 PLC 的操作过程如图 11-21 所示。

(a) 对话框提示计算机与PLC连接不正常（未连接或通信设置错误）

图 11-21 在 GX Developer 软件中将程序传送给 PLC 的操作过程

在 GX Developer 软件中执行菜单命令"在线→PLC 写入"，若弹出如图 11-21（a）所示的对话框，则表明计算机与 PLC 之间未用编程电缆连接，或者通信设置错误；如果计算机与 PLC 连接正常，则会弹出"PLC 写入"对话框，如图 11-21（b）所示。

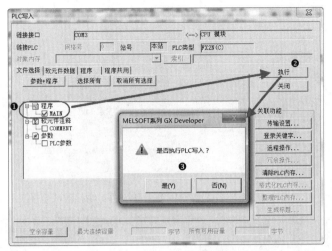

(b) "PLC写入"对话框

(c) 单击"是"按钮可远程让PLC进入STOP模式

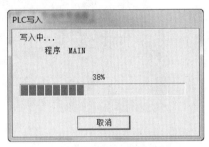

(d) 程序写入进度条

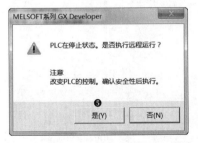

(e) 单击"是"按钮可远程让PLC进入RUN模式

(f) 程序写入完成对话框

图 11-21 在 GX Developer 软件中将程序传送给 PLC 的操作过程（续）

11.4.5 实物接线

图 11-22 所示为 PLC 控制双灯先后点亮系统的实物接线（全图）。图 11-23 所示为接线细节图：图 11-23（a）所示为电源适配器的接线；图 11-23（b）中左图为输出端的 A 灯、B 灯接线，右图为 PLC 电源和输入端的开灯、关灯按钮接线。在实物接线时，可对照图 11-11 所示的硬件线路进行。

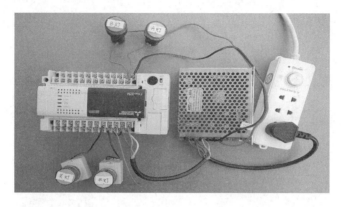

图 11-22　PLC 控制双灯先后点亮系统的实物接线（全图）

(a) 电源适配器的接线

(b) 输出端、输入端和电源端的接线

图 11-23　PLC 控制双灯先后点亮系统的实物接线（细节图）

11.4.6　实际通电操作测试

　　至此，PLC 控制双灯先后点亮系统的硬件接线完成，程序也已经传送给 PLC 后，这时可以给系统通电，观察系统能否正常运行，并进行各种操作测试，观察能否达到控制要求。如果不正常，则应检查硬件接线和编写的程序是否正确，若程序不正确，则用编程软件改正后重新传送给 PLC，再进行测试。PLC 控制双灯先后点亮系统的通电测试过程如图 11-24 所示。

❶ 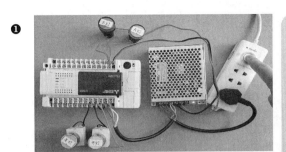 ❶ 按下电源插座上的开关，220V 交流电压送到 24V 电源适配器和 PLC，电源适配器工作，输出 24V 直流电压（输出指示灯亮），PLC 获得供电后，面板上的"POWER"（电源）指示灯亮，由于 RUN/STOP 模式切换开关处于 RUN 位置，故"RUN"指示灯也亮。

❷ 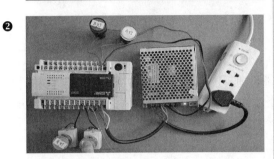 ❷ 按下开灯按钮，PLC 面板上的 X0 端子指示灯亮，表示 X0 端子有输入，内部程序运行，面板上的 Y0 端子指示灯变亮，表示 Y0 端子有输出，Y0 端子外接的 A 灯变亮。

❸ 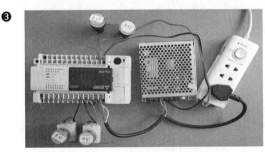 ❸ 5s 后，PLC 面板上的 Y1 端子指示灯变亮，表示 Y1 端子有输出，Y1 端子外接的 B 灯也变亮。

❹ 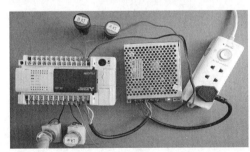 ❹ 按下关灯按钮，PLC 面板上的 X1 端子指示灯亮，表示 X1 端子有输入，内部程序运行，面板上的 Y0、Y1 端子指示灯均熄灭，表示 Y0、Y1 端子无输出，Y0、Y1 端子外接的 A 灯和 B 灯均熄灭。

❺ 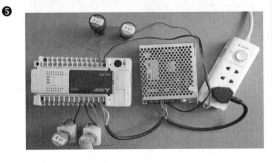 ❺ 将 RUN/STOP 开关拨至 STOP 位置，再按下开灯按钮，虽然面板上的 X0 端子指示灯亮，但由于 PLC 内部程序已停止运行，故 Y0、Y1 端子均无输出，A、B 灯都不会亮。

图 11-24　PLC 控制双灯先后点亮系统的通电测试过程

第12章 PLC 编程软件的使用

三菱 FX 系列 PLC 的编程软件有 FXGP/WIN-C、GX Developer 和 GX Work 三种：FXGP/WIN-C 软件小巧（约 2MB）、操作简单，但只能对 FX_{2N} 及以下档次的 PLC 编程，无法对 FX_3 系列的 PLC 进行编程，建议初级用户使用；GX Developer 软件的大小为几十到几百 MB（因版本而异），不但可对 FX 全系列 PLC 进行编程，还可对中、大型 PLC（早期的 A 系列和现在的 Q 系列）进行编程，建议初、中级用户使用；GX Work 软件的大小为几百 MB 到几 GB，可对 FX 系列、L 系列和 Q 系列 PLC 进行编程，与 GX Developer 软件相比，除了外观和一些小细节上的区别外，最大的区别是 GX Work 软件支持结构化编程（类似于西门子中、大型 S7-300/400 PLC 的 STEP 7 编程软件），建议中、高级用户使用。

12.1 编程软件的安装

为了使软件安装能够顺利进行，在安装 GX Developer 软件前，建议先关掉计算机的安全防护软件（如 360 安全卫士等），以及先安装软件环境。

12.1.1 安装软件环境

在安装时，先将 GX Developer 安装文件夹（如果是一个 GX Developer 压缩文件，则要先解压）复制到某盘符的根目录下（如 D 盘的根目录下），再打开 GX Developer 文件夹。文件夹中包含三个文件夹，如图 12-1 所示。打开其中的 SW8D5C-GPPW-C 文件夹，再打开该文件夹中的 EnvMEL 文件夹，找到 SETUP.EXE 文件并双击，如图 12-2 所示，即可开始安装 MELSOFT 环境软件。

12.1.2 安装 GX Developer 编程软件

软件环境安装完成后，就可以开始安装 GX Developer 软件。GX Developer 软件的安装过程如图 12-3 所示。

第 12 章　PLC 编程软件的使用

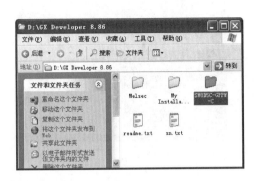

图 12-1　GX Developer 安装文件夹中包含三个文件夹

图 12-2　双击 SETUP.EXE 文件

(a) 双击SETUP.EXE文件

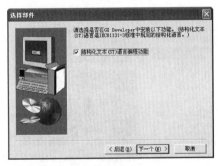

(b) 输入姓名和公司名

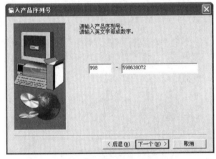

(c) 输入产品序列号

(d) 选择图中的选项

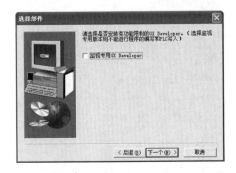

(e) 不选择图中的选项

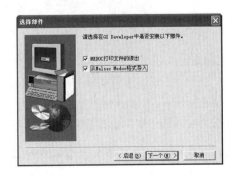

(f) 选择图中的两个选项

图 12-3　GX Developer 软件的安装过程

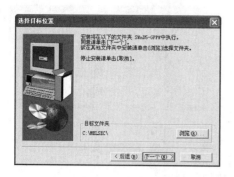
(g) 选择目标位置

(h) 安装

图 12-3　GX Developer 软件的安装过程（续）

 12.1.3　软件启动、软件窗口及梯形图工具

1. 软件启动

单击计算机桌面左下角的"开始"按钮，在弹出的菜单中执行"程序→MELSOFT 应用程序→GX Developer"，如图 12-4（a）所示，即可启动 GX Developer 软件。打开的软件窗口如图 12-4（b）所示。

(a) 从"开始"菜单启动GX Developer软件

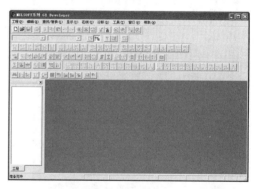
(b) 启动后打开的软件窗口

图 12-4　GX Developer 软件的启动

2. 软件窗口

GX Developer 启动后不能马上编写程序，还需要新建一个工程，再在工程中编写程序。在新建工程后（新建工程的操作方法在后面介绍），GX Developer 软件窗口发生一些变化，如图 12-5 所示。

GX Developer 软件窗口有以下内容。

❶ 标题栏：主要显示工程名称及保存位置。

❷ 菜单栏：有 10 个菜单项，通过执行这些菜单项下的菜单命令，可完成软件绝大部分功能。

❸ 工具栏：提供了软件操作的快捷按钮，有些按钮处于灰色状态，表示它们在当前操作环境下不可使用。由于工具栏中的工具条较多，占用了软件窗口的较大范围，因而可将一些不常用的工具条隐藏起来。操作方法：执行菜单命令"显示→工具条"，弹出"工具条"对话框，如图12-6所示，单击对话框中工具条名称前的圆圈，使之变成空心圆，这些工具条将隐藏起来。如果仅想隐藏某工具条中的某个工具按钮，则可先选中对话框中的某工具条，如选中"标准"工具条，再单击"定制"按钮，将弹出另一个对话框，如图12-7所示，显示该工具条中所有的工具按钮。在该对话框中取消某工具按钮，如"打印"，单击"确定"按钮后，软件窗口的标准工具条中将不会显示"打印"按钮。如果软件窗口的工具条排列混乱，可在图12-6所示的"工具条"对话框中单击"初始化"按钮，则软件窗口所有的工具条将会重新排列，恢复到初始位置。

❹ 工程数据列表区：以树状结构显示工程的各项内容（如程序、软元件注释、参数等）。当双击列表区的某项内容时，右方的编程区将切换到该内容编辑状态。如果要隐藏工程数据列表区，则可单击该区域右上角的■按钮，或执行菜单命令"显示→工程数据列表"。

❺ 编程区：用于编写程序，可以用梯形图或指令语句表编写程序，当前处于梯形图编程状态。如果要切换到指令语句表编程状态，则可执行菜单命令"显示→列表显示"。如果编程区的梯形图符号和文字偏大或偏小，则可执行菜单命令"显示→放大/缩小"，弹出如图12-8所示的对话框，在其中设置显示倍率。

❻ 状态栏：用于显示软件当前的一些状态，如鼠标指针所指工具的功能提示、PLC类型和读写状态等。如果要隐藏状态栏，则可执行菜单命令"显示→状态条"。

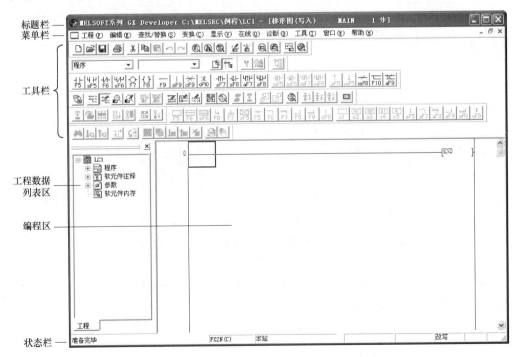

图 12-5　新建工程后的 GX Developer 软件窗口

 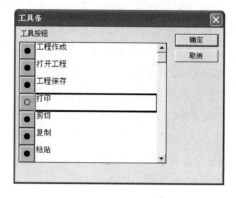 

图 12-6 "工具条"对话框　　图 12-7 "工具条"对话框　　图 12-8 设置显示倍率

3. 梯形图工具说明

工具栏中的工具很多,将鼠标指针移到某工具按钮上,下方会出现该按钮的功能说明,如图 12-9 所示。

下面介绍最常用的梯形图工具,其他工具在后面用到时再进行说明。梯形图工具条的各工具按钮说明如图 12-10 所示。

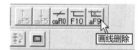

图 12-9 显示该按钮的功能说明

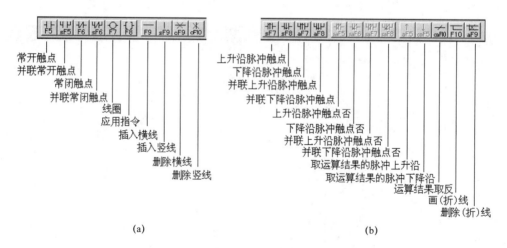

(a)　　　　　　　　　　　　　(b)

图 12-10 梯形图工具条的各工具按钮说明

注意：工具按钮下的字符表示该工具的快捷键。例如,F5 表示 F5 键；sF5 表示 Shift+F5 键（即同时按下 Shift 键和 F5 键,也可先按下 Shift 键再按 F5 键）；cF10 表示 Ctrl+F10 键；aF7 表示 Alt+F7 键；saF7 表示 Shift+Alt+F7 键。

12.2 编程软件的使用

12.2.1 创建新工程

GX Developer 软件启动后不能马上编写程序，需要先创建新工程，再在创建的工程中编写程序。

创建新工程有三种方法（一是单击工具栏中的 按钮；二是执行菜单命令"工程→创建新工程"，三是按 Ctrl+N 键），均会弹出"创建新工程"对话框，如图 12-11 所示。

(a) 选择PLC系列

(b) 选择PLC类型

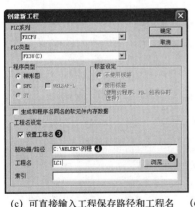
(c) 可直接输入工程保存路径和工程名

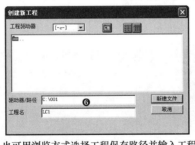
(d) 也可用浏览方式选择工程保存路径并输入工程名

图 12-11 "创建新工程"对话框

创建新工程时选择的 PLC 类型要与实际的 PLC 一致，否则程序编写后无法写入 PLC 或写入出错。由于 FX_{3S}（FX_{3SA}）系列 PLC 的推出时间较晚，在 GX Developer 软件的"PLC 类型"下拉列表中没有该系列的 PLC，这时可选择"FX_{3G}"来替代。在较新版本的 GX Work 2 编程软件中，"PLC 类型"下拉列表中有 FX_{3S}（FX_{3SA}）系列的 PLC。

12.2.2 编写梯形图程序

在工程数据列表区单击"程序""MAIN"（主程序），将右方编程区切换到主程序编程（编程区默认处于主程序编程状态），再单击工具栏中的 （写入模式）按钮，或执行菜单命令"编辑→写入模式"，也可以按键盘上的 F2 键，让编程区处于写入状态，如图 12-12 所示。下面以编写图 12-13 所示的程序为例来说明如何在 GX Developer 软件中编写梯形图程序。梯形图程序的编写过程如图 12-14 所示。

 如果 (监视模式)按钮或 (读出模式)按钮被按下,则在编程区将无法编写和修改程序,只能查看程序。

图 12-12　让编程区处于写入状态

图 12-13　待编写的梯形图程序

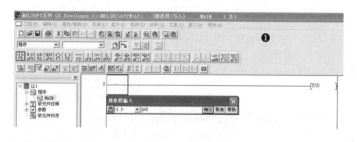

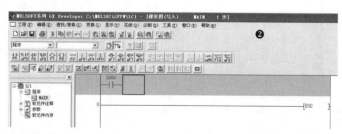

❶ 单击工具栏上的 (常开触点)按钮,或者按键盘上的 F5 键,弹出"梯形图输入"对话框。在输入框中输入 X0,单击"确定"按钮。

❷ 在原光标插入一个 X000 常开触点,光标自动后移,同时该行背景变为灰色。如果觉得用单击 按钮输入常开触点比较慢,可以先将光标放在输入位置,然后在键盘上依次敲击 l、d、空格、x、0、回车键,同样可在光标处输入一个 X000 常开触点(初学者不建议采用)。

❸ 单击工具栏上的 (线圈)按钮,或者按键盘上的 F7 键,弹出"梯形图输入"对话框,在输入框中输入"t0 k90",单击"确定"按钮。

图 12-14　梯形图程序的编写过程

第 12 章 PLC 编程软件的使用

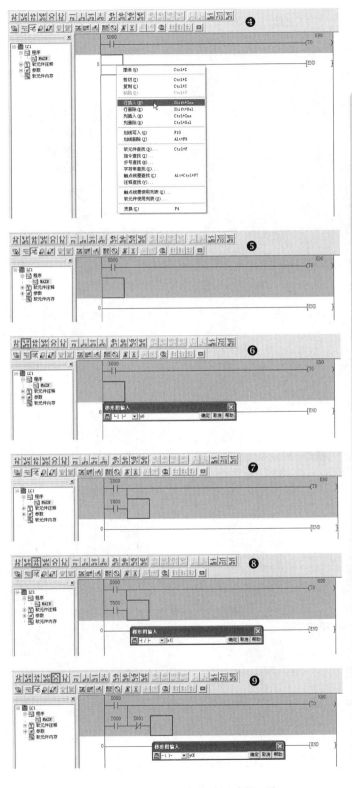

❹ 在编程区输入一个 T0 定时器线圈，定时时间为 90×100ms = 9s（T0～T199 为 100ms 定时器）。由于线圈与右母线之间不能再输入指令，故光标自动跳到下一行。在光标处右击，弹出快捷菜单，选择"行插入"命令。

❺ 在原光标位置上方插入一空行，同时光标自动移到该空行。

❻ 单击工具栏上的 按钮，也可同时按键盘上的 Shift+F5 键，弹出"梯形图输入"对话框。在输入框中输入"y0"，单击"确定"按钮。

❼ 在原光标处输入一个 Y000 并联常开触点，光标自动后移。

❽ 单击工具栏上的 按钮，或者按键盘上的 F6 键，弹出"梯形图输入"对话框。在输入框中输入"x1"，单击"确定"按钮。

❾ 在原光标处输入一个 X001 常闭触点，光标自动后移。单击工具栏上的 按钮，或者按键盘上的 F7 键，弹出"梯形图输入"对话框。在输入框中输入"y0"，单击"确定"按钮。

图 12-14　梯形图程序的编写过程（续）

235

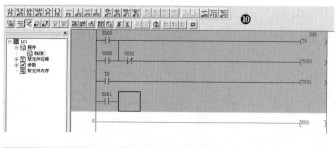

⑩ 用上述方法，在编程区输入一个 T0 常开触点、一个 Y001 线圈和一个 X001 常开触点。

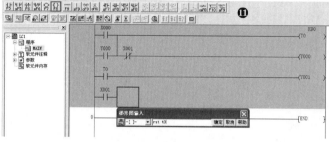

⑪ 单击工具栏上的 [ ] （应用指令）按钮，或者按键盘上的 F8 键，弹出"梯形图输入"对话框。在输入框中输入"rst t0"，单击"确定"按钮。

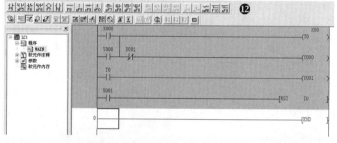

⑫ 在编程区输入一个应用指令"RST T0"，该指令功能是将定时器 T0 复位。

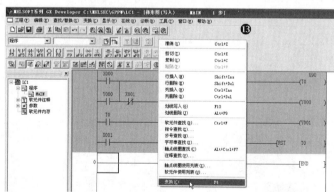

⑬ 在编程区右击，弹出快捷菜单，选择其中的"变换"命令，也可以直接单击工具栏上的 [ ] （程序变换/编译）按钮，软件会对编写的程序进行变换。如果程序未变换，则不能保存，也不能写入 PLC。按键盘上的 F4 键或执行菜单命令"变换→变换"，同样可对程序进行变换（编译）操作。如果程序存在一些错误，则变换操作不能进行，光标将停在出错位置。

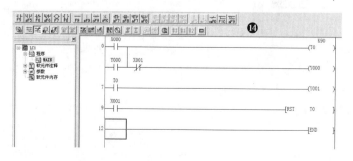

⑭ 程序变换后，其背景由灰色变为白色。

图 12-14　梯形图程序的编写过程（续）

⑮ 程序变换后，单击工具栏上的 按钮，或执行菜单命令"工程→保存工程"，即可将程序保存下来。如果创建新工程时未设置工程名，在进行保存操作时会弹出"另存工程为"对话框。选择工程保存路径并输入工程名，单击"保存"按钮即可。

图 12-14　梯形图程序的编写过程（续）

12.2.3　梯形图的编辑

1．画线和删除线操作

在梯形图中可以画直线和折线，不能画斜线。画线和删除线操作如图 12-15 所示。

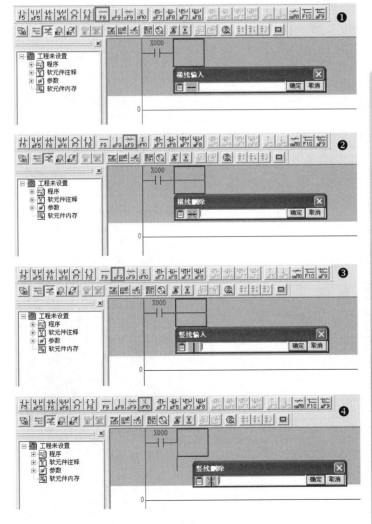

❶ 画横线：单击工具栏上的 按钮，弹出"横线输入"对话框，单击"确定"按钮即可在光标处画一条横线。不断单击"确定"按钮，则不断往右画横线；单击"取消"按钮，退出画横线操作。

❷ 删除横线：单击工具栏上的 按钮，弹出"横线删除"对话框，单击"确定"按钮即可将光标处的横线删除，也可直接按键盘上的 Delete 键将光标处的横线删除。

❸ 画竖线：单击工具栏上的 按钮，弹出"竖线输入"对话框，单击"确定"按钮即可在光标处从左往下画一条竖线。不断单击"确定"按钮，则不断往下画竖线；单击"取消"按钮，退出画竖线操作。

❹ 删除竖线：单击工具栏上的 按钮，弹出"竖线删除"对话框，单击"确定"按钮即将光标左方的竖线删除。

图 12-15　画线和删除线操作

237

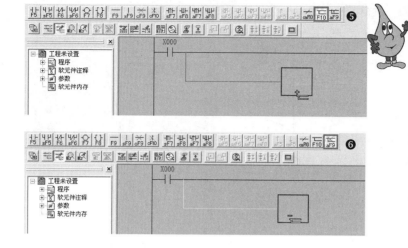

❺ 画折线：单击工具栏上的 F10 按钮，将光标移到待画折线的起点处，按下鼠标左键拖出一条折线，松开左键即可画出一条折线。

❻ 删除折线：单击工具栏上的 aF9 按钮，将光标移到折线的起点处，按下鼠标左键拖出一条空白折线，松开左键即可将一段折线删除。

图 12-15　画线和删除线操作（续）

2．删除操作

一些常用的删除操作如图 12-16 所示。

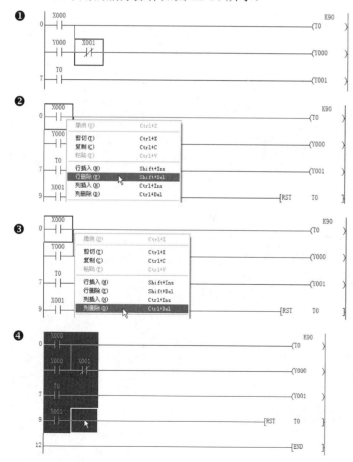

❶ 删除某个对象：用光标选中某个对象，按键盘上的 Delete 键即可删除该对象。

❷ 行删除：右击要删除的某行，在弹出的快捷菜单中选择"行删除"命令，光标所在的整个行内容会被删除，下一行内容会上移填补被删除的行。

❸ 列删除：右击要删除的某列，在弹出的快捷菜单中选择"列删除"命令，光标所在 0～7 梯级的列内容会被删除，即 X000 和 Y000 触点被删除，而 T0 触点不会被删除。

❹ 删除一个区域内的对象：先将光标移到要删除区域的左上角，然后按下键盘上的 Shift 键不放，再将光标移到该区域的右下角并单击，该区域内的所有对象都会被选中，按键盘上的 Delete 键即可删除该区域内的所有对象。也可按下鼠标左键，从左上角拖到右下角来选中某区域，并执行删除操作。

图 12-16　一些常用的删除操作

3．插入操作

一些常用的插入操作如图 12-17 所示。

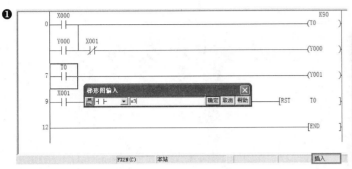

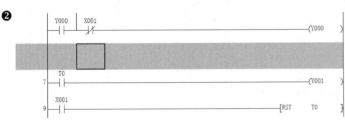

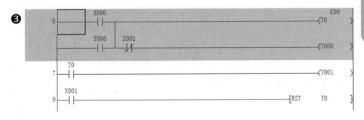

❶ 插入某个对象：用光标选中某个对象，按键盘上的 Insert 键，软件窗口下方状态栏中的"改写"变为"插入"，这时若输入一个 X3 触点，则会被插到 T0 触点的左方；如果在软件处于改写状态时进行这样的操作，则会将 T0 触点改成 X3 触点。

❷ 行插入：右击某行，在弹出的快捷菜单中选择"行插入"命令，即在定位行上方插入一个空行，同时光标移到该行。

❸ 列插入：右击某元件，在弹出的快捷菜单中选择"列插入"命令，即在该元件左方插入一列。

图 12-17　一些常用的插入操作

PLC 指令说明与应用实例

13.1 PLC 指令说明

13.1.1 逻辑取及驱动指令

逻辑取及驱动指令的名称、功能如表 13-1 所示。

表 13-1 逻辑取及驱动指令的名称、功能

指令名称（助记符）	功能	对象软元件
LD	取指令，其功能是将常开触点与左母线连接	X、Y、M、S、T、C、D□.b
LDI	取反指令，其功能是将常闭触点与左母线连接	X、Y、M、S、T、C、D□.b
OUT	线圈驱动指令，其功能是将输出继电器、辅助继电器、定时器或计数器线圈与右母线连接	Y、M、S、T、C、D□.b

LD、LDI、OUT 的使用举例如图 13-1 所示。

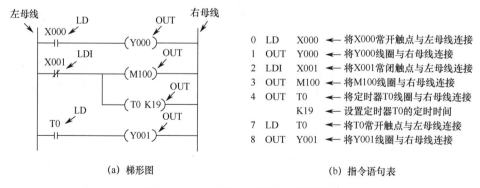

(a) 梯形图　　　　　　　　　　　(b) 指令语句表

图 13-1　LD、LDI、OUT 的使用举例

13.1.2 触点串联指令

触点串联指令的名称及功能如表 13-2 所示。

表 13-2　触点串联指令的名称及功能

指令名称（助记符）	功能	对象软元件
AND	常开触点串联指令（又称与指令），其功能是将常开触点与上一个触点串联（注：该指令不能让常开触点与左母线串接）	X、Y、M、S、T、C、D□.b
ANI	常闭触点串联指令（又称与非指令），其功能是将常闭触点与上一个触点串联（注：该指令不能让常闭触点与左母线串接）	X、Y、M、S、T、C、D□.b

AND、ANI 的使用举例如图 13-2 所示。

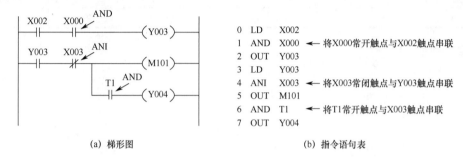

(a) 梯形图　　　　　　　　　　　　(b) 指令语句表

图 13-2　AND、ANI 的使用举例

13.1.3　触点并联指令

触点并联指令的名称及功能如表 13-3 所示。

表 13-3　触点并联指令的名称及功能

指令名称（助记符）	功能	对象软元件
OR	常开触点并联指令（又称或指令），其功能是将常开触点与上一个触点并联	X、Y、M、S、T、C、D□.b
ORI	常闭触点并联指令（又称或非指令），其功能是将常闭触点与上一个触点串联	X、Y、M、S、T、C、D□.b

OR、ORI 的使用举例如图 13-3 所示。

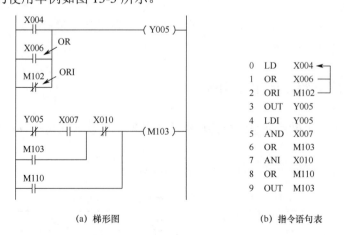

(a) 梯形图　　　　　　　　　　　　(b) 指令语句表

图 13-3　OR、ORI 的使用举例

13.1.4 串联电路块的并联指令

由两个或两个以上触点串联组成的电路称为串联电路块。 将多个串联电路块并联起来时需要用到并联指令。

串联电路块的并联指令名称及功能如表 13-4 所示。

表 13-4 串联电路块的并联指令名称及功能

指令名称（助记符）	功能	对象软元件
ORB	串联电路块的并联指令，其功能是将多个串联电路块并联起来	无

ORB 的使用举例如图 13-4 所示。

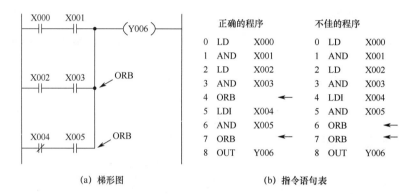

图 13-4 ORB 的使用举例

在使用 ORB 指令时需要注意以下几点：

- 每个串联电路块在开始并联时需要用到 LD 或 LDI 指令，在结束时需要用到 ORB 指令。
- ORB 是不带操作数的指令。
- 电路中有多少个串联电路块，就可以使用多少次 ORB 指令，ORB 指令的使用次数不受限制。
- 尽管 ORB 指令可以成批使用，但由于 LD、LDI 重复使用的次数不能超过 8 次，因此在编程时要注意这一点。

 13.1.5 并联电路块的串联指令

由两个或两个以上触点并联组成的电路称为并联电路块。 将多个并联电路块串联起来时需要用到串联指令。

并联电路块的串联指令名称及功能如表 13-5 所示。

表 13-5 并联电路块的串联指令名称及功能

指令名称（助记符）	功能	对象软元件
ANB	并联电路块的串联指令，其功能是将多个并联电路块串联起来	无

ANB 的使用举例如图 13-5 所示。

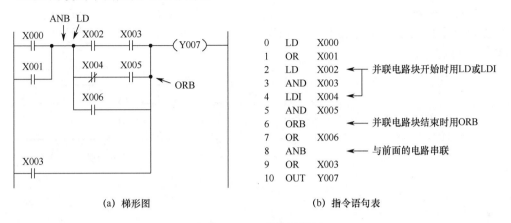

(a) 梯形图　　　　　　　　　　(b) 指令语句表

图 13-5　ANB 的使用举例

 ### 13.1.6　边沿检测指令

边沿检测指令的功能是在上升沿或下降沿时接通一个扫描周期，包括上升沿检测指令（LDP、ANDP、ORP）和下降沿检测指令（LDF、ANDF、ORF）。

1. 上升沿检测指令

LDP、ANDP、ORP 为上升沿检测指令。当有关元件进行 OFF→ON 变化时（上升沿），这些指令可以为目标元件接通一个扫描周期时间。目标元件可以是输入继电器 X、输出继电器 Y、辅助继电器 M、状态继电器 S、定时器 T 和计数器。

上升沿检测指令的名称及功能如表 13-6 所示。

表 13-6　上升沿检测指令的名称及功能

指令名称（助记符）	功能	对象软元件
LDP	上升沿取指令，其功能是将上升沿触点与左母线连接	X、Y、M、S、T、C、D□.b
ANDP	上升沿触点串联指令，其功能是将上升沿触点与上一个元件串联	X、Y、M、S、T、C、D□.b
ORP	上升沿触点并联指令，其功能是将上升沿触点与上一个元件并联	X、Y、M、S、T、C、D□.b

LDP、ANDP、ORP 的使用举例如图 13-6 所示。

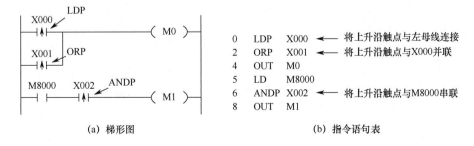

(a) 梯形图　　　　　　　　　　(b) 指令语句表

图 13-6　LDP、ANDP、ORP 的使用举例

上升沿检测指令在上升沿到来时可以为目标元件接通一个扫描周期时间。上升沿检测触点的使用说明如图 13-7 所示,当触点 X010 的状态由 OFF 转为 ON 时,触点接通一个扫描周期,即继电器线圈 M6 会通电一个扫描周期时间,之后 M6 失电,直到下一次 X010 由 OFF 变为 ON。

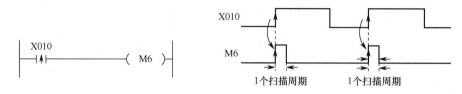

图 13-7 上升沿检测触点的使用说明

2. 下降沿检测指令

LDF、ANDF、ORF 为下降沿检测指令。当有关元件进行 ON→OFF 变化时(下降沿),这些指令可以为目标元件接通一个扫描周期时间。

下降沿检测指令的名称及功能如表 13-7 所示。

表 13-7 下降沿检测指令的名称及功能

指令名称(助记符)	功能	对象软元件
LDF	下降沿取指令,其功能是将下降沿触点与左母线连接	X、Y、M、S、T、C、D□.b
ANDF	下降沿触点串联指令,其功能是将下降沿触点与上一个元件串联	X、Y、M、S、T、C、D□.b
ORF	下降沿触点并联指令,其功能是将下降沿触点与上一个元件并联	X、Y、M、S、T、C、D□.b

LDF、ANDF、ORF 的使用举例如图 13-8 所示。

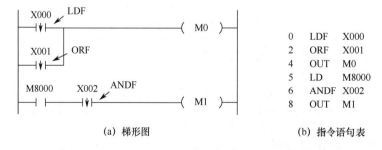

(a) 梯形图   (b) 指令语句表

图 13-8 LDF、ANDF、ORF 的使用举例

 13.1.7 多重输出指令

三菱 FX_{2N} 系列 PLC 具有 11 个存储单元,用来存储运算的中间结果,它们组成栈存储器,栈存储器的结构如图 13-9 所示。**多重输出指令的功能是对栈存储器中的数据进行操作。**

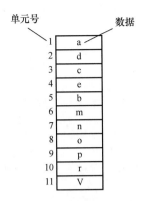

栈存储器用来存储触点运算结果，就像 11 个由下往上堆起来的箱子，自上往下依次为第 1，2，…，11 单元。

图 13-9　栈存储器的结构

多重输出指令的名称及功能如表 13-8 所示。

表 13-8　多重输出指令的名称及功能

指令名称（助记符）	功能	对象软元件
MPS	进栈指令，其功能是将触点运算结果（1 或 0）存入栈存储器的第 1 单元，存储器每个单元的数据都依次下移，即原第 1 单元数据移入第 2 单元，原第 10 单元数据移入第 11 单元	无
MRD	读栈指令，其功能是将栈存储器的第 1 单元数据读出，存储器中每个单元的数据都不会发生改变	无
MPP	出栈指令，其功能是将栈存储器的第 1 单元数据取出，存储器中每个单元的数据都依次上移，即原第 2 单元数据移入第 1 单元。MPP 在多重输出的最后一个分支中使用，以便恢复栈存储器	无

MPS、MRD、MPP 的使用举例如图 13-10、图 13-11、图 13-12 所示。

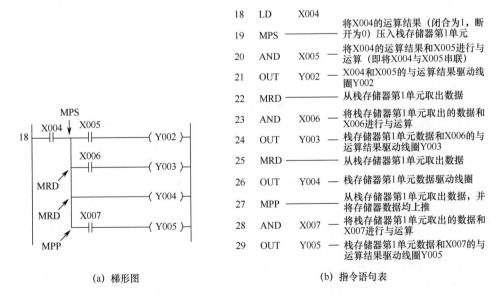

(a) 梯形图　　　　　　　　　　　(b) 指令语句表

图 13-10　MPS、MRD、MPP 的使用举例（1）

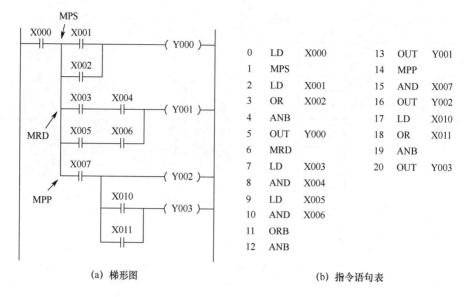

图 13-11 MPS、MRD、MPP 的使用举例（2）

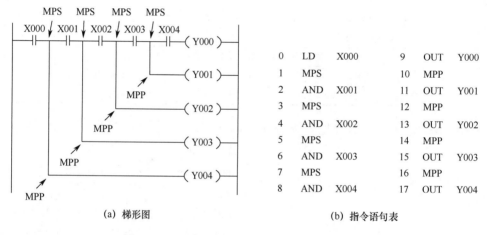

图 13-12 MPS、MRD、MPP 的使用举例（3）

在使用多重输出指令时需要注意如下几点：

- MPS 和 MPP 指令必须成对使用，缺一不可，MRD 指令可根据情况不用。
- 若 MPS、MRD、MPP 指令后有单个常开或常闭触点串联，则要使用 AND 或 ANI 指令，如图 13-10（b）中的第 23、28 步。
- 若电路中有电路块串联或并联，则需要使用 ANB 或 ORB 指令，如图 13-11（b）中的第 4、11、12、19 步。
- MPS、MPP 的连续使用次数最多不能超过 11 次，这是因为栈存储器只有 11 个存储单元，在图 13-12 中，MPS、MPP 连续使用 4 次。
- 若在 MPS、MRD、MPP 指令后无触点串联，则要使用 OUT 指令直接驱动线圈，如图 13-10（b）中的第 26 步。

13.1.8 主控和主控复位指令

主控和主控复位指令说明如表 13-9 所示。

表 13-9 主控和主控复位指令说明

指令名称（助记符）	功　　能	对象软元件
MC	主控指令，其功能是启动一个主控电路块工作	Y、M
MCR	主控复位指令，其功能是结束一个主控电路块的运行	无

MC、MCR 指令的一般使用如图 13-13 所示。MC、MCR 指令可以嵌套使用，如图 13-14 所示。

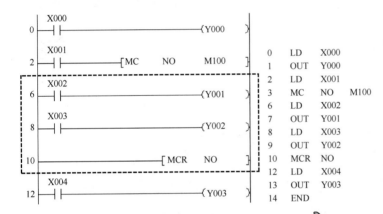

图 13-13　MC、MCR 的一般使用

如果 X001 常开触点断开，则 MC 指令不执行，MC 到 MCR 之间的程序也不执行，即 0 梯级程序执行后会执行 12 梯级程序；如果 X001 常开触点闭合，则 MC 指令执行，MC 到 MCR 之间的程序也会从上到下执行。

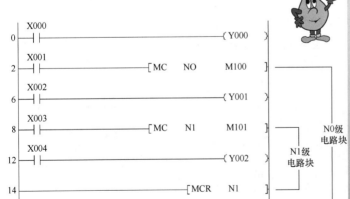

图 13-14　MC、MCR 的嵌套使用

当 X001 触点闭合、X003 触点断开时，X001 触点闭合使得"MC N0 M100"指令执行，N0 级电路块被启动，由于 X003 触点断开，使得嵌在 N0 级内的"MC N1 M101"指令无法执行，故 N1 级电路块不会执行。如果 MC 主控指令嵌套使用，则其嵌套层数最多允许 8 层（N0~N7），通常按顺序从小到大使用。MC 指令的操作元件通常为输出继电器 Y 或辅助继电器 M，但不能是特殊继电器。MCR 主控复位指令的使用次数（N0~N7）必须与 MC 的次数相同，在按从小到大顺序多次使用 MC 指令时，必须按从大到小的顺序多次使用 MCR 返回。

13.1.9 取反指令

取反指令说明如表 13-10 所示。

表 13-10 取反指令说明

指令名称	功　　能	对象软元件
取反	其功能是将该指令前的运算结果取反	无

取反指令的使用如图 13-15 所示。

图 13-15 取反指令的使用

 ### 13.1.10 置位与复位指令

置位与复位指令说明如表 13-11 所示。

表 13-11 置位与复位指令说明

指令名称（助记符）	功　　能	对象软元件
SET	置位指令，其功能是对操作元件进行置位，使其动作保持	Y、M、S、D□.b
RST	复位指令，其功能是对操作元件进行复位，取消动作保持	Y、M、S、T、C、D、R、V、Z、D□.b

SET、RST 指令的使用如图 13-16 所示。当常开触点 X000 闭合后，Y000 线圈被置位，开始动作，X000 断开后，Y000 线圈仍维持动作（通电）状态；当常开触点 X001 闭合后，Y000 线圈被复位，动作取消，X001 断开后，Y000 线圈维持动作取消（失电）状态。对于同一元件，SET、RST 指令可反复使用，顺序也可随意，但最后执行者有效。

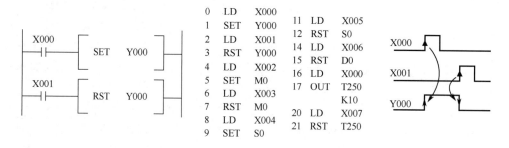

图 13-16 SET、RST 指令的使用

 ### 13.1.11 结果边沿检测指令

结果边沿检测指令是三菱 FX_3 系列 PLC 三代机新增的指令。

结果边沿检测指令说明如表 13-12 所示。

表 13-12 结果边沿检测指令说明

指令名称（助记符）	功　　能	对象软元件
MEP	结果上升沿检测指令，当该指令之前的运算结果出现上升沿时，指令为 ON（导通状态）；当前方运算结果无上升沿时，指令为 OFF（非导通状态）	无
MEF	结果下降沿检测指令，当该指令之前的运算结果出现下降沿时，指令为 ON（导通状态）；当前方运算结果无下降沿时，指令为 OFF（非导通状态）	无

MEP 指令的使用如图 13-17 所示。当 X000 触点处于闭合、X001 触点由断开转为闭合时，MEP 指令前方送来一个上升沿，指令导通，"SET M0"执行，将辅助继电器 M0 置 1。

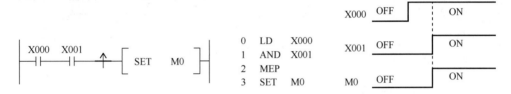

图 13-17 MEP 指令的使用

MEF 指令的使用如图 13-18 所示。当 X001 触点处于闭合、X000 触点由闭合转为断开时，MEF 指令前方送来一个下降沿，指令导通，"SET M0"执行，将辅助继电器 M0 置 1。

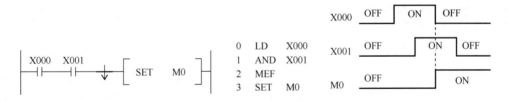

图 13-18 MEF 指令的使用

13.1.12 脉冲微分输出指令

脉冲微分输出指令说明如表 13-13 所示。

表 13-13 脉冲微分输出指令说明

指令名称（助记符）	功　　能	对象软元件
PLS	上升沿脉冲微分输出指令，其功能是当检测到输入脉冲上升沿来时，使操作元件得电一个扫描周期	Y、M
PLF	下降沿脉冲微分输出指令，其功能是当检测到输入脉冲下降沿来时，使操作元件得电一个扫描周期	Y、M

PLS、PLF 指令的使用如图 13-19 所示。当常开触点 X000 闭合时，产生一个上升沿脉冲，[PLS　M0]指令执行，M0 线圈得电一个扫描周期，M0 常开触点闭合，[SET　Y000]指令执行，将 Y000 线圈置位（即让 Y000 线圈得电）；当常开触点 X001 由闭合转为断开时，产生一个脉冲下降沿，[PLF　M1]指令执行，M1 线圈得电一个扫描周期，M1 常开触点闭合，[RST　Y000]指令执行，将 Y000 线圈复位（即让 Y000 线圈失电）。

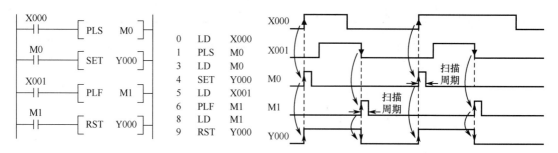

图 13-19　PLS、PLF 指令的使用

13.1.13　空操作指令

空操作指令的名称及功能如表 13-14 所示。

表 13-14　空操作指令的名称及功能

指令名称（助记符）	功　能	对象软元件
NOP	空操作指令，其功能是不执行任何操作	无

NOP 指令的使用举例如图 13-20 所示。**当使用 NOP 指令取代其他指令时，其他指令会被删除。**在图 13-20 中使用 NOP 指令取代 AND 和 ANI 指令，梯形图相应的触点就会被删除。如果在普通指令之间插入 NOP 指令，则对程序运行结果没有影响。

```
1   LD    X000
2   AND   X001           ⇔    ─┤├──┤├──┤├──( Y000 )─
3   ANI   X002                 X000 X001 X002
4   OUT   Y000                      替换前

1   LD    X000
2   NOP                  ⇔    ─┤├──────────( Y000 )─
3   NOP                        X000
4   OUT   Y000                      替换后
```

图 13-20　NOP 指令的使用举例

13.1.14 程序结束指令

程序结束指令说明如表 13-15 所示。

表 13-15 程序结束指令说明

指令名称（助记符）	功　能	对象软元件
END	程序结束指令，当一个程序结束后，需要在结束位置应用 END 指令	无

END 指令的使用如图 13-21 所示。当系统运行到 END 指令处时，END 后面的程序将不会执行，系统会由 END 处自动返回，开始下一个扫描周期。如果不在程序结束处使用 END 指令，则系统会一直运行到程序的最后，以延长程序的执行周期。

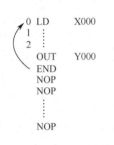

使用 END 指令可方便调试程序。当编写很长的程序时，如果调试的过程中发现程序出错，则为了发现程序的出错位置，可先从前往后每隔一段程序插入一个 END 指令，再进行调试，系统执行到第一个 END 指令后返回：若发现程序出错，则表明出错位置应在第一个 END 指令之前；若第一段程序正常，则可删除一个 END 指令。利用同样的方法调试后面的程序。

图 13-21 END 指令的使用

13.2 PLC 基本控制线路与梯形图

13.2.1 启动、自锁和停止控制的 PLC 线路与梯形图

启动、自锁和停止控制是 PLC 最基本的控制功能。启动、自锁和停止控制可以采用线圈驱动指令（OUT），也可以采用置位和复位指令（SET、RST）来实现。

1. 采用线圈驱动指令实现启动、自锁和停止控制

线圈驱动指令（OUT）的功能是将输出线圈与右母线连接。它是一种很常用的指令。采用线圈驱动指令实现启动、自锁和停止控制的 PLC 线路图及梯形图如图 13-22 所示。

2. 采用置位和复位指令实现启动、自锁、停止控制

采用置位和复位指令 SET、RST 实现启动、自锁、停止控制的梯形图如图 13-23 所示，其 PLC 接线图与图 13-22（a）所示线路相同。采用置位和复位指令、线圈驱动指令都可以实现启动、自锁和停止控制，两者的 PLC 接线都相同，仅为 PLC 编写输入的梯形图程序不同。

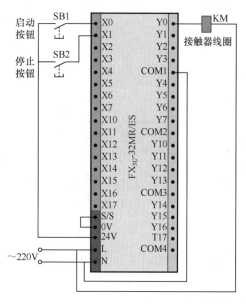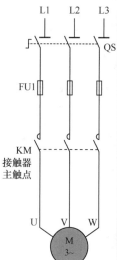

(a) PLC接线图

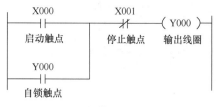

(b) 梯形图

图 13-22 采用线圈驱动指令实现启动、自锁和停止控制的 PLC 线路图及梯形图

当按下 PLC 输入端子外接的启动按钮 SB1 时，梯形图程序中的启动触点 X000 闭合，输出线圈 Y000 得电，输出端子 Y0 的内部硬触点闭合，Y0 端子与 COM 端子之间内部接通，接触器线圈 KM 得电，主电路中的 KM 主触点闭合，电动机得电启动。输出线圈 Y000 得电后，除了会使 Y000、COM 端子之间的硬触点闭合外，还会使自锁触点 Y000 闭合，在启动触点 X000 断开后，依靠自锁触点闭合可使线圈 Y000 继续得电，电动机也会继续运转，从而实现自锁控制功能。

当按下 PLC 外接的停止按钮 SB2 时，梯形图程序中的停止触点 X001 断开，输出线圈 Y000 失电，Y0、COM 端子之间的内部硬触点断开，PLC 输出端外接的接触器 KM 线圈失电，主电路中的 KM 主触点断开，电动机失电停转。

图 13-23 采用置位和复位指令实现启动、自锁、停止控制的梯形图

当按下 PLC 外接的启动按钮 SB1 时，梯形图中的启动触点 X000 闭合，[SET Y000]指令执行，指令执行结果将输出线圈 Y000 置为 1，相当于 Y000 得电，使得 Y0、COM 端子之间的内部硬触点接通，PLC 外接的接触器线圈 KM 得电，主电路中的 KM 主触点闭合，电动机得电启动。

在输出线圈 Y000 置位后，松开启动按钮 SB1，启动触点 X000 断开，但 Y000 仍保持"1"的状态，即维持得电状态，电动机继续运转，从而实现自锁控制功能。

当按下停止按钮 SB2 时，梯形图程序中的停止触点 X001 闭合，[RST Y000]指令执行，指令执行结果将输出线圈 Y000 复位，相当于 Y000 失电，Y0、COM 端子之间的内部硬触点断开，接触器线圈 KM 失电，主电路中的 KM 主触点断开，电动机失电停转。

13.2.2 正、反转联锁控制的 PLC 线路与梯形图

正、反转联锁控制的 PLC 线路与梯形图如图 13-24 所示。

第 13 章　PLC 指令说明与应用实例

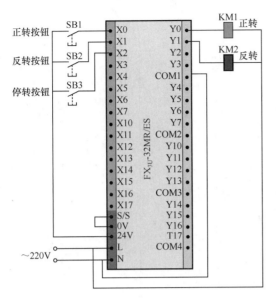
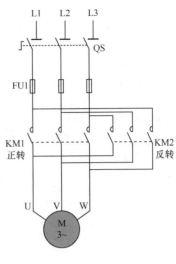

(a) PLC 接线图

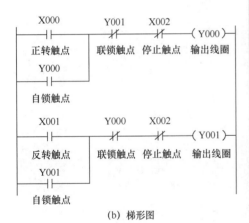

(b) 梯形图

图 13-24　正、反转联锁控制的 PLC 线路与梯形图

❶ 正转联锁控制。按下正转按钮 SB1→正转触点 X000 闭合→Y000 输出线圈得电→Y000 自锁触点闭合，Y000 联锁触点断开，Y0 端子与 COM 端子间的内部硬触点闭合→Y000 自锁触点闭合，使得输出线圈 Y000 在 X000 正转触点断开后仍可得电；Y000 联锁触点断开，使得即使在 X001 反转触点闭合（由误操作 SB2 引起）时输出线圈 Y001 也无法得电，以实现联锁控制；Y0 端子与 COM 端子间的内部硬触点闭合，接触器 KM1 线圈得电，主电路中的 KM1 主触点闭合，电动机得电正转。

❷ 反转联锁控制。按下反转按钮 SB2→反转触点 X001 闭合→输出线圈 Y001 得电→Y001 自锁触点闭合，Y001 联锁触点断开，Y1 端子与 COM 端子间的内部硬触点闭合→Y001 自锁触点闭合，使得输出线圈 Y001 在 X001 反转触点断开后继续得电；Y001 联锁触点断开，使得即使在 X000 正转触点闭合（由误操作 SB1 引起）时输出线圈 Y000 也无法得电，以实现联锁控制；Y1 端子与 COM 端子间的内部硬触点闭合，接触器 KM2 线圈得电，主电路中的 KM2 主触点闭合，电动机得电反转。

❸ 停转控制。按下停止按钮 SB3→两个停止触点 X002 断开→输出线圈 Y000、Y001 失电→接触器 KM1、KM2 线圈失电→主电路中的 KM1、KM2 主触点断开，电动机失电停转。

13.2.3　多地控制的 PLC 线路与梯形图

多地控制的 PLC 线路与梯形图如图 13-25 所示。

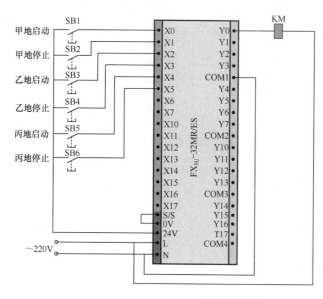
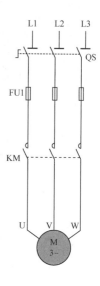

(a) PLC接线图

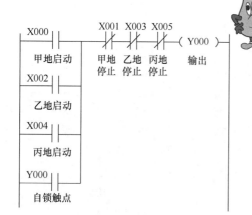

(b) 单人多地控制梯形图

甲地启动控制：在甲地按下启动按钮 SB1→X000 常开触点闭合→输出线圈 Y000 得电→Y000 自锁触点闭合，Y0 端子内部硬触点闭合→Y000 自锁触点闭合，Y000 输出线圈得电，Y0 端子的内部硬触点闭合，使得接触器线圈 KM 得电→主电路中的 KM 主触点闭合，电动机得电运转。

甲地停止控制：在甲地按下停止按钮 SB2→X001 常闭触点断开→输出线圈 Y000 失电→Y000 自锁触点断开，Y0 端子的内部硬触点断开→接触器线圈 KM 失电→主电路中的 KM 主触点断开，电动机失电停转。

乙地和丙地的启/停控制与甲地的启/停控制相同，利用该梯形图可以实现在任何一地进行启/停控制，也可以在一地进行启动控制，在另一地进行停止控制。

启动控制：在甲、乙、丙三地同时按下按钮 SB1、SB3、SB5→输出线圈 Y000 得电→Y000 自锁触点闭合，Y0 端子的内部硬触点闭合→Y000 输出线圈得电，接触器线圈 KM 得电→主电路中的 KM 主触点闭合，电动机得电运转。

停止控制：在甲、乙、丙三地按下 SB2、SB4、SB6 中的某个停止按钮→输出线圈 Y000 失电→Y000 自锁触点断开，Y0 端子的内部硬触点断开→Y000 线圈供电，接触器线圈 KM 失电→主电路中的 KM 主触点断开，电动机失电停转。

该梯形图可以实现只有多人在多地同时按下启动按钮才能启动的功能，而在任意一地都可以进行停止控制。

(c) 多人多地控制梯形图

图 13-25 多地控制的 PLC 线路与梯形图

13.2.4 定时控制的 PLC 线路与梯形图

1. 延时启动定时运行控制的 PLC 线路与梯形图

延时启动定时运行控制的 PLC 线路与梯形图如图 13-26 所示。

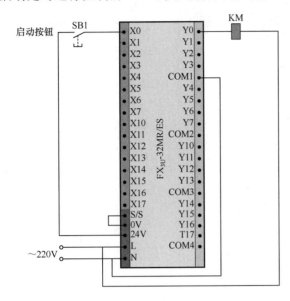

(a) PLC 接线图

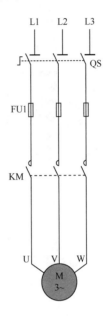

可以实现的功能：按下启动按钮 3s 后，电动机启动运行，运行 5s 后自动停止。

(b) 梯形图

图 13-26 延时启动定时运行控制的 PLC 线路与梯形图

对 PLC 线路与梯形图的说明如下。

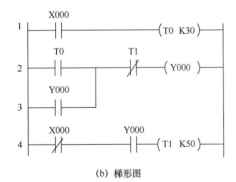

2. 多定时器组合控制的 PLC 线路与梯形图

图 13-27 所示为一种典型的多定时器组合控制的 PLC 线路与梯形图。

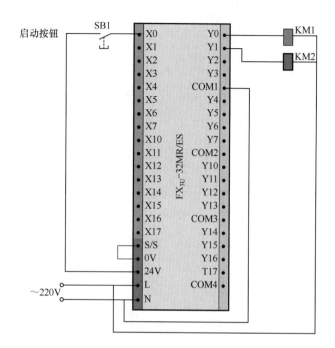
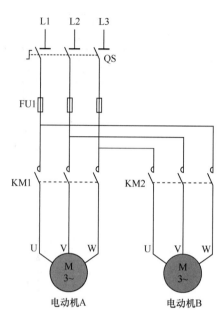

(a) PLC接线图

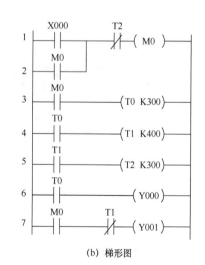

可以实现的功能：按下启动按钮后电动机 B 马上运行，30s 后电动机 A 开始运行，70s 后电动机 B 停转，100s 后电动机 A 停转。

(b) 梯形图

图 13-27 一种典型的多定时器组合控制的 PLC 线路与梯形图

对 PLC 线路与梯形图的说明如下。

第 13 章 PLC 指令说明与应用实例

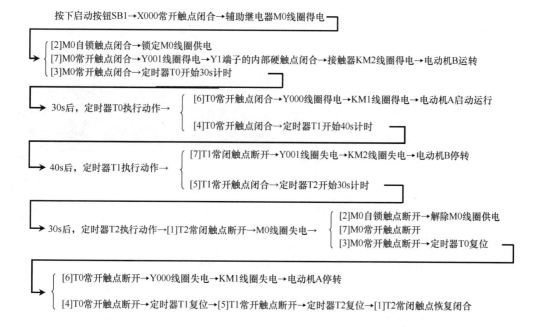

13.2.5 定时器与计数器组合延长定时控制的 PLC 线路与梯形图

三菱 FX 系列 PLC 的最大定时时间为 3276.7s（约 54min），采用定时器和计数器可以延长定时时间。定时器与计数器组合延长定时控制的 PLC 线路与梯形图如图 13-28 所示。

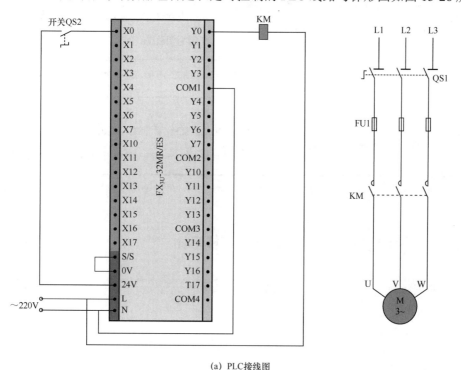

(a) PLC 接线图

图 13-28 定时器与计数器组合延长定时控制的 PLC 线路与梯形图

257

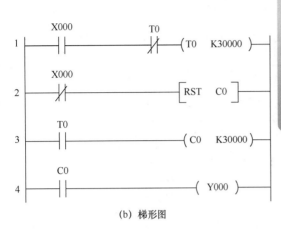

图 13-28 中定时器 T0 的定时单位为 0.1s（100ms）。在与计数器 C0 组合使用后，其定时时间 $T=30\,000×0.1s×30\,000=90\,000\,000s=25\,000h$。若需重新定时，则可将开关 QS2 断开，让[2]X000 常闭触点闭合，执行[RST C0]指令，对计数器 C0 进行复位，闭合 QS2，则会重新开始 250 000h 定时。

(b) 梯形图

图 13-28 定时器与计数器组合延长定时控制的 PLC 线路与梯形图（续）

对 PLC 线路与梯形图的说明如下。

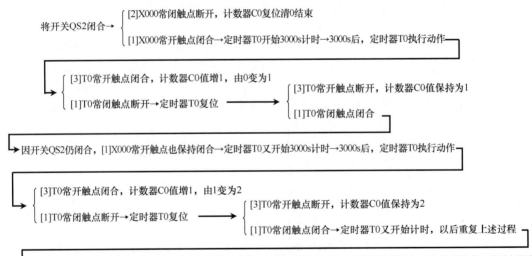

 13.2.6 多重输出控制的 PLC 线路与梯形图

多重输出控制的 PLC 线路与梯形图如图 13-29 所示。

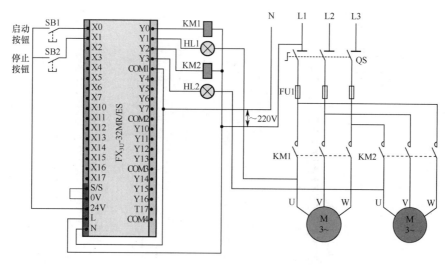

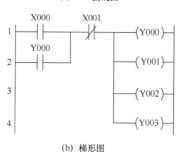

(b) 梯形图

图 13-29 多重输出控制的 PLC 线路与梯形图

对 PLC 线路与梯形图的说明如下。

1. 启动控制

按下停止按钮SB2→X001常闭触点断开
→Y000自锁触点断开,解除输出线圈Y000~Y003供电
→Y000线圈失电→Y0端子的内部硬触点断开→KM1线圈失电→KM1主触点断开→HL1灯失电熄灭,指示电动机A失电
→Y001线圈失电→Y1端子的内部硬触点断开
→Y002线圈失电→Y2端子的内部硬触点断开→KM2线圈失电→KM2主触点断开→HL2灯失电熄灭,指示电动机B失电
→Y003线圈失电→Y3端子的内部硬触点断开

2. 停止控制

按下启动按钮SB1→X000常开触点闭合
→Y000自锁触点闭合,锁定输出线圈Y000~Y003供电
→Y000线圈得电→Y0端子的内部硬触点闭合→KM1线圈得电→KM1主触点闭合→HL1灯得电点亮,指示电动机A得电
→Y001线圈得电→Y1端子的内部硬触点闭合
→Y002线圈得电→Y2端子的内部硬触点闭合→KM2线圈得电→KM2主触点闭合→HL2灯得电点亮,指示电动机B得电
→Y003线圈得电→Y3端子的内部硬触点闭合

13.2.7 过载报警控制的 PLC 线路与梯形图

过载报警控制的 PLC 线路与梯形图如图 13-30 所示。

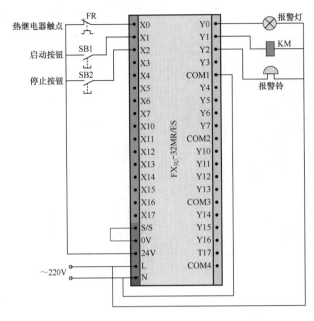
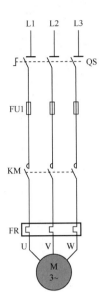

(a) PLC接线图

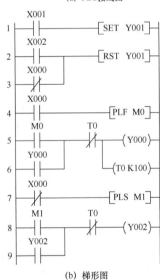

(b) 梯形图

图 13-30 过载报警控制的 PLC 线路与梯形图

对 PLC 线路与梯形图的说明如下。

1. 启动控制

按下启动按钮 SB1→[1]X001 常开触点闭合→执行[SET Y001]指令→Y001 线圈被置位，即 Y001 线圈得电→Y1 端子的内部硬触点闭合→接触器 KM 线圈得电→KM 主触点闭合→电动机得电运转。

2. 停止控制

按下停止按钮 SB2→[2]X002 常开触点闭合→执行[RST Y001]指令→Y001 线圈被复位，

即 Y001 线圈失电→Y1 端子的内部硬触点断开→接触器 KM 线圈失电→KM 主触点断开→电动机失电停转。

3. 过载保护及报警控制

在正常工作时，FR过载保护触点闭合→ { [3]X000常闭触点断开，指令[RST Y001]无法执行
[4]X000常开触点闭合，指令[PLF M0]无法执行
[7]X000常闭触点断开，指令[PLS M1]无法执行 }

当电动机过载运行时，热继电器FR发热元件执行动作，其常闭触点FR断开→

[3]X000常闭触点闭合→执行指令[RST Y001]→Y001线圈失电→Y1端子的内部硬触点断开→KM线圈失电→KM主触点断开→电动机失电停转

[4]X000常开触点由闭合转为断开，产生一个脉冲下降沿→执行指令[PLF M0]，M0线圈得电一个扫描周期→[5]M0常开触点闭合→Y000线圈得电，定时器T0开始10s计时→[6]Y000自锁触点闭合，报警灯通电点亮

[7]X000常闭触点由断开转为闭合，产生一个脉冲上升沿→执行指令[PLS M1]，M1线圈得电一个扫描周期→[8]M1常开触点闭合→Y002线圈得电→[9]Y002自锁触点闭合，报警铃通电发声

10s后，定时器T0执行动作→ { [8]T0常闭触点断开→Y002线圈失电→报警铃失电，停止发出报警声
[5]T0常闭触点断开→定时器T0复位，Y000线圈失电→报警灯失电熄灭 }

13.2.8 闪烁控制的 PLC 线路与梯形图

闪烁控制的 PLC 线路与梯形图如图 13-31 所示。

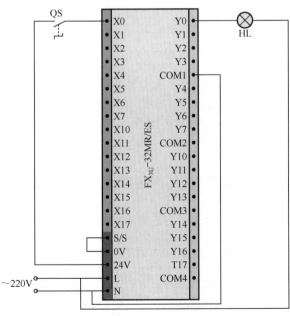

(a) PLC接线图

图 13-31 闪烁控制的 PLC 线路与梯形图

261

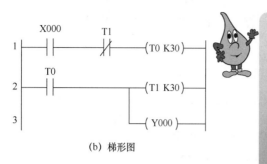

(b) 梯形图

图 13-31 闪烁控制的 PLC 线路与梯形图（续）

将开关 QS 闭合→X000 常开触点闭合→定时器 T0 开始 3s 计时→3s 后，定时器执行 T0 动作，T0 常开触点闭合→定时器 T1 开始 3s 计时，同时 Y000 得电，Y0 端子的内部硬触点闭合，HL 灯点亮→3s 后，定时器 T1 执行动作，T1 常闭触点断开→定时器 T0 复位，T0 常开触点断开→Y000 线圈失电，同时定时器 T1 复位→Y000 线圈失电使 HL 灯熄灭；定时器 T1 复位使 T1 闭合，由于开关 QS 仍闭合，X000 常开触点也处于闭合状态，因此定时器 T0 又重新开始 3s 计时。

重复上述过程，HL 灯保持 3s 亮、3s 灭的频率闪烁发光。

13.3 PLC 控制喷泉的开发实例

 13.3.1 控制要求

系统要求用两个按钮来控制 A、B、C 三组喷头工作（通过控制三组喷头的电动机来实现），三组喷头的排列与工作时序如图 13-32 所示。

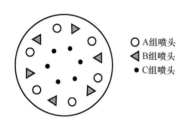

(a) 三组喷头的排列

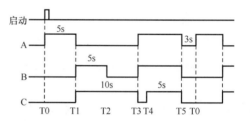

(b) 三组喷头的工作时序

图 13-32 三组喷头的排列与工作时序

系统控制要求：当按下启动按钮后，A 组喷头先喷 5s 后停止；然后 B、C 组喷头同时喷水，5s 后，B 组喷头停止，C 组喷头继续喷 5s 再停止；随后 A、B 组喷头喷 7s，C 组喷头在这 7s 的前 2s 内停止，后 5s 内喷水；接着 A、B、C 三组喷头同时停止 3s；最后重复上述过程。按下停止按钮后，三组喷头同时停止喷水。

 13.3.2 PLC 用到的 I/O 端子与连接的输入/输出设备

在喷泉控制中 PLC 用到的 I/O 端子与连接的输入/输出设备见表 13-16。

表 13-16 PLC 用到的 I/O 端子与连接的输入/输出设备

输入			输出		
输入设备	输入端子	功能说明	输出设备	输出端子	功能说明
SB1	X000	启动控制	KM1 线圈	Y000	驱动电动机 A 工作
SB2	X001	停止控制	KM2 线圈	Y001	驱动电动机 B 工作
			KM3 线圈	Y002	驱动电动机 C 工作

13.3.3 PLC 控制线路

图 13-33 所示为喷泉的 PLC 控制线路。

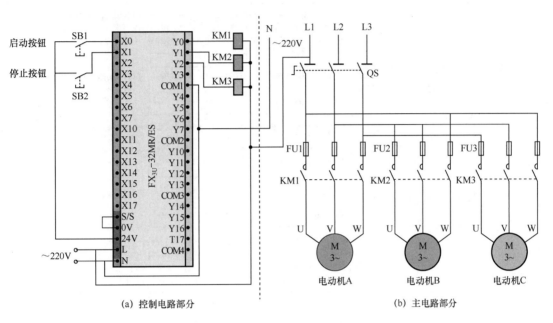

图 13-33 喷泉的 PLC 控制线路

 ### 13.3.4 PLC 控制程序及详解

图 13-34 所示为喷泉的 PLC 控制梯形图程序。下面结合图 13-33 所示的控制线路和图 13-34 所示的梯形图程序来说明喷泉控制系统的工作原理。

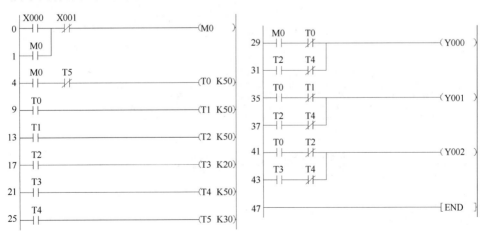

图 13-34 喷泉的 PLC 控制梯形图程序

1. 启动控制

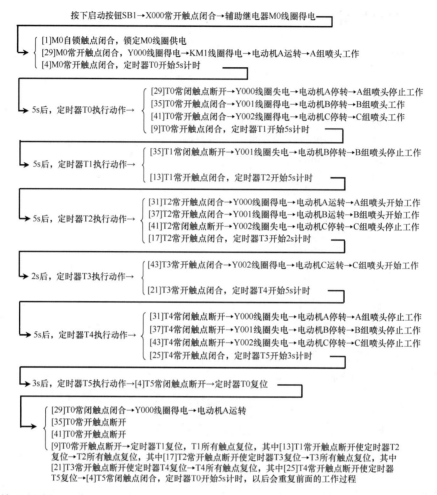

2. 停止控制

按下停止按钮SB2→X001常闭触点断开→M0线圈失电→ [1]M0自锁触点断开，解除自锁
[4]M0常开触点断开→定时器T0复位

→T0所有触点复位，其中[9]T0常开触点断开→定时器T1复位→T1所有触点复位，其中[13]T1常开触点断开使定时器T2复位→T2所有触点复位，其中[17]T2常开触点断开使定时器T3复位→T3所有触点复位，其中[21]T3常开触点断开使定时器T4复位→T4所有触点复位，其中[25]T4常开触点断开使定时器T5复位→T5所有触点复位→[4]T5常闭触点闭合→由于定时器T0～T5所有触点复位，Y000～Y002线圈均无法得电→KM1～KM3线圈失电→电动机A、B、C均停转

13.4 PLC控制交通信号灯的开发实例

13.4.1 控制要求

系统要求用两个按钮来控制交通信号灯工作，交通信号灯的排列与工作时序如图13-35

所示。

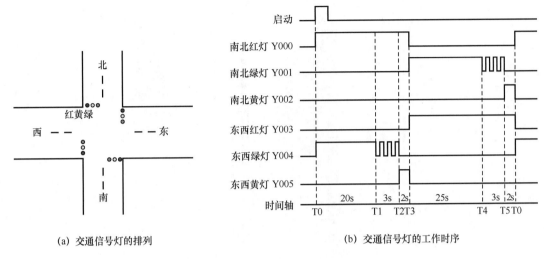

(a) 交通信号灯的排列　　　　　　　(b) 交通信号灯的工作时序

图 13-35　交通信号灯的排列与工作时序

系统控制要求：当按下启动按钮后，南北红灯亮 25s，在南北红灯亮 25s 的时间里，东西绿灯先亮 20s 再以 1 次/s 的频率闪烁 3 次，接着东西黄灯亮 2s，25s 后南北红灯熄灭，熄灭时间维持 30s，在这 30s 的时间里，东西红灯一直亮，南北绿灯先亮 25s，然后以 1 次/s 的频率闪烁 3 次，接着南北黄灯亮 2s。以后重复该过程。按下停止按钮后，所有的灯都熄灭。

 13.4.2　PLC 用到的 I/O 端子与连接的输入/输出设备

在交通信号灯控制中 PLC 用到的 I/O 端子与连接的输入/输出设备见表 13-17。

表 13-17　PLC 用到的 I/O 端子与连接的输入/输出设备

输入			输出		
输入设备	输入端子	功能说明	输出设备	输出端子	功能说明
SB1	X000	启动控制	南北红灯	Y000	驱动南北红灯亮
SB2	X001	停止控制	南北绿灯	Y001	驱动南北绿灯亮
			南北黄灯	Y002	驱动南北黄灯亮
			东西红灯	Y003	驱动东西红灯亮
			东西绿灯	Y004	驱动东西绿灯亮
			东西黄灯	Y005	驱动东西黄灯亮

 13.4.3　PLC 控制线路

图 13-36 所示为交通信号灯的 PLC 控制线路。

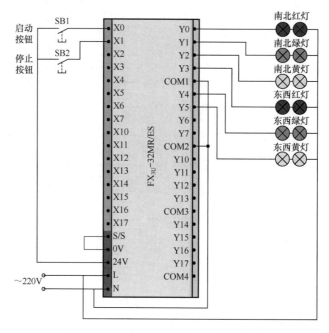

图 13-36 交通信号灯的 PLC 控制线路

 13.4.4　PLC 控制程序及详解

图 13-37 所示为交通信号灯的 PLC 控制梯形图程序。

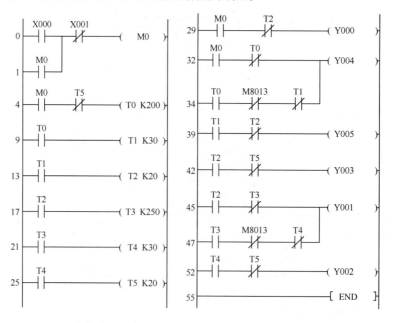

图 13-37 交通信号灯的 PLC 控制梯形图程序

下面对照图 13-36 所示的控制线路、图 13-35 所示的工作时序和图 13-37 所示的梯形图程序来说明交通信号灯的控制原理。在图 13-37 中，采用了一个特殊的辅助继电器 M8013，称作触点利用型特殊继电器。它利用 PLC 自动驱动线圈，用户只能利用它的触点，即梯形图里只能画它的触点。M8013 是一个产生 1s 时钟脉冲的辅助继电器，其高低电平持续时间各为 0.5s。以图 13-37 中[34]步为例，当 T0 常开触点闭合时，M8013 常闭触点接通、断开时间分别为 0.5s，Y004 线圈得电、失电时间也都为 0.5s。

1. 启动控制

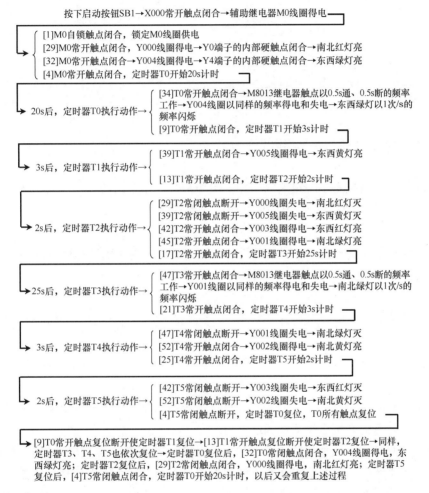

2. 停止控制

第14章 变频器的使用

14.1 变频器的基本结构原理

14.1.1 异步电动机的两种调速方式

当三相异步电动机定子绕组通入三相交流电后,定子绕组会产生旋转磁场,旋转磁场的转速 n_0 与交流电源的频率 f、电动机的磁极对数 p 有如下关系:

$$n_0=60f/p$$

电动机转子的旋转速度 n(即电动机的转速)略低于旋转磁场的旋转速度 n_0(又称同步转速),两者的转速差称为转差 s, 电动机的转速为

$$n=(1-s)60f/p$$

由于转差 s 很小,一般为 0.01～0.05,为了计算方便,可认为电动机的转速近似为

$$n=60f/p$$

从上面的近似公式可以看出,三相异步电动机的转速 n 与交流电源的频率 f、电动机的磁极对数 p 有关,当交流电源的频率 f 发生改变时,电动机的转速也会发生变化。**通过改变交流电源的频率来调节电动机转速的方法称为变频调速;通过改变电动机的磁极对数 p 来调节电动机转速的方法称为变极调速。**

变极调速只适用于笼型异步电动机(不适用于绕线型转子异步电动机),它是通过改变电动机定子绕组的连接方式来改变电动机的磁极对数,从而实现变极调速的。适合变极调速的电动机称为多速电动机, 常见的多速电动机有双速电动机、三速电动机和四速电动机等。

变极调速方式只适用于结构特殊的多速电动机调速,而且由一种速度转变为另一种速度时,速度变化较大,采用变频调速则可解决这些问题。如果对异步电动机进行变频调速,则需要用到专门的电气设备:变频器。变频器将工频(50Hz 或 60Hz)交流电源转换成频率可变的交流电源并提供给电动机,只要改变输出交流电源的频率就能改变电动机的转速。由于变频器输出电源的频率可连续变化,故电动机的转速也可连续变化,从而实现电动机无级变速调节。图 14-1 列出了几种常见的变频器。

图 14-1 几种常见的变频器

 14.1.2 变频器的基本结构及原理

变频器的种类很多，主要可分为两类：交-直-交型变频器和交-交型变频器。

1. 交-直-交型变频器的结构与原理

交-直-交型变频器利用电路先将工频电源转换成直流电源，再将直流电源转换成频率可变的交流电源，然后提供给电动机，通过调节输出电源的频率来改变电动机的转速。 交-直-交型变频器的典型结构框图如图 14-2 所示。

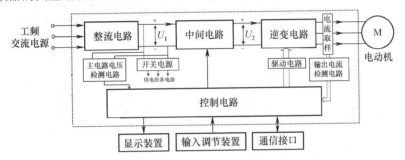

图 14-2 交-直-交型变频器的典型结构框图

下面对照图 14-2 所示框图说明交-直-交型变频器的工作原理。

三相或单相工频交流电源经整流电路转换成脉动的直流电，再经中间电路进行滤波平滑，然后送到逆变电路，与此同时，控制电路会产生驱动脉冲，经驱动电路放大后送到逆变电路，在驱动脉冲的控制下，逆变电路将直流电转换成频率可变的交流电并送给电动机，驱动电动机运转。只要改变逆变电路输出交流电的频率，电动机转速就会发生相应的变化。

整流电路、中间电路和逆变电路构成变频器的主电路，用来完成交-直-交的转换。由于主电路工作在高电压、大电流状态，为了保护主电路，变频器通常设有主电路电压检测和输出电流检测电路，当主电路电压过高或过低时，主电路电压检测电路会将该情况反映给控制电路；当变频器输出电流过大（如电动机负荷大）时，电流取样元件或电路会产生过电流信号，经输出电流检测电路处理后也送到控制电路。当主电路电压不正常或输出电流过大时，控制电路通过检测电路获得该情况后，会根据设定的程序做出相应的控制，如让变频器主电路停止工作，并发出相应的报警指示。

控制电路是变频器的控制中心，当它接收到输入调节装置或通信接口送来的指令信号后，会发出相应的控制信号去控制主电路，使主电路按设定的要求工作。控制电路还会将有关的设置和机器状态信息送到显示装置,以显示有关信息,便于用户操作或了解变频器的工作情况。

变频器的显示装置一般采用显示屏和指示灯;输入调节装置主要包括按钮、开关和旋钮等;通信接口用来与其他设备(如可编程序控制器 PLC)进行通信,以接收它们发送过来的信息,同时还将变频器有关信息反馈给这些设备。

2. 交-交型变频器的结构与原理

交-交型变频器利用电路直接将工频电源转换成频率可变的交流电源并提供给电动机,通过调节输出电源的频率来改变电动机的转速。交-交型变频器的结构框图如图 14-3 所示。

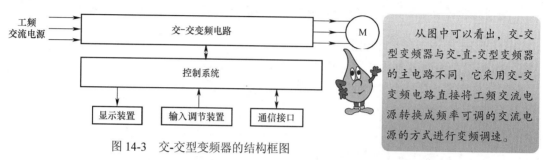

图 14-3　交-交型变频器的结构框图

交-交变频电路一般只能将输入交流电频率降低输出,而工频电源频率本来就低,所以交-交型变频器的调速范围很窄。另外,这种变频器要采用大量的晶闸管等电力电子器件,导致装置体积大、成本高,故交-交型变频器的使用远没有交-直-交型变频器广泛,因此本书主要介绍交-直-交型变频器。

14.2　变频器的操作面板组件(三菱 FR-A740 型)

变频器的生产厂家很多,主要有三菱、西门子、富士、施耐德、ABB、安川和台达等。虽然变频器种类繁多,但由于基本功能是一致的,因此使用方法大同小异。三菱 FR-700 系列变频器在我国使用广泛,该系列变频器又包括 FR-A700、FR-L700、FR-F700、FR-E700 和 FR-D700 子系列。本章以功能强大的通用型 FR-A740 型变频器为例来介绍变频器的使用方法。以 FR-A740 型为例说明变频器的型号含义,如图 14-4 所示。

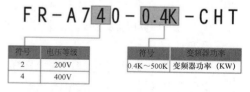

图 14-4　变频器的型号含义

14.2.1　变频器的外形

三菱 FR-A740 型变频器的外形如图 14-5 所示。

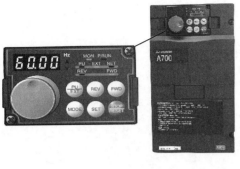

> 操作面板上的 A700 表示该变频器属于 A700 系列,在变频器左下方有一个标注 FR-A740-3.7K-CHT,其为具体型号。一般情况下,功率越大的变频器,体积越大。

图 14-5 三菱 FR-A740 型变频器的外形

14.2.2 变频器的操作面板拆卸与安装

三菱 FR-A740 型变频器操作面板的拆卸如图 14-6 所示,前盖板的拆卸与安装如图 14-7 所示(不同功率的变频器外形会有所不同,此处以功率在 22kW 以下的 FR-A740 型变频器为例进行说明,功率在 22kW 以上变频器的拆卸、安装与此大同小异)。

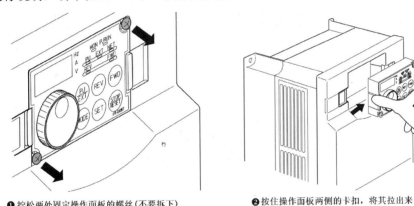

❶拧松两处固定操作面板的螺丝(不要拆下)　　❷按住操作面板两侧的卡扣,将其拉出来

图 14-6 操作面板的拆卸

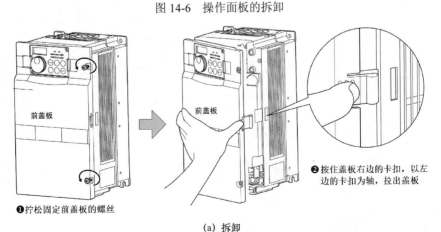

❶拧松固定前盖板的螺丝　　❷按住盖板右边的卡扣,以左边的卡扣为轴,拉出盖板

(a) 拆卸

图 14-7 前盖板的拆卸与安装

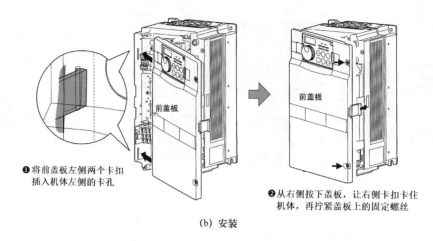

(b) 安装

图 14-7　前盖板的拆卸与安装（续）

三菱 FR-A740 型变频器的操作面板及内部组件说明如图 14-8 所示。

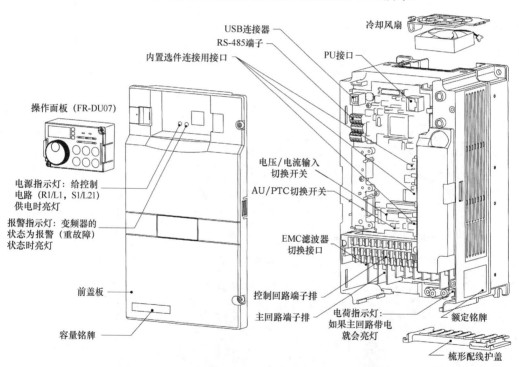

图 14-8　三菱 FR-A740 型变频器的操作面板及内部组件说明

14.3　变频器的端子功能与接线

14.3.1　总接线图

三菱 FR-A740 型变频器的总接线图如图 14-9 所示。

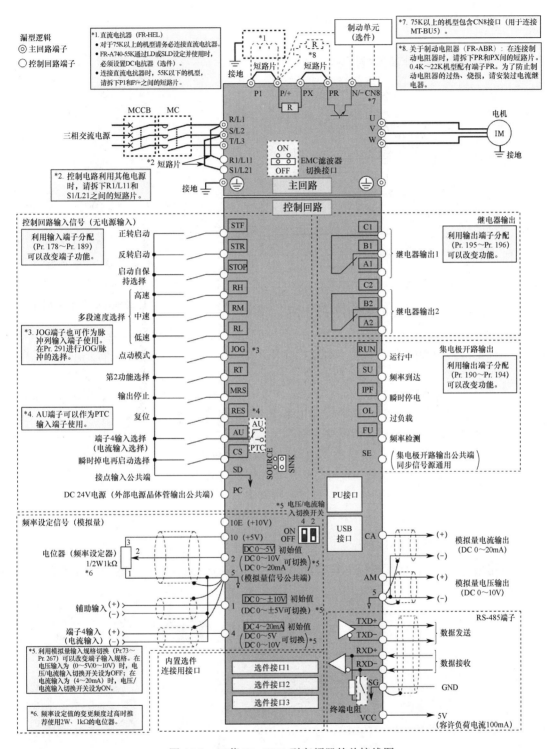

图 14-9 三菱 FR-A740 型变频器的总接线图

14.3.2 主回路端子接线及说明

1. 主回路结构与外部接线原理图

主回路结构与外部接线原理图如图 14-10 所示。对主回路外部端子的说明如下。

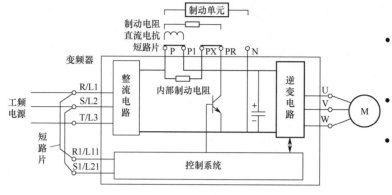

图 14-10 主回路结构与外部接线原理图

- R/L1、S/L2、T/L3 端子外接工频电源，内接变频器整流电路。
- U、V、W 端子外接电动机，内接逆变电路。
- P、P1 端子外接短路片（或提高功率因素的直流电抗器），将整流电路与逆变电路连接起来。
- PX、PR 端子外接短路片，将内部制动电阻和制动控制器件连接起来。如果内部制动电阻的制动效果不理想，则可将 PX、PR 端子之间的短路片取下，再在 P、PR 端子外接制动电阻。
- P、N 端子分别为内部直流电压的正、负端，对于大功率的变频器，如果要增强减速时的制动能力，则可将 PX、PR 端子之间的短路片取下，再在 P、N 端子外接专用制动单元（即外部制动电路）。
- R1/L11、S1/L21 端子内接控制回路，外部通过短路片与 R、S 端子连接，R、S 端子的电源通过短路片由 R1、S1 端子提供给控制回路作为电源。如果希望 R、S、T 端子在无工频电源输入时控制回路也能工作，则可取下 R、R1 和 S、S1 之间的短路片，将两相工频电源直接接到 R1、S1 端子。

2. 主回路端子的实际接线

主回路端子的实际接线（以 FR-A740-0.4K～3.7K 型变频器为例）如图 14-11 所示。

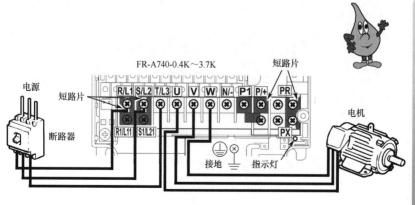

图 14-11 主回路端子的实际接线

> 此时端子排上的 R/L1、S/L2、T/L3 端子与三相工频电源连接。若其与单相工频电源连接，则必须接 R、S 端子；U、V、W 端子与电动机连接；P1、P/+ 端子，PR、PX 端子，R、R1 端子和 S、S1 端子利用短路片连接；接地端子利用螺丝与接地线连接、固定。

3. 主回路端子的功能说明

三菱 FR-A740 型变频器主回路端子的功能说明如表 14-1 所示。

表 14-1　三菱 FR-A740 型变频器主回路端子的功能说明

端子符号	名　称	说　明
R/L1，S/L2，T/L3	交流电源输入	用于连接工频电源。当使用高功率因数变流器（FR-HC，MT-HC）及共直流母线变流器（FR-CV）时不要连接任何东西
U，V，M	变频器输出	用于连接三相鼠笼电动机
R1/L11，S1/L21	控制回路用电源	与交流电源端子 R/L1、S/L2 相连。在保持异常显示或异常输出时，以及使用高功率因数变流器（FR-HC，MT-HC）、电源再生共通变流器（FR-CV）时，请拆下端子 R/L1 和 R1/L11，S/L2 和 S1/L21 间的短路片，从外部对该端子输入电源。在主回路电源（R/L1，S/L2，T/L3）设为 ON 的状态下请勿将控制回路用电源（R1/L11，S1/L21）设为 OFF。在控制回路用电源（R1/L11，S1/L21）设为 OFF 的情况下，请在回路设计上保证主回路电源（R/L1，S/L2，T/L3）也为 OFF | 变频器容量	15K 以下	18.5K 以上 | |---|---|---| | 电源容量 | 60VA | 80VA |
P/+，PR	制动电阻器连接（22K 以下机型）	拆下端子 PR 和 PX 间的短路片（7.5K 以下机型），并连接在端子 P/+ 和 PR 间，作为任选件的制动电阻器（FR-ABR），22K 以下的机型通过连接制动电阻，可以得到更大的再生制动力
P/+，N/-	连接制动单元	用于连接制动单元（FR-BU2，FR-BU，BU，MT-BU5）、共直流母线变流器（FR-CV）、电源再生转换器（MT-RC）及高功率因数变流器（FR-HC，MT-HC）
P/+，P1	连接用于改善功率因数的直流电抗器	对于 55K 以下的机型请拆下端子 P/+ 和 P1 间的短路片，并连接上 DC 电抗器（75K 以上的机型已标配有 DC 电抗器，必须连接；FR-A740-55K 通过 LD 或 SLD 设定并使用时，必须设置 DC 电抗器）
PR，PX	内置制动器回路连接	在端子 PX 和 PR 间连接有短路片（初始状态）的情况下，内置的制动器回路有效（7.5K 以下的机型已配备）
⏚	接地	用于变频器外壳接地

14.4　变频器的操作面板使用

14.4.1　变频器的操作面板说明

三菱 FR-A740 型变频器安装有操作面板（FR-DU07），用户可以通过操作面板操作、查看变频器，还可以设置变频器的参数。FR-DU07 型操作面板的外形及组成部分如图 14-12 所示。

亮灯表示正在正转或反转；闪烁表示有正转或反转指令，但无频率指令的情况下有 MRS 信号输入。

(a) 外形

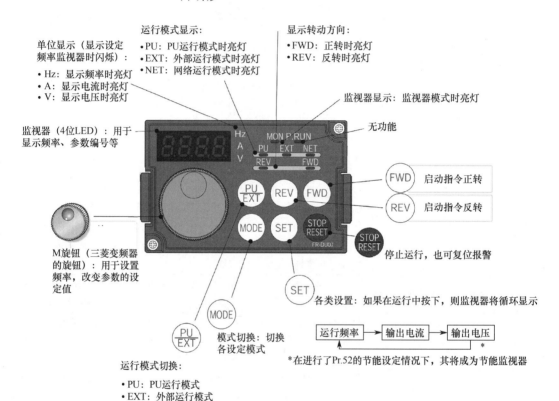

(b) 组成部分

图 14-12　FR-DU07 型操作面板的外形及组成部分

14.4.2　切换运行模式

变频器有外部、PU 和 JOG（点动）三种运行模式。 当变频器处于外部运行模式时，可通过操作变频器输入端子外接的开关和电位器来控制电动机的运行和转速；当处于 PU 运行模式时，可通过操作面板上的按键和旋钮来控制电动机的运行和转速；当处于 JOG（点动）运行模式时，可通过操作面板上的按键来控制电动机点动运行。在操作面板上进行运行模式切换的操作如图 14-13 所示。

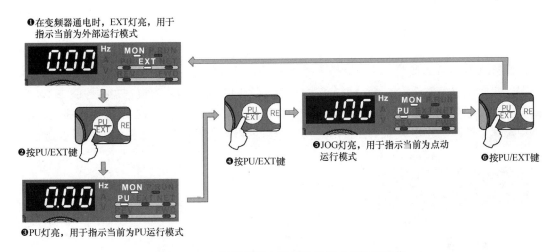

图 14-13　在操作面板上进行运行模式切换的操作

14.4.3　查看输出频率、输出电流和输出电压

在操作面板的显示器上可查看变频器当前的输出频率、输出电流和输出电压，如图 14-14 所示。

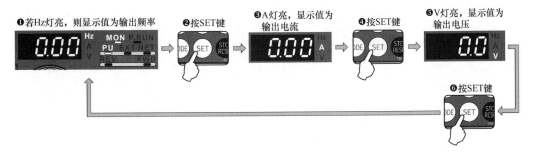

图 14-14　查看输出频率、输出电流和输出电压的操作

注意：显示器默认优先显示输出频率，如果要优先显示输出电流，则可在 A 灯亮时，按 SET 键（持续时间超过 1s）；如果要优先显示输出电压，则可在 V 灯亮时，按 SET 键（持续时间超过 1s）。

14.4.4　设置输出频率

电动机的转速与变频器的输出频率有关。设置变频器输出频率的操作如图 14-15 所示。

图 14-15　设置变频器输出频率的操作

14.4.5 设置参数

变频器有大量的参数,这些参数就像各种各样的功能指令,变频器是按参数的参数值来工作的。尽管参数很多,但是每个参数都有一个参数号,用户可根据需要设置参数的参数值。例如,参数 Pr.1 用于设置变频器输出频率的上限值,可在 0~120(Hz)范围内设置,变频器在工作时的输出频率不会超出此值。变频器参数设置的操作如图 14-16 所示。

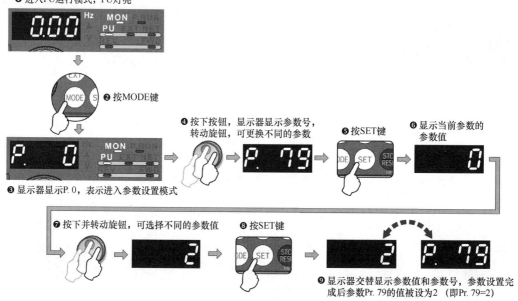

图 14-16 变频器参数设置的操作

 14.4.6 清除参数

如果要清除变频器参数的设置值,则通过操作面板将 Pr.CL(或 ALCC)的值设为 1,即可将所有参数的参数值恢复为初始值。变频器参数清除的操作如图 14-17 所示。如果参数 Pr.CL 的值已被设为 1,则无法执行参数清除操作。

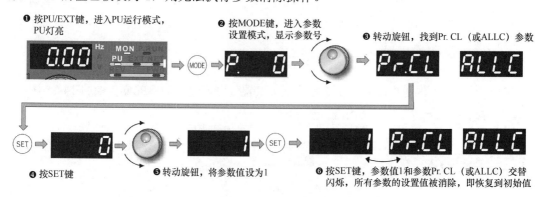

图 14-17 变频器参数清除的操作

14.4.7 复制参数

参数的复制是将一台变频器的参数设置值复制给其他同系列（如 A700 系列）的变频器。在参数复制时，需要先将源变频器的参数值读入操作面板，然后取下操作面板并安装到目标变频器，再将操作面板中的参数值写入目标变频器。变频器之间参数复制的操作如图 14-18 所示。

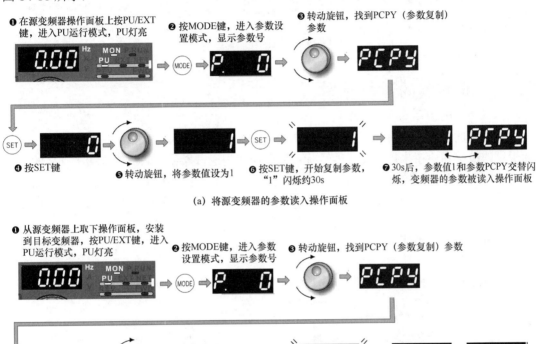

图 14-18　变频器之间参数复制的操作

 14.4.8 锁定操作面板

在变频器运行时，为了避免因误操作面板上的按键和旋钮而引起意外，可对操作面板进行锁定（将参数 Pr.161 的值设为 10）。在操作面板锁定后，按键和旋钮的操作都变得无效。锁定操作面板的操作如图 14-19 所示。

注意：按住 MODE 键持续 2s 可取消操作面板的锁定操作。在锁定操作面板时，STOP/RESET 键的停止和复位控制功能仍有效。

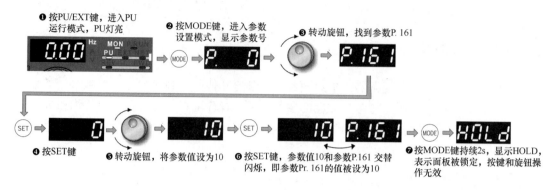

图 14-19 锁定操作面板的操作

14.5 变频器的运行操作

变频器的运行操作有面板操作、外部操作和组合操作三种方式：面板操作是通过操作面板上的按键和旋钮来控制变频器运行；外部操作是通过操作变频器输入端子外接的开关和电位器来控制变频器运行；组合操作是将面板操作和外部操作组合起来使用，例如，使用操作面板上的按键控制变频器正、反转，使用外部端子连接的电位器对变频器进行调速。

14.5.1 面板操作

面板操作又被称为 PU 操作。图 14-20 是变频器驱动电动机的线路图。

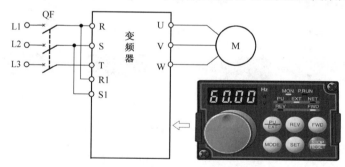

图 14-20 变频器驱动电动机的线路图

1. 通过操作面板控制变频器驱动电动机以固定转速正、反转

通过操作面板（FR-DU07）控制变频器驱动电动机以固定转速正、反转的操作过程如图 14-21 所示。在图 14-21 中，将变频器的输出频率设为 30Hz，按 FWD（正转）键时，电动机以 30Hz 的频率正转；按 REV（反转）键时，电动机以 30Hz 的频率反转；按 STOP/RESET 键时，电动机停转。如果要更改变频器的输出频率，则可通过旋钮和 SET 键进行设置。

2. 通过操作面板中的旋钮（电位器）直接调速

通过操作面板中的旋钮（电位器）直接调速的方式可以改变变频器的输出频率。在使用这种方式时，需要将参数 Pr.161 的值设为 1。在该模式下，变频器运行或停止时，均可用旋钮（电位器）设置输出频率。通过操作面板中的旋钮（电位器）直接调速的操作过程如下：

❶ 在变频器上电后，按操作面板中的 PU/EXT 键，切换到 PU 运行模式。

❷ 通过操作面板将参数 Pr.161 的值设为 1。

❸ 按 FWD 键或 REV 键，启动变频器正转或反转。

❹ 转动旋钮（电位器）将变频器输出频率设置为需要的频率，待该频率值闪烁 5s 后，变频器即可输出该频率的电源，用于驱动电动机运转。如果设定的频率值闪烁 5s 后变为 0，则大多因为 Pr.161 的值不为 1。

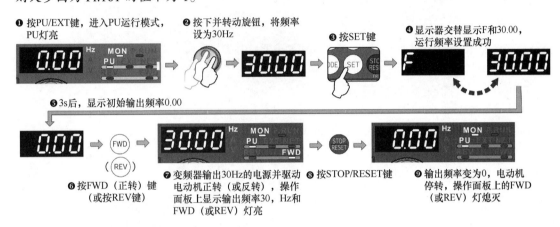

图 14-21　通过操作面板（FR-DU07）控制变频器驱动电动机以固定转速正、反转的操作过程

 14.5.2　外部操作

外部操作是通过给变频器的输入端子输入 ON/OFF 信号和模拟量信号来控制变频器运行。 变频器用于调速（设定频率）的模拟量可分为电压信号和电流信号。在进行外部操作时，需要让变频器进入外部运行模式。

图 14-22 是变频器电压输入调速电路，变频器电压输入调速的操作过程如图 14-23 所示。图 14-24 是变频器电流输入调速电路，变频器电流输入调速的操作过程如图 14-25 所示。

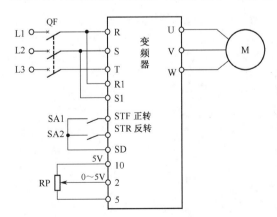
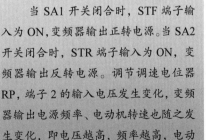

图 14-22　变频器电压输入调速电路

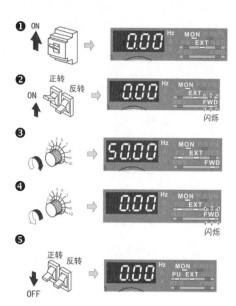

❶ 将电源开关闭合，给变频器通电，操作面板上的 EXT 灯亮，变频器处于外部运行模式。如果 EXT 灯未亮，则可按 PU/EXT 键，使变频器进入外部运行模式。
❷ 将正转开关闭合，操作面板上的 FWD 灯亮，变频器输出正转电源。
❸ 在顺时针转动旋钮（电位器）时，变频器输出频率上升，电动机转速变快。
❹ 在逆时针转动旋钮（电位器）时，变频器输出频率下降，电动机转速变慢。在输出频率调到 0 时，FWD（正转）指示灯闪烁。
❺ 断开正转和反转开关，变频器停止输出电源，电动机停转。

图 14-23 变频器电压输入调速的操作过程

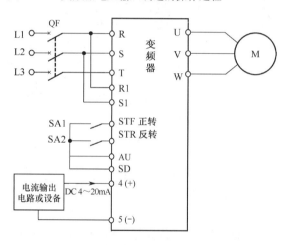

当 SA1 开关闭合时，STF 端子输入为 ON，变频器输出正转电源。当 SA2 开关闭合时，STR 端子输入为 ON，变频器输出反转电源。端子 4 为电流输入调速端，当电流从 4mA 变化到 20mA 时，变频器的输出电源频率由 0 变为 50Hz。AU 为端子 4 的功能选项：在 AU 输入为 ON 时，端子 4 用于 4~20mA 电流的输入调速，此时端子 2 的电压输入调速功能无效。

图 14-24 变频器电流输入调速电路

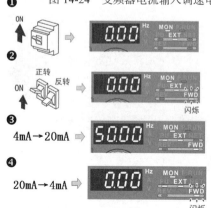

❶ 闭合电源开关，给变频器通电，操作面板上的 EXT 灯亮，变频器处于外部运行模式。如果 EXT 灯未亮，则可按 PU/EXT 键，使变频器进入外部运行模式。如果无法进入外部运行模式，则将参数 Pr.79 设为 2（外部运行模式）。
❷ 闭合正转开关，操作面板上的 FWD 灯亮，变频器输出正转电源。
❸ 让输入变频器端子 4 的电流增大，变频器的输出频率上升，电动机转速变快。在输入电流为 20mA 时，输出频率为 50Hz。
❹ 让输入变频器端子 4 的电流减小，变频器的输出频率下降，电动机转速变慢。在输入电流为 4mA 时，输出频率为 0Hz，电动机停转，FWD 灯闪烁。

图 14-25 变频器电流输入调速的操作过程

❺ 断开正转和反转开关，变频器停止输出电源，电动机停转

图 14-25 变频器电流输入调速的操作过程（续）

14.5.3 组合操作

组合操作又称外部/PU 操作。这种操作方式使用灵活，既可以利用操作面板上的按键控制正、反转，利用外部端子的输入电压或输入电流来调速，也可以利用外部端子连接的开关控制正、反转，利用操作面板上的旋钮来调速。

1. 操作面板启动运行外部电压调速的线路与操作

操作面板启动运行外部电压调速的线路如图 14-26 所示，操作过程如图 14-27 所示。

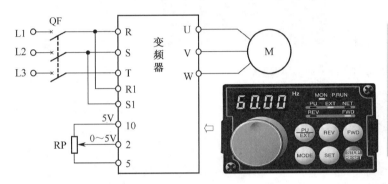

❶ 将参数 Pr.79 设为 4。
❷ 按 FWD 或 REV 键启动正转或反转。
❸ 调节电位器 RP，若端子 2 的输入电压在 0~5V 范围内变化，则变频器的输出频率在 0~50Hz 范围内变化。

图 14-26 操作面板启动运行外部电压调速的线路

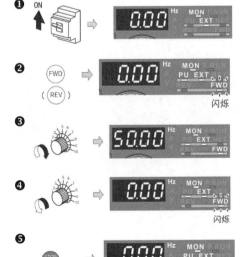

❶ 闭合电源开关，给变频器通电，将参数 Pr.79 的值设为 4，使变频器进入外部/PU 运行模式。
❷ 在操作面板上按 FWD 键，此时 FWD 灯闪烁，启动正转。如果同时按 FWD 键和 REV 键，则无法启动。如果在运行时同时按 FWD 键和 REV 键，则电动机会减速，直至停止。
❸ 顺时针转动旋钮（电位器）时，变频器的输出频率上升，电动机的转速变快。
❹ 逆时针转动旋钮（电位器）时，变频器的输出频率下降，电动机的转速变慢，在输出频率为 0 时，FWD 灯闪烁。
❺ 按操作面板上的 STOP/RESET 键，变频器停止输出电源，电动机停转，FWD 灯熄灭。

图 14-27 操作面板启动运行外部电压调速的操作过程

2. 操作面板启动运行外部电流调速的线路与操作

操作面板启动运行外部电流调速的线路如图 14-28 所示，操作过程如图 14-29 所示。

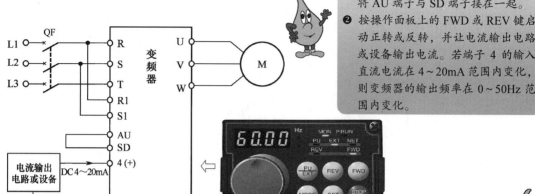

❶ 将运行模式参数 Pr.79 的值设为 4。为了将端子 4 用作电流调速输入，需要将 AU 端子的输入设为 ON，故将 AU 端子与 SD 端子接在一起。

❷ 按操作面板上的 FWD 或 REV 键启动正转或反转，并让电流输出电路或设备输出电流。若端子 4 的输入直流电流在 4~20mA 范围内变化，则变频器的输出频率在 0~50Hz 范围内变化。

图 14-28　操作面板启动运行外部电流调速的线路

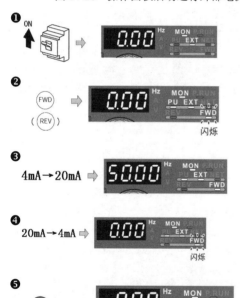

❶ 闭合电源开关，给变频器通电，将参数 Pr.79 的值设为 4，使变频器进入外部/PU 运行模式。

❷ 在操作面板上按 FWD 键，此时 FWD 灯闪烁，启动正转。如果同时按 FWD 键和 REV 键，则无法启动。如果在运行时同时按 FWD 键和 REV 键，则电动机会减速，直至停止。

❸ 将变频器端子 4 的输入电流增大，变频器输出频率上升，电动机转速变快。在输入电流为 20mA 时，输出频率为 50Hz。

❹ 将变频器端子 4 的输入电流减小，变频器输出频率下降，电动机转速变慢。在输入电流为 4mA 时，输出频率为 0Hz，电动机停转，FWD 灯闪烁。

❺ 按操作面板上的 STOP/RESET 键，变频器停止输出电源，电动机停转，FWD 灯熄灭。

图 14-29　操作面板启动运行外部电流调速的操作过程

3. 外部启动运行操作面板旋钮调速的线路与操作

外部启动运行操作面板旋钮调速的线路如图 14-30 所示，操作过程如图 14-31 所示。

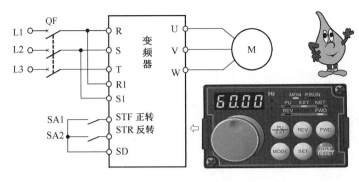

❶ 将 Pr.79 设为 3，并将变频器 STF 或 STR 端子外接开关闭合，启动正转或反转。

❷ 调节操作面板上的旋钮，若变频器输出频率在 0～50Hz 范围内变化，则电动机转速也随之变化。

图 14-30　外部启动运行操作面板旋钮调速的线路

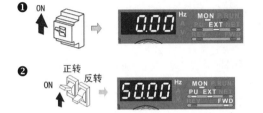

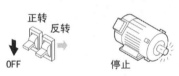

❶ 闭合电源开关，给变频器通电，将 Pr.79 设为 3，使变频器进入外部/PU 运行模式。

❷ 闭合正转开关，FWD 灯闪烁，启动正转。

❸ 转动操作面板上的旋钮，设置变频器的输出频率，设置频率后闪烁 5s。

❹ 在频率值闪烁时按 SET 键，此时设置的频率值与 F 交替显示，表示频率设置成功。变频器输出设置频率的电源，用于驱动电动机运转。

❺ 断开正转和反转开关，变频器停止输出电源，电动机停转。

图 14-31　外部启动运行操作面板旋钮调速的操作过程

变频器与 PLC 的应用电路

15.1 变频器控制电动机正转的电路与参数设置

控制电动机正转是变频器最基本的功能。正转控制既可采用开关控制方式,也可采用继电器控制方式。在控制电动机正转时需要给变频器设置一些基本参数,具体如表 15-1 所示。

表 15-1 变频器控制电动机正转时的参数设置

名 称	参 数	设置值	名 称	参 数	设置值
加速时间	Pr.7	5s	上限频率	Pr.1	50Hz
减速时间	Pr.8	3s	下限频率	Pr.2	0Hz
加减速基准频率	Pr.20	50Hz	运行模式	Pr.79	2
基底频率	Pr.3	50Hz			

15.1.1 开关控制式正转控制电路

开关控制式正转控制电路如图 15-1 所示,依靠手动操作变频器 STF 端子外接开关 SA 对电动机进行正转控制。

❶ 启动准备。按下按钮 SB2→接触器 KM 线圈得电→KM 常开辅助触点和主触点均闭合(KM 常开辅助触点闭合,锁定 KM 线圈得电;KM 主触点闭合,为变频器接通主电源)。

❷ 正转控制。按下变频器 STF 端子的外接开关 SA,STF、SD 端子接通,相当于 STF 端子输入正转控制信号,变频器 U、V、W 端子输出正转电源电压,驱动电动机正向运转。调节端子 10、2、5 的外接电位器 RP 的阻值,变频器输出的电源频率会发生改变,电动机转速也随之变化。

❸ 变频器异常保护。若变频器运行期间出现异常或故障,则变频器 B、C 端子之间内部等效的常闭开关断开,接触器 KM 线圈失电,KM 主触点断开,切断变频器输入电源,对变频器进行保护。

❹ 停转控制。在变频器正常工作时,将开关 SA 断开,STF、SD 端子断开,变频器停止输出电源,电动机停转。若要切断变频器输入主电源,则可按下按钮 SB1,接触器 KM 线圈失电,KM 主触点断开,变频器输入电源被切断。

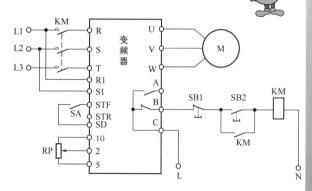

图 15-1 开关控制式正转控制电路

15.1.2 继电器控制式正转控制电路

继电器控制式正转控制电路如图15-2所示。

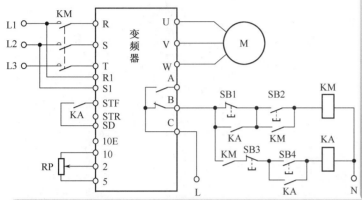

❶ 启动准备。按下按钮SB2→接触器KM线圈得电→KM主触点和两个常开辅助触点均闭合（KM主触点闭合，为变频器接通主电源；一个KM常开辅助触点闭合，锁定KM线圈得电；另一个KM常开辅助触点闭合，为中间继电器KA线圈得电做准备）。

❷ 正转控制。按下按钮SB4→继电器KA线圈得电→三个KA常开触点均闭合（一个常开触点闭合，以锁定KA线圈得电；一个常开触点闭合将按钮SB1短接；还有一个常开触点闭合将STF、SD端子接通，相当于STF端子输入正转控制信号）→变频器U、V、W端子输出正转电源电压，驱动电动机正向运转。调节端子10、2、5外接电位器RP的阻值，变频器输出的电源频率会发生改变，电动机转速也随之变化。

❸ 变频器异常保护。若变频器运行期间出现异常或故障，则变频器B、C端子间内部等效的常闭开关断开，接触器KM线圈失电，KM主触点断开，切断变频器输入电源，对变频器进行保护；继电器KA线圈失电，三个KA常开触点均断开。

❹ 停转控制。在变频器正常工作时，按下按钮SB3，KA线圈失电，三个KA常开触点均断开，其中一个KA常开触点断开使得STF、SD端子的连接切断，变频器停止输出电源，电动机停转。在变频器运行时，若要切断变频器的输入主电源，则须先对变频器进行停转控制，再按下按钮SB1，接触器KM线圈失电，KM主触点断开，变频器输入电源被切断。如果没有对变频器进行停转控制，而直接去按SB1，则是无法切断变频器输入主电源的。这是因为变频器正常工作时，KA常开触点已将SB1短接，断开SB1无效。这样做可以防止在变频器工作时误操作SB1而切断主电源。

图15-2 继电器控制式正转控制电路

15.2 变频器控制电动机正、反转的电路与参数设置

变频器不仅能实现电动机正转控制，而且控制电动机正、反转也很方便。正、反转控制分为开关控制式和继电器控制式。在控制电动机正、反转时要给变频器设置一些基本参数，具体见表15-1。

15.2.1 开关控制式正、反转控制电路

开关控制式正、反转控制电路如图15-3所示，采用一个三位开关SA（有"正转""停止""反转"三个位置）。

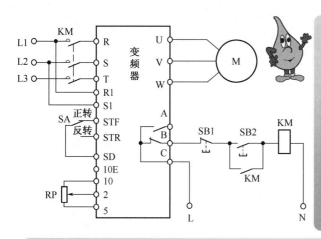

❶ 启动准备。按下按钮 SB2→接触器 KM 线圈得电→KM 常开辅助触点和主触点闭合→KM 常开辅助触点闭合,锁定 KM 线圈得电(自锁),KM 主触点闭合,为变频器接通主电源。

❷ 正转控制。将开关 SA 拨至"正转"位置,STF、SD 端子接通,相当于 STF 端子输入正转控制信号,变频器 U、V、W 端子输出正转电源电压,驱动电动机正向运转。调节端子 10、2、5 的外接电位器 RP 的阻值,变频器输出的电源频率会发生改变,电动机转速也随之变化。

❸ 停转控制。将开关 SA 拨至"停止"位置(悬空位置),切断 STF、SD 端子连接,变频器停止输出电源,电动机停转。

❹ 反转控制。将开关 SA 拨至"反转"位置,STR、SD 端子接通,相当于 STR 端子输入反转控制信号,变频器 U、V、W 端子输出反转电源电压,驱动电动机反向运转。调节电位器 RP,变频器输出电源频率会发生改变,电动机转速也随之变化。

❺ 变频器异常保护。若变频器运行期间出现异常或故障,则变频器 B、C 端子间内部等效的常闭开关断开,接触器 KM 线圈失电,KM 主触点断开,切断变频器输入电源,对变频器进行保护。若要切断变频器输入主电源,须先将开关 SA 拨至"停止"位置,让变频器停止工作,再按下按钮 SB1,使得接触器 KM 线圈失电,KM 主触点断开,变频器输入电源被切断。该电路结构简单,缺点是在变频器正常工作时操作 SB1 可切断输入主电源,这样易损坏变频器。

图 15-3 开关控制式正、反转控制电路

 15.2.2 继电器控制式正、反转控制电路

继电器控制式正、反转控制电路如图 15-4 所示。该电路通过 KA1、KA2 继电器分别进行正转和反转控制。

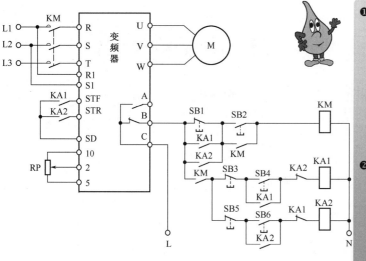

❶ 启动准备。按下按钮 SB2→接触器 KM 线圈得电→KM 主触点和两个常开辅助触点均闭合(KM 主触点闭合,为变频器接通主电源;一个 KM 常开辅助触点闭合,锁定 KM 线圈得电;另一个 KM 常开辅助触点闭合,为中间继电器 KA1、KA2 线圈得电做准备)。

❷ 正转控制。按下按钮 SB4→继电器 KA1 线圈得电→KA1 的一个常闭触点断开,三个常开触点闭合(KA1 的常闭触点断开,使 KA2 线圈无法得电;KA1 的三个常开触点闭合,分别锁定 KA1 线圈得电、短接按钮 SB1 和接

图 15-4 继电器控制式正、反转控制电路

通STF、SD端子)→STF、SD端子接通,相当于STF端子输入正转控制信号,变频器U、V、W端子输出正转电源电压,驱动电动机正向运转。调节端子10、2、5的外接电位器RP的阻值,变频器输出的电源频率会发生改变,电动机转速也随之变化。

❸ 停转控制。按下按钮SB3→继电器KA1线圈失电→三个KA1常开触点均断开,其中一个常开触点断开,切断STF、SD端子的连接,变频器U、V、W端子停止输出电源电压,电动机停转。

❹ 反转控制。按下按钮SB6→继电器KA2线圈得电→KA2的一个常闭触点断开,三个常开触点闭合(KA2的常闭触点断开,使KA1线圈无法得电;KA2的3个常开触点闭合,分别锁定KA2线圈得电、短接按钮SB1和接通STR、SD端子)→STR、SD端子接通,相当于STR端子输入反转控制信号,变频器U、V、W端子输出反转电源电压,驱动电动机反向运转。

❺ 变频器异常保护。若变频器运行期间出现异常或故障,则变频器B、C端子间内部等效的常闭开关断开,接触器KM线圈失电,KM主触点断开,切断变频器输入电源,对变频器进行保护。若要切断变频器输入主电源,则可在变频器停止工作时按下按钮SB1,接触器KM线圈失电,KM主触点断开,变频器输入电源被切断。由于在变频器正常工作期间(正转或反转),KA1或KA2常开触点闭合,可将SB1短接,因此断开SB1无效。这样做可以避免在变频器工作时切断主电源。

15.3 工频/变频切换电路与参数设置

在变频调速系统运行过程中,如果变频器突然出现故障,这时若让负载停止工作,可能会造成很大损失。为了解决这个问题,可给变频调速系统增设工频与变频切换功能,在变频器出现故障时,可自动将工频电源切换给电动机,让负载继续工作。

15.3.1 变频器跳闸保护电路

变频器跳闸保护是指在变频器工作出现异常时可被切断电源,保护其不被损坏。图15-5是一种常见的变频器跳闸保护电路。变频器的A、B、C端为异常输出端,A、C端之间相当于一个常开开关,B、C端之间相当一个常闭开关,在变频器工作出现异常时,A、C端接通,B、C端断开。

❶ 供电控制:按下按钮SB1,接触器KM线圈得电,KM主触点闭合,工频电源经KM主触点为变频器提供电源,同时KM常开辅助触点闭合,锁定KM线圈供电。按下按钮SB2,接触器KM线圈失电,KM主触点断开,切断变频器电源。

❷ 异常跳闸保护:若变频器在运行过程中出现异常,则A、C端之间接通,B、C端之间断开。B、C端之间断开使接触器KM线圈失电,KM主触点断开,切断变频器的供电;A、C端之间接通,使继电器KA线圈得电,KA触点闭合,振铃HB和报警灯HL得电,发出变频器工作异常声、光报警。按下按钮SB3,继电器KA线圈失电,KA常开触点断开,HB、HL失电,声、光报警停止。

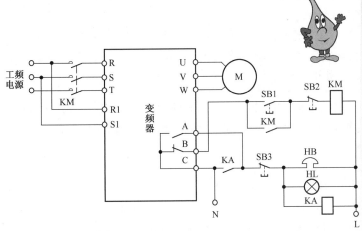

图15-5 一种常见的变频器跳闸保护电路

15.3.2 工频与变频的切换电路

图 15-6 是一个典型的工频与变频切换控制电路。

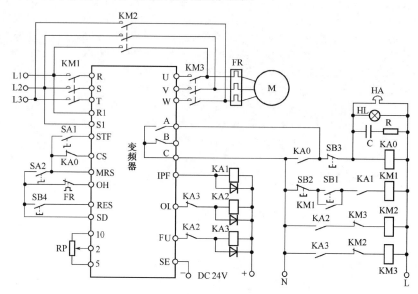

图 15-6 一个典型的工频与变频切换控制电路

对电路工作过程的说明如下。

1. 变频运行控制

❶ 启动准备。将开关 SA2 闭合，接通 MRS 端子，允许进行工频-变频切换。由于已设置 Pr.135=1，使切换有效，因此 IPF、FU 端子输出低电平，中间继电器 KA1、KA3 线圈得电。

- KA3 线圈得电→KA3 常开触点闭合→接触器 KM3 线圈得电→KM3 主触点闭合，KM3 常闭辅助触点断开（KM3 主触点闭合，将电动机与变频器输出端连接；KM3 常闭辅助触点断开，使 KM2 线圈无法得电，实现 KM2、KM3 之间的互锁），电动机无法通过变频和工频同时供电。

- KA1 线圈得电→KA1 常开触点闭合，为 KM1 线圈得电做准备→按下按钮 SB1→KM1 线圈得电→KM1 主触点、常开辅助触点均闭合（KM1 主触点闭合，为变频器供电；KM1 常开辅助触点闭合，锁定 KM1 线圈得电）。

❷ 启动运行。将开关 SA1 闭合，STF 端子输入信号（STF 端子经 SA1、SA2 与 SD 端子接通），变频器正转启动，调节电位器 RP 的阻值可以对电动机进行调速控制。

2. 变频-工频切换控制

如果变频器在运行中出现异常，则异常输出端子 A、C 接通，中间继电器 KA0 线圈得电，KA0 常开触点闭合，振铃 HA 和报警灯 HL 得电，发出声、光报警。与此同时，IPF、FU 端子变为高电平，OL 端子变为低电平，KA1、KA3 线圈失电，KA2 线圈得电。

- KA1、KA3 线圈失电→KA1、KA3 常开触点断开→KM1、KM3 线圈失电→KM1、

KM3 主触点断开→变频器与电源、电动机断开。
- KA2 线圈得电→KA2 常开触点闭合→KM2 线圈得电→KM2 主触点闭合→工频电源直接提供给电动机（注：KA1、KA3 线圈失电与 KA2 线圈得电并不是同时进行的，有一定的切换时间，与 Pr.136、Pr.137 设置有关）。

按下按钮 SB3 可以解除声、光报警，按下按钮 SB4 可以解除变频器的保护输出状态。若电动机在运行时出现过载，则与电动机串接的热继电器 FR 发热元件执行动作，使 FR 常闭触点断开，切断 OH 端子输入，变频器停止输出，对电动机进行保护。

工频与变频切换控制电路在工作前需要先对一些参数进行设置。

❶ 工频与变频切换有关参数功能及设置值如表 15-2 所示。

表 15-2　工频与变频切换有关参数功能及设置值

参数及其设置值	功　能	设置值	说　　明
Pr.135 （Pr.135=1）	工频-变频切换选择	0	切换功能无效。Pr.136、Pr.137、Pr.138 和 Pr.139 参数设置无效
		1	切换功能有效
Pr.136 （Pr.136=0.3）	继电器切换互锁时间	0～100.0s	设定 KA2 和 KA3 动作的互锁时间
Pr.137 （Pr.137=0.5）	启动等待时间	0～100.0s	设定的时间应比信号输入到变频器，以及到 KA3 实际接通的时间稍长（为 0.3～0.5s）
Pr.138 （Pr.138=1）	报警时的工频-变频切换选择	0	切换无效。当变频器发生故障时，变频器停止输出（KA2 和 KA3 断开）
		1	切换有效。当变频器发生故障时，变频器停止运行并自动切换到工频电源运行（KA2：ON，KA3：OFF）
Pr.139 （Pr.139=9999）	自动变频-工频电源切换选择	0～60.0Hz	当变频器输出频率达到或超过设定频率时，会自动切换到工频电源运行
		9999	不能自动切换

❷ 部分输入/输出端子的功能说明如表 15-3 所示。

表 15-3　部分输入/输出端子的功能说明

参数及其设置值	功 能 说 明
Pr.185=7	将 JOG 端子设置成 OH 端子功能，用于过热保护输入端
Pr.186=6	将 CS 端子设置成自动再启动控制端子
Pr.192=17	将 IPF 端子设置成 KA1 控制端子
Pr.193=18	将 OL 端子设置成 KA2 控制端子
Pr.194=19	将 FU 端子设置成 KA3 控制端子

15.4　变频器控制电动机多挡转速的电路与参数设置

变频器可以对电动机进行多挡转速驱动。在进行多挡转速控制时，需要先对变频器有关参数进行设置，再操作相应端子外接开关。

15.4.1　多挡转速控制说明

变频器的 RH、RM、RL 为多挡转速控制端子（RH 为高速挡；RM 为中速挡；RL 为低速挡）。RH、RM、RL 三个端子组合可以进行 7 挡转速控制。多挡转速控制如图 15-7 所示。

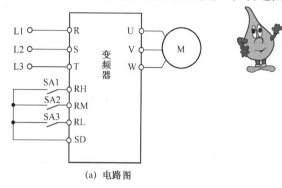

(a) 电路图

当开关 SA1 闭合时，RH 端子与 SD 端子接通，相当于给 RH 端子输入高速运转指令信号，变频器马上输出频率很高的电源去驱动电动机，电动机迅速启动并高速运转（1 速）。当开关 SA2 闭合时（SA1 需断开），RM 端子与 SD 端子接通，变频器输出频率降低，电动机由高速转为中速运转（2 速）。当开关 SA3 闭合时（SA1、SA2 需断开），RL 端子与 SD 端子接通，变频器输出频率进一步降低，电动机由中速转为低速运转（3 速）。当 SA1、SA2、SA3 均断开时，变频器输出频率变为 0Hz，电动机由低速转为停转。若 SA2、SA3 闭合，则电动机 4 速运转；若 SA1、SA3 闭合，则电动机 5 速运转；若 SA1、SA2 闭合，则电动机 6 速运转；若 SA1、SA2、SA3 闭合，则电动机 7 速运转。

图 15-7（b）中的斜线表示变频器输出频率由一种频率转变到另一种频率需经历一段时间，在此期间，电动机转速也由一种转速变化到另一种转速；水平线表示输出频率稳定，电动机转速稳定。

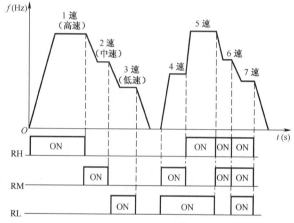

(b) 转速与多转速控制端子通/断关系

图 15-7　多挡转速控制

 15.4.2　多挡转速控制参数

多挡转速控制参数包括多挡转速端子选择参数和多挡运行频率参数。

1. 多挡转速端子选择参数

在使用 RH、RM、RL 端子进行多挡转速控制时，要先通过设置有关参数使其控制有效。多挡转速端子参数设置如下：Pr.180=0，RL 端子控制有效；Pr.181=1，RM 端子控制有效；Pr.182=2，RH 端子控制有效。若以上某参数设为 9999，则相应端子应设为控制无效。

2. 多挡运行频率参数

RH、RM、RL 三个端子组合可以进行 7 挡转速控制，各挡的具体运行频率需要用相应参数设置。多挡运行频率参数设置如表 15-4 所示。

表 15-4 多挡运行频率参数设置

参　数	速　度	出厂设定	设定范围	备　注
Pr.4	1速	60Hz	0～400Hz	
Pr.5	2速	30Hz	0～400Hz	
Pr.6	3速	10Hz	0～400Hz	
Pr.24	4速	9999	0～400Hz，9999	9999：无效
Pr.25	5速	9999	0～400Hz，9999	9999：无效
Pr.26	6速	9999	0～400Hz，9999	9999：无效
Pr.27	7速	9999	0～400Hz，9999	9999：无效

15.4.3 多挡转速控制电路

图 15-8 是一个典型的多挡转速控制电路，由主电路和控制电路两部分组成。该电路采用 KA0～KA3 四个中间继电器，其常开触点接在变频器的多挡转速控制输入端；采用 SQ1～SQ3 三个行程开关检测运动部件的位置并进行转速切换控制。图 15-8 所示电路在运行前需要进行多挡转速控制参数的设置。

❶ 启动并高速运转。按下启动按钮 SB1→中间继电器 KA0 线圈得电→KA0 三个常开触点均闭合（一个触点闭合锁定 KA0 线圈得电；一个触点闭合使 STF 端子与 SD 端子接通，即 STF 端子输入正转指令信号；还有一个触点闭合使 KA1 线圈得电）→KA1 两个常闭触点断开，一个常开触点闭合（KA1 两个常闭触点断开使 KA2、KA3 线圈无法得电；KA1 常开触点闭合将 RH 端子与 SD 端子接通，即 RH 端子输入高速指令信号）→STF、RH 端子外接触点均闭合，变频器输出频率很高的电源，驱动电动机高速运转。

❷ 中速运转。高速运转的电动机带动运动部件运行到一定位置时，行程开关 SQ1 执行动作→SQ1 常闭触点断开，常开触点闭合（SQ1 常闭触点断开使 KA1 线圈失电，RH 端子外接 KA1 触点断开；SQ1 常开触点闭合，使继电器 KA2 线圈得电）→KA2 两个常闭触点断开，两个常开触点闭合（KA2 两个常闭触点断开，分别使 KA1、KA3 线圈无法得电；KA2 两个常开触点闭合，一个触点闭合锁定 KA2 线圈得电，另一个触点闭合使 RM 端子与 SD 端子接通，即 RM 端子输入中速指令信号）→变频器输出频率由高变低，电动机由高速运转转为中速运转。

❸ 低速运转。中速运转的电动机带动运动部件运行到一定位置时，行程开关 SQ2 执行动作→SQ2 常闭触点断开，常开触点闭合（SQ2 常闭触点断开使 KA2 线圈失电，RM 端子外接 KA2 触点断开；SQ2 常开触点闭合，使继电器 KA3 线圈得电）→KA3 两个常闭触点断开，两个常开触点闭合（KA3 两个常闭触点断开，分别使 KA1、KA2 线圈无法得电；KA3 两个常开触点闭合，一个触点闭合锁定 KA3 线圈得电，另一个触点闭合使 RL 端子与 SD 端子接通，即 RL 端子输入低速指令信号）→变频器输出频率进一步降低，电动机由中速运转转为低速运转。

❹ 停转。低速运转的电动机带动运动部件运行到一定位置时，行程开关 SQ3 执行动作→继电器 KA3 线圈失电→RL 端子与 SD 端子之间的 KA3 常开触点断开→变频器输出频率降为 0Hz，电动机由低速运转为停止。按下按钮 SB2→KA0 线圈失电→STF 端子外接 KA0 常开触点断开，切断 STF 端子的输入。

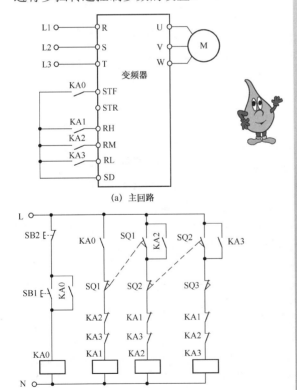

图 15-8 一个典型的多挡转速控制电路

图 15-8 所示电路的变频器输出频率变化曲线如图 15-9 所示。从该图中可以看出，在行程开关执行动作时，变频器的输出频率开始转变。

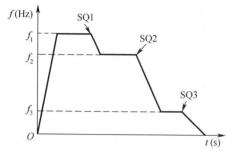

在不外接控制器（如 PLC）的情况下，直接操作变频器有三种方式：①操作面板上的按键；②操作接线端子连接的部件（如按钮和电位器）；③复合操作（如操作面板设置频率，操作接线端子连接的按钮进行启/停控制）。为了操作方便和充分利用变频器，常常采用 PLC 来控制变频器。

图 15-9　变频器输出频率变化曲线

15.5　PLC 控制变频器驱动电动机正、反转的电路与程序

PLC 以开关量方式控制变频器驱动电动机正、反转的电路图如图 15-10 所示。

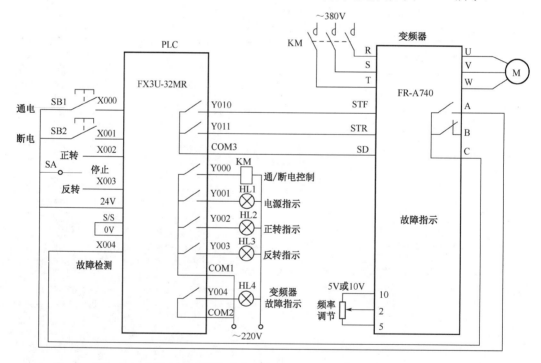

图 15-10　PLC 以开关量方式控制变频器驱动电动机正、反转的电路图

在使用 PLC 控制变频器时，需要对变频器进行相关参数设置，具体见表 15-1。

变频器相关参数设置好后，还要用编程软件编写相应的 PLC 控制程序并下载给 PLC。PLC 控制变频器驱动电动机正、反转的 PLC 程序如图 15-11 所示。

下面对照图 15-10 和图 15-11 来说明 PLC 以开关量方式控制变频器驱动电动机正、反转的工作原理。

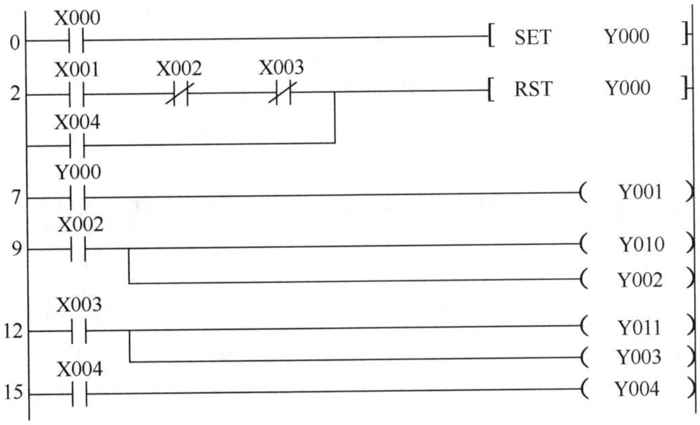

```
       X000
    ┌──┤├─────────────────────────────[ SET  Y000 ]
  0 │
    │  X001   X002   X003
    ├──┤├─────┤/├───┤/├───────────────[ RST  Y000 ]
  2 │  X004                      │
    ├──┤├─────────────────────────┘
    │
    │  Y000
  7 ├──┤├─────────────────────────────────( Y001 )
    │  X002
  9 ├──┤├─────────────────────────────────( Y010 )
    │                                     ( Y002 )
    │  X003
 12 ├──┤├─────────────────────────────────( Y011 )
    │                                     ( Y003 )
    │  X004
 15 └──┤├─────────────────────────────────( Y004 )
```

图 15-11　PLC 控制变频器驱动电动机正、反转的 PLC 程序

❶ 通电控制。当按下通电按钮 SB1 时，PLC 的 X000 端子输入为 ON，使程序中的 [0]X000 常开触点闭合，"SET Y000" 指令执行，线圈 Y000 被置为 1，Y000 端子内部的硬触点闭合，接触器 KM 线圈得电，KM 主触点闭合，将 380V 的三相交流电源送到变频器的 R、S、T 端子，Y000 线圈置为 1 还会使 [7]Y000 常开触点闭合，Y001 线圈得电，Y001 端子内部的硬触点闭合，HL1 灯通电点亮，指示 PLC 进行通电控制。

❷ 正转控制。将三挡开关 SA 置于"正转"位置时，PLC 的 X002 端子输入为 ON，使程序中的 [9]X002 常开触点闭合，Y010、Y002 线圈均得电。Y010 线圈得电使 Y010 端子内部硬触点闭合，将变频器的 STF、SD 端子接通，即 STF 端子输入为 ON，变频器输出电源使电动机正转；Y002 线圈得电后，使 Y002 端子内部硬触点闭合，HL2 灯通电点亮，指示 PLC 进行正转控制。

❸ 反转控制。将三挡开关 SA 置于"反转"位置时，PLC 的 X003 端子输入为 ON，使程序中的 [12]X003 常开触点闭合，Y011、Y003 线圈均得电。Y011 线圈得电使 Y011 端子内部硬触点闭合，将变频器的 STR、SD 端子接通，即 STR 端子输入为 ON，变频器输出电源使电动机反转；Y003 线圈得电后，使 Y003 端子内部硬触点闭合，HL3 灯通电点亮，指示 PLC 进行反转控制。

❹ 停转控制。在电动机处于正转或反转时，若将 SA 开关置于"停止"位置，则 X002 或 X003 端子输入为 OFF，程序中的 X002 或 X003 常开触点断开，Y010、Y002 或 Y011、Y003 线圈失电，Y010、Y002 或 Y011、Y003 端子内部硬触点断开，变频器的 STF 或 STR 端子输入为 OFF，变频器停止输出电源，电动机停转，同时 HL2 或 HL3 指示灯熄灭。

❺ 断电控制。当 SA 置于"停止"位置使电动机停转时，若按下断电按钮 SB2，则 PLC 的 X001 端子输入为 ON，使程序中的 [2]X001 常开触点闭合，执行"RST Y000"指令，Y000 线圈被复位失电，Y000 端子内部的硬触点断开，接触器 KM 线圈失电，KM 主触点断开，切断变频器的输入电源，Y000 线圈失电还会使 [7]Y000 常开触点断开，Y001 线圈失电，Y001 端子内部的硬触点断开，HL1 灯熄灭。如果 SA 处于"正转"或"反转"位置，则 [2]X002 或 X003 常闭触点断开，无法执行 "RST Y000" 指令，即电动机在正转或反转时，操作 SB2 按钮是不能断开变频器输入电源的。

❻ 故障保护。如果变频器内部执行保护功能动作，则 A、C 端子间的内部触点闭合，PLC 的 X004 端子输入为 ON，程序中的 [2]X004 常开触点闭合，执行"RST Y000"指令，

Y000 端子内部的硬触点断开，接触器 KM 线圈失电，KM 主触点断开，切断变频器的输入电源，保护变频器。另外，[15]X004 常开触点闭合，Y004 线圈得电，Y004 端子内部硬触点闭合，HL4 灯通电点亮，指示变频器有故障。

15.6 PLC 控制变频器驱动电动机多挡转速运行的电路与程序

变频器可以连续调速，也可以分挡调速。FR-500 系列变频器有 RH（高速）、RM（中速）和 RL（低速）共 3 个控制端子，通过这 3 个端子的组合输入，可以实现 7 挡转速控制。如果将 PLC 的输出端子与变频器的 3 个控制端子连接，则可以用 PLC 控制变频器驱动电动机多挡转速运行。

1. 电路图

PLC 以开关量方式控制变频器驱动电动机多挡转速运行的电路图如图 15-12 所示。

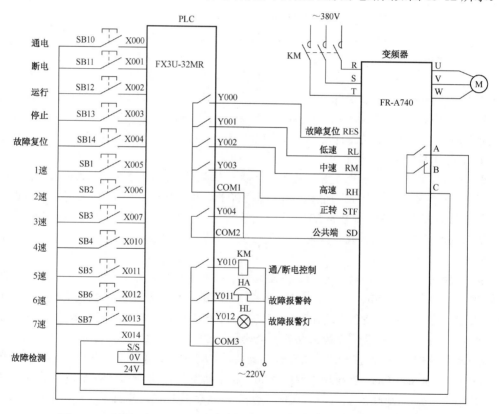

图 15-12 PLC 以开关量方式控制变频器驱动电动机多挡转速运行的电路图

2. 变频器的参数设置

在用 PLC 对变频器进行多挡转速控制时，需要对变频器进行相关参数设置，参数可分为基本运行参数和多挡转速参数，具体如表 15-5 所示。

表 15-5 变频器的相关参数设置

分 类	名 称	参 数	设 定 值
基本运行参数	转矩提升	Pr.0	5%
	上限频率	Pr.1	50Hz
	下限频率	Pr.2	5Hz
	基底频率	Pr.3	50Hz
	加速时间	Pr.7	5s
	减速时间	Pr.8	4s
	加减速基准频率	Pr.20	50Hz
	操作模式	Pr.79	2
多挡转速参数	1 速（RH 为 ON 时）	Pr.4	15 Hz
	2 速（RM 为 ON 时）	Pr.5	20 Hz
	3 速（RL 为 ON 时）	Pr.6	50 Hz
	4 速（RM、RL 均为 ON 时）	Pr.24	40 Hz
	5 速（RH、RL 均为 ON 时）	Pr.25	30 Hz
	6 速（RH、RM 均为 ON 时）	Pr.26	25 Hz
	7 速（RH、RM、RL 均为 ON 时）	Pr.27	10 Hz

3．PLC 控制程序及说明

PLC 以开关量方式控制变频器驱动电动机多挡转速运行的 PLC 程序如图 15-13 所示。

下面对照图 15-12 和图 15-13 来说明 PLC 以开关量方式控制变频器驱动电动机多挡转速运行的工作原理。

❶ 通电控制。当按下通电按钮 SB10 时，PLC 的 X000 端子输入为 ON，使程序中的 [0]X000 常开触点闭合，"SET Y010" 指令执行，线圈 Y010 被置为 1，Y010 端子内部的硬触点闭合，接触器 KM 线圈得电，KM 主触点闭合，将 380V 的三相交流电源送到变频器的 R、S、T 端子。

❷ 断电控制。当按下断电按钮 SB11 时，PLC 的 X001 端子输入为 ON，使程序中的 [3]X001 常开触点闭合，"RST Y010" 指令执行，线圈 Y010 被复位失电，Y010 端子内部的硬触点断开，接触器 KM 线圈失电，KM 主触点断开，切断变频器 R、S、T 端子的输入电源。

❸ 启动变频器运行。当按下运行按钮 SB12 时，PLC 的 X002 端子输入为 ON，使程序中的 [7]X002 常开触点闭合，由于 Y010 线圈已得电，使 Y010 常开触点处于闭合状态，因此执行 "SET Y004" 指令，Y004 线圈因被置为 1 而得电，Y004 端子内部硬触点闭合，将变频器的 STF、SD 端子接通，即 STF 端子输入为 ON，变频器输出电源启动电动机正向运转。

❹ 停止变频器运行。当按下停止按钮 SB13 时，PLC 的 X003 端子输入为 ON，使程序中的 [10]X003 常开触点闭合，"RST Y004" 指令执行，Y004 线圈因被复位而失电，Y004 端子内部硬触点断开，将变频器的 STF、SD 端子断开，即 STF 端子输入为 OFF，变频器停止输出电源，电动机停转。

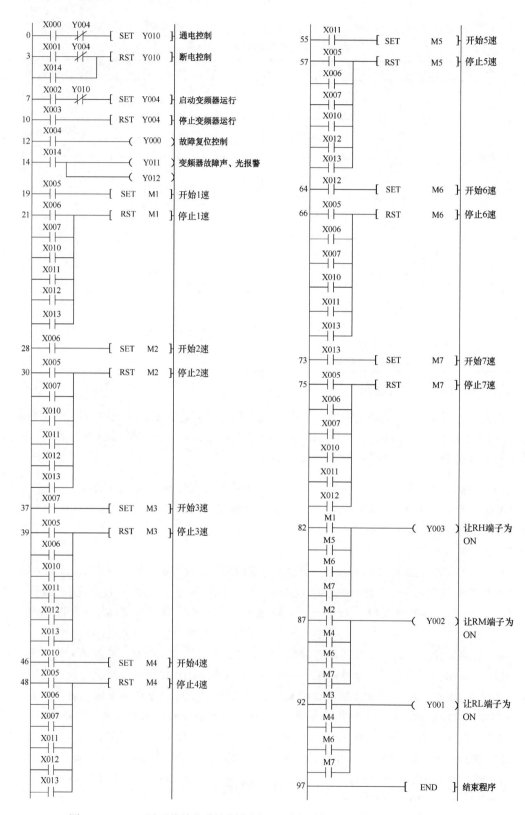

图 15-13 PLC 以开关量方式控制变频器驱动电动机多挡转速运行的 PLC 程序

❺ 故障报警及复位。如果变频器内部出现异常而导致执行保护电路动作，则 A、C 端子间的内部触点闭合，PLC 的 X014 端子输入为 ON，程序中的[14]X014 常开触点闭合，Y011、Y012 线圈得电，Y011、Y012 端子内部硬触点闭合，报警铃和报警灯均因得电而发出声、光报警，同时[3]X014 常开触点闭合，执行"RST Y010"指令，线圈 Y010 因被复位而失电，Y010 端子内部的硬触点断开，接触器 KM 线圈失电，KM 主触点断开，切断变频器 R、S、T 端子的输入电源。排除变频器故障后，当按下故障复位按钮 SB14 时，PLC 的 X004 端子输入为 ON，使程序中的[12]X004 常开触点闭合，Y000 线圈得电，变频器的 RES 端子输入为 ON，解除保护电路的保护状态。

❻ 1 速控制。变频器启动运行后，按下按钮 SB1（1 速），PLC 的 X005 端子输入为 ON，使程序中的[19]X005 常开触点闭合，"SET M1"指令执行，线圈 M1 被置为 1，[82]M1 常开触点闭合，Y003 线圈得电，Y003 端子内部的硬触点闭合，变频器的 RH 端子输入为 ON，让变频器按 1 速设定频率的电源驱动电动机运转。按下 SB2~SB7 中的某个按钮，会使 X006~X013 中的某个常开触点闭合，"RST M1"指令执行，线圈 M1 因被复位而失电，[82]M1 常开触点断开，Y003 线圈失电，Y003 端子内部的硬触点断开，变频器的 RH 端子输入为 OFF，停止按 1 速运行。

❼ 4 速控制。按下按钮 SB4（4 速），PLC 的 X010 端子输入为 ON，使程序中的[46]X010 常开触点闭合，"SET M4"指令执行，线圈 M4 被置为 1，[87]、[92]M4 常开触点均闭合，Y002、Y001 线圈得电，Y002、Y001 端子内部的硬触点闭合，变频器的 RM、RL 端子输入为 ON，让变频器按 4 速设定频率的电源驱动电动机运转。按下 SB1~SB3 或 SB5~SB7 中的某个按钮，会使 X005~X007 或 X011~X013 中的某个常开触点闭合，"RST M4"指令执行，线圈 M4 因被复位而失电，[87]、[92]M4 常开触点断开，Y002、Y001 线圈失电，Y002、Y001 端子内部的硬触点断开，变频器的 RM、RL 端子输入为 OFF，停止按 4 速运行。

其他转速控制与上述转速控制过程类似，这里不再赘述。变频器 RH、RM、RL 端子的输入状态与对应电动机的转速关系如图 15-14 所示。

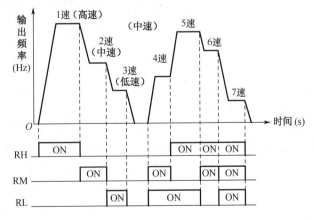

图 15-14　变频器 RH、RM、RL 端子的输入状态与对应电动机的转速关系

第16章 触摸屏与PLC的综合应用

人机界面简称 HMI，又称触摸屏，是一种带触摸显示屏的数字输入、输出设备，利用人机界面可以使人们直观、方便地进行人机交互。利用人机界面不但可以对 PLC 进行操作，还可实时监视 PLC 的工作状态。若要使用人机界面操作和监视 PLC，则必须利用专门的软件为人机界面制作（又称组态）相应的操作和监视画面。

16.1 触摸屏的基础知识

16.1.1 基本组成

触摸屏主要由触摸检测部件和触摸屏控制器组成。 触摸屏的基本结构如图 16-1 所示。

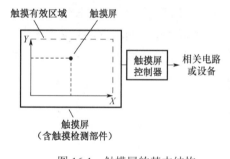

图 16-1 触摸屏的基本结构

触摸屏的触摸有效区域被分成类似坐标的 X 轴和 Y 轴，当触摸某个位置时，该位置对应坐标上的一个点，不同位置对应的坐标点不同。触摸屏上的检测部件将触摸信号发送到触摸屏控制器，触摸屏控制器将其转换成相应的触摸坐标信号，再发送给相关电路或设备（如计算机、PLC 或变频器等）。

16.1.2 工作原理

根据工作原理的不同，触摸屏主要分为电阻式、电容式、红外线式和表面声波式共 4 种。下面以广泛应用的电阻式触摸屏为例介绍其工作原理。

电阻式触摸屏采用分时工作，先给两个 X 电极加电压而从 Y 电极取 X 轴坐标电压，再给两个 Y 电极加电压，从 X 电极取 Y 轴坐标电压。分时施加电压和接收 X、Y 轴坐标电压都由触摸屏控制器来完成。 常用的电阻式触摸屏有四线电阻式触摸屏、五线电阻式触摸屏。五线电阻式触摸屏内部也有两个金属导电层，与四线不同的是，五线电阻式触摸屏的四个电极分别加在内金属导电层的四周，工作时分时给两对电极加电压，外金属导电层用作纯导体，在触摸时，触摸点的 X、Y 轴坐标电压分时从外金属导电层送出（触摸时，内金属导电层与外金属导电层会在触摸点接通）。五线电阻式触摸屏的内金属导电层需 4 条引线，而外金属导电层只做导体，仅需一条引线（触摸屏的引出线共 5 条）。

第 16 章 触摸屏与 PLC 的综合应用

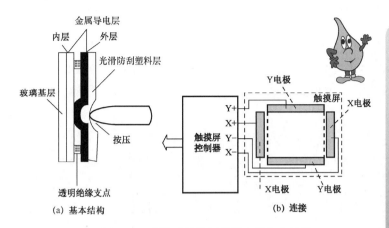

图 16-2 电阻式触摸屏的基本结构和连接

电阻式触摸屏的基本结构和连接如图 16-2 所示，其工作原理说明如图 16-3 所示。电阻式触摸屏由一块两层透明复合薄膜屏组成：下面是玻璃基层，上面是一层外表面经过硬化处理的光滑防刮塑料层。在玻璃基层和光滑防刮塑料层的内表面涂有金属导电层 ITO（氧化铟），在两个金属导电层之间有许多细小的透明绝缘支点把它们隔开，当按压触摸屏某处时，该处的两个金属导电层会接触。

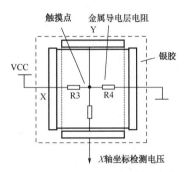

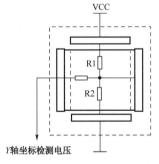

图 16-3 电阻式触摸屏工作原理说明图

触摸屏的两个金属导电层是触摸屏的两个工作面，在每个工作面的两端各涂有一条银胶，称为该工作面的一对电极。为分析方便，这里认为上工作面左右两端接 X 电极，下工作面上下两端接 Y 电极，X、Y 电极都与触摸屏控制器连接，如图 16-2（b）所示。

当给两个 X 电极施加一固定电压，如图 16-3（a）所示，而两个 Y 电极不加电压时，在两个 X 电极之间的金属导电层各点电压由左至右逐渐降低，这是因为：工作面的金属导电层有一定的电阻，越往右的点与左 X 电极之间的电阻越大，这时若按下触摸屏上的某点，则上工作面触点处的电压经触摸点和下工作面的金属导电层从 Y 电极（Y+或 Y-）输出；触摸点在 X 轴方向越往右，从 Y 电极输出的电压越低，即将触点在 X 轴的位置转换成不同的电压。

同样的，如果给两个 Y 电极施加一固定电压，如图 16-3（b）所示，当按下触摸屏某点时，会从 X 电极输出电压，触摸点越往上，从 X 电极输出的电压越高。

16.2 三菱触摸屏与硬件的连接

三菱触摸屏又称三菱图示操作终端，除具有触摸显示屏外，本身还带有主机部分。将它与 PLC 或变频器连接，不但可以直观操作这些设备，还能观察这些设备的运行情况。图 16-4 是常用的三菱 F940 型触摸屏。

图 16-4 三菱 F940 型触摸屏

16.2.1 参数规格

三菱触摸屏的型号较多，主要有 F800GOT、F900GOT 和 F1000GOT 等系列，目前 F1000GOT 系列的功能最为强大，而 F900GOT 系列更为常用。表 16-1 所示为三菱 F900GOT 系列触摸屏部分参数规格。

表 16-1 三菱 F900GOT 系列触摸屏部分参数规格

项目		规格			
		F930GOT-BWD	F940GOT-LWD F943GOT-LWD	F940GOT-SWD F943GOT-SWD	F940WGOT-TWD
显示元件	LCD 类型	STN 型全点阵 LCD			TFT 型全点阵 LCD
	点距（水平×垂直）	0.47mm×0.47mm	0.36mm×0.36mm		0.324mm×0.375mm
	显示颜色	单色（蓝/白）	单色（黑/白）	8 色	256 色
屏幕		"240×80 点"液晶有效显示尺寸：117mm×42mm（4in 型）	"320×240 点"液晶有效显示尺寸：115mm×86mm（6in 型）		"480×234 点"液晶有效显示尺寸：155.5mm×87.8mm（7in 型）
键	所用键数	每屏最大触摸键数目为 50			
	配置（水平×垂直）	"15×4"矩阵配置	"20×12"矩阵配置		"30×12"矩阵配置（最后一列包括 14 点）
接口	RS-422	符合 RS-422 标准，单通道，用于 PLC 通信（F943GOT 没有 RS-422 接头）			
	RS-232C	符合 RS-232C 标准，单通道，用于画面数据传送（F940GOT 符合 RS-232C 标准，双通道，用于画面数据传送和 PLC 通信）			符合 RS-232C 标准，双通道，用于画面数据传送和 PLC 通信
画面数量		用户创建画面：最多 500 个画面；系统画面：25 个画面			
用户存储器容量		256KB	512KB		1MB

16.2.2 型号含义

三菱 F900GOT 系列触摸屏的型号含义如图 16-5 所示。

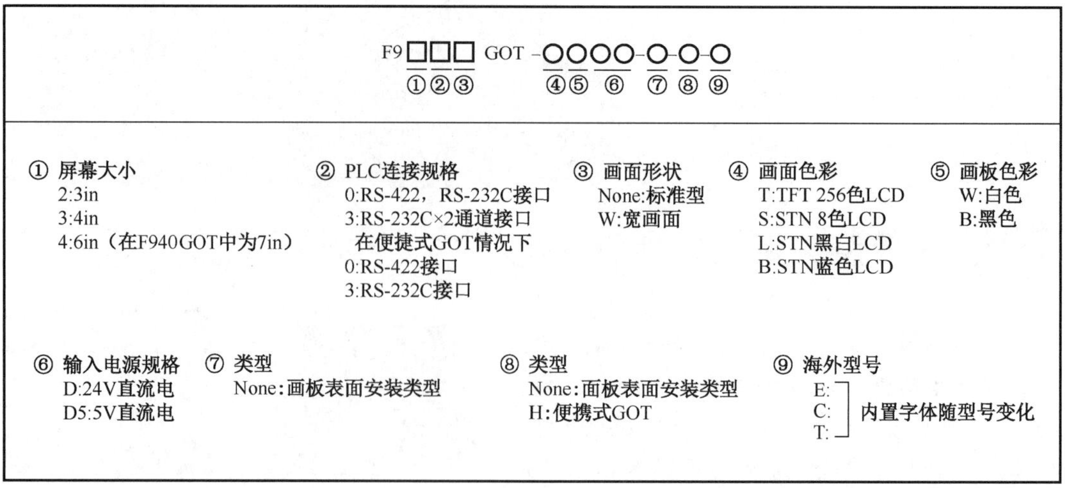

```
            F9□□□ GOT -○○○○-○-○-○
             ①②③       ④⑤ ⑥   ⑦ ⑧ ⑨
```

① 屏幕大小
 2:3in
 3:4in
 4:6in（在F940GOT中为7in）

② PLC 连接规格
 0:RS-422，RS-232C接口
 3:RS-232C×2通道接口
  在便捷式GOT情况下
 0:RS-422接口
 3:RS-232C接口

③ 画面形状
 None:标准型
 W:宽画面

④ 画面色彩
 T:TFT 256色LCD
 S:STN 8色LCD
 L:STN黑白LCD
 B:STN蓝色LCD

⑤ 画板色彩
 W:白色
 B:黑色

⑥ 输入电源规格
 D:24V直流电
 D5:5V直流电

⑦ 类型
 None:画板表面安装类型

⑧ 类型
 None:面板表面安装类型
 H:便携式GOT

⑨ 海外型号
 E:
 C: 内置字体随型号变化
 T:

图 16-5 三菱 F900GOT 系列触摸屏的型号含义

16.2.3 连接硬件设备

1. 单台触摸屏与 PLC、计算机的连接

触摸屏可与 PLC、计算机等设备连接，其连接方法如图 16-6 所示。F900GOT 系列触摸屏有 RS-422 和 RS-232C 两种接口：RS-422 接口可直接与 PLC 的 RS-422 接口连接；RS-232C 接口可与计算机、打印机或条形码阅读器连接（只能选连一个设备）。

触摸屏与 PLC 连接后，可在触摸屏上对 PLC 进行操控，也可监视 PLC 内部的数据；触摸屏与计算机连接后，计算机可将编写好的触摸屏画面程序送入触摸屏，触摸屏中的程序和数据也可被读入计算机。

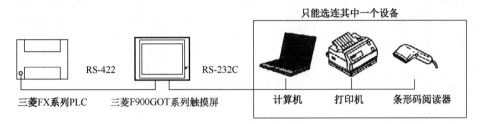

图 16-6 触摸屏与 PLC、计算机等设备的连接

2. 多台触摸屏与 PLC 的连接

如果需要 PLC 连接多台触摸屏，可给 PLC 安装 RS-422 通信扩展板（板上带有 RS-422 接口），其连接方法如图 16-7 所示。

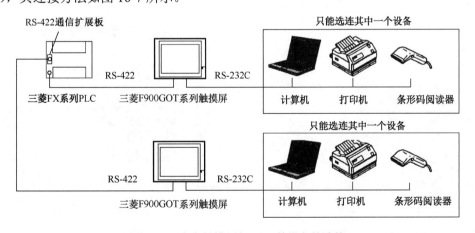

图 16-7 多台触摸屏与 PLC 等设备的连接

3. 触摸屏与变频器的连接

触摸屏也可以与变频器连接，对变频器进行操作和监控。三菱 F900GOT 系列触摸屏可通过 RS-422 接口直接与含有 PU 接口或安装了 FR-A5NR 选件的三菱变频器连接。一台触摸屏可与多台变频器连接，其连接方法如图 16-8 所示。

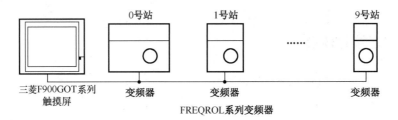

图 16-8 一台触摸屏可与多台变频器连接

16.3 三菱触摸屏组态软件的使用

三菱 GT Designer 是由三菱电机公司开发的触摸屏画面制作软件，适用于所有的三菱触摸屏。该软件窗口界面直观、操作简单，图形、对象工具丰富，可实时地向触摸屏写入数据或读出画面数据。本节以 F940GOT 触摸屏为例进行说明。

 16.3.1 软件的安装、启动及窗口介绍

1．软件的安装

在购买三菱触摸屏时会随机附带画面制作软件，打开 GT Designer Version 5 软件安装文件夹，找到 Setup.exe 文件，如图 16-9 所示，双击该文件即可开始安装 GT Designer Version 5 软件。GT Designer Version 5 软件的安装过程与其他软件基本相同。在安装过程中按提示输入用户名、公司名，如图 16-10 所示；还要输入产品的 ID 号，如图 16-11 所示；安装类型选择 Typical（典型），如图 16-12 所示。

图 16-9 双击 Setup.exe 文件　　　　　图 16-10 输入用户名和公司名

2．软件的启动

在 GT Designer Version 5 软件安装完成后，单击左下角的"开始"按钮，执行级联菜单："程序→MELSOFT Application→GT Designer"，如图 16-13 所示，GT Designer Version 5 即可被启动。启动完成的 GT Designer Version 5 软件界面如图 16-14 所示。

3．软件窗口的各组成部分说明

GT Designer Version 5 软件窗口的各组成部分说明如图 16-15 所示。

第 16 章 触摸屏与 PLC 的综合应用

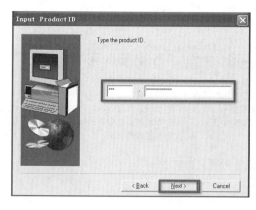

图 16-11 输入产品 ID 号　　　　　　图 16-12 选择 Typical（典型）

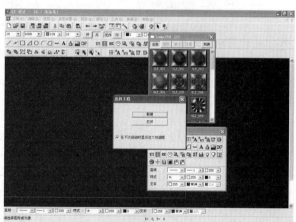

图 16-13 执行级联菜单　　　　　　图 16-14 启动完成的软件界面

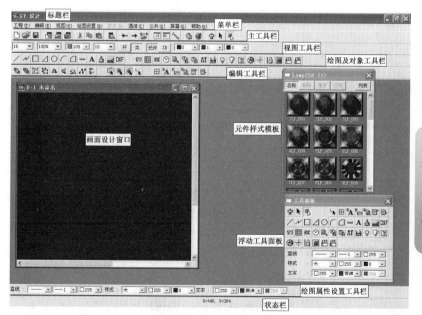

在新建工程时，如果选用的设备类型不同，则该窗口内容略有变化。一般来说，选用的设备越高级，软件窗口中的工具越多。

图 16-15 GT Designer Version 5 软件窗口的各组成部分说明

- 对主工具栏的工具说明如图16-16所示。

图16-16 对主工具栏的工具说明

- 对视图工具栏的工具说明如图16-17所示。

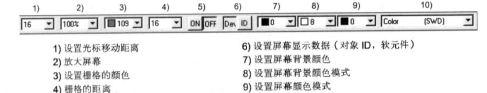

图16-17 对视图工具栏的工具说明

- 对绘图及对象工具栏的工具说明如图16-18所示。

图16-18 对绘图及对象工具栏的工具说明

- 对编辑工具栏的工具说明如图16-19所示。

图16-19 对编辑工具栏的工具说明

- 对绘图属性设置工具栏的工具说明如图16-20所示。

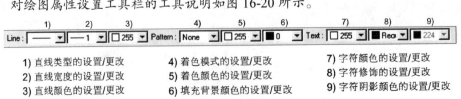

图16-20 对绘图属性设置工具栏的工具说明

- 元件样式模板用于提供元件（如指示灯、开关等）样式，单击模板中某个样式的元件后，可以在画面设计窗口放置该样式的元件。元件样式模板默认显示各种指示灯元件样式，如果要显示其他元件的样式，则可单击面板右上角的"列表"按钮，弹出"模板"列表，如图 16-21 所示，当前显示的部件为"Lamp256（指示灯）"；双击"Switch256（开关）"，如图 16-22 所示，在元件样式模板中会显示出很多样式的开关元件。

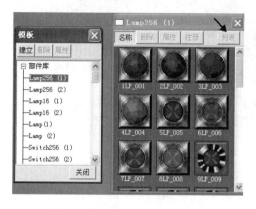 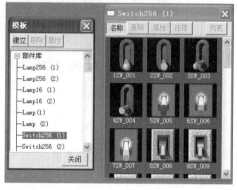

图 16-21　当前显示的部件为"Lamp256（指示灯）"　　图 16-22　双击"Switch256（开关）"

16.3.2　软件的使用

1．新建工程并选择触摸屏和 PLC 的类型

GT Designer 软件启动后，在软件窗口上会出现一个"选择工程"对话框，如图 16-23 所示（如果没有出现"选择工程"对话框，则可执行菜单命令"工程→新建"）。此时，如果要打开以前的文件编辑，则单击"打开"按钮；如果要制作新的画面，则单击"新建"按钮，弹出"GOT/PLC 型号"对话框，如图 16-24 所示。在该对话框内设置 GOT 型号为 F940GOT（320×240），PLC 型号为 MELSEC-FX。注意：要求设置的型号与实际使用的触摸屏、PLC 型号一致。

在 GOT/PLC 型号设置完成并单击"确定"按钮后，GT Designer 软件界面会有一些变化，即在工作窗口的左上方会出现一个矩形区域（见图 16-25），触摸屏画面必须在该区域内制作才有效。

 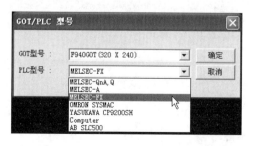

图 16-23　"选择工程"对话框　　　　图 16-24　"GOT/PLC 型号"对话框

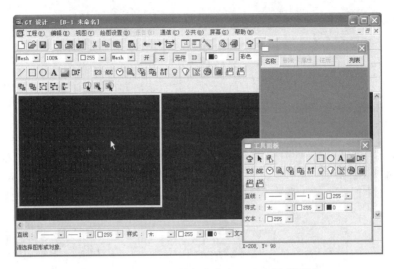

图 16-25　工作窗口的左上方出现一个矩形区域

2．制作一个简单的触摸屏画面

利用触摸屏可以对 PLC 进行控制，也可以观察 PLC 内部元件的运行情况。下面制作一个通过触摸屏观察 PLC 数据寄存器 D0 数据变化的画面。

（1）设置画面名称

触摸屏画面制作与幻灯片制作类似，F940GOT 允许制作 500 个画面，为了便于画面之间的切换，要求给每个画面设置一个名称（制作一个画面可省略）。设置画面名称的过程如图 16-26 所示。

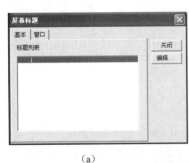
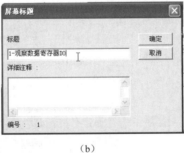

❶ 执行菜单命令"公共→标题→屏幕"，弹出"屏幕标题"对话框，默认标题名为"1"，如图 16-26（a）所示。

❷ 若要更改标题名，可单击"编辑"按钮，弹出如图 16-26（b）所示的对话框，在标题栏输入新标题"1-观察数据寄存器 D0"，单击"确定"按钮返回到上一个对话框，单击"确定"按钮后即可将当前画面名称设为"1-观察数据寄存器 D0"，软件最上方的标题栏也随之改变，如图 16-26（c）所示。

图 16-26　设置画面名称的过程

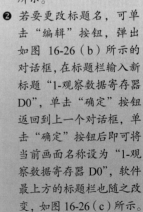

（2）创建文本

在画面中创建文本的方法如图 16-27 所示。

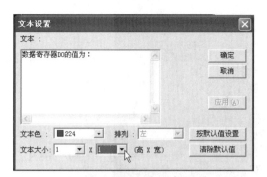

(a)

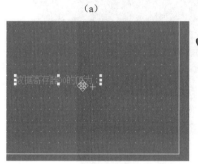

(b)

图 16-27 创建文本的方法

❶ 单击绘图及对象工具栏中的 **A** 图标，也可执行菜单命令"绘图设置→绘画图形→文本"，弹出"文本设置"对话框，如图 16-27（a）所示。

❷ 在"文本"输入框内输入"数据寄存器 D0 的值为:"，将"文本色"设为"红色"，"文本大小"设为"1×1"，单击"确定"按钮后，文本会出现在工作区，如图 16-27（b）所示，且跟随鼠标移动，在合适的地方单击，即可将文本放置下来。若要更改文本，则可在文本上双击，又会弹出"文本设置"对话框。

（3）放置对象

若要显示数据寄存器 D0 的值，则必须在画面上放置"数值显示"对象，并进行相关设置。放置对象的过程如图 16-28 所示。

❶

❷

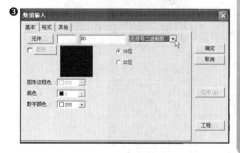

❸

图 16-28 放置对象

❶ 单击绘图及对象工具栏上的图标，也可执行菜单命令"绘图设置→数据显示→数值显示"，弹出"数值输入"对话框。在"基本"选项卡下单击"元件"按钮，弹出"元件"对话框。

❷ 将元件设为"D0"，单击"确定"按钮返回到"数值输入"对话框。

❸ 将 D0 的数据类型设为"无符号二进制数"，若要设置元件数值显示区外形，则可勾选"图形"复选框，单击"图形"按钮。

❹ 弹出"图像列表"对话框，可从中选择一个元件数值显示区的图形样式，本例中不对数值显示区做图形设置。

❺ 在"数值输入"对话框中选择"格式"选项卡，设置格式为"无符号位十进制""居中"，其他保持默认值。

❻ 单击"其他"选项卡，该选项卡下的内容保持默认值。

❼ "数值输入"对话框中的内容设置完成，单击"确定"按钮，数值显示对象即可出现在软件工作区内。该对象中的"10000"为 ID 号，"D0"为显示数值的对象，"012345"表示显示的数值为 6 位。

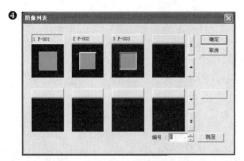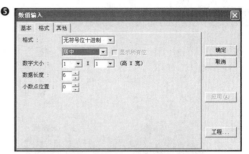

图 16-28　放置对象（续）

（4）绘制图形

为了使画面更加美观整齐，可在屏幕合适位置绘制一些图形。下面在画面上绘制一个矩形，其绘制过程如图 16-29 所示。

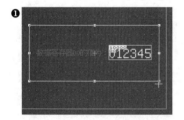

❶ 单击绘图及对象工具栏上的 □ 图标，也可执行菜单命令"绘图设置→绘画图形→矩形"，将鼠标指针移到工作区，待鼠标指针变成十字形光标后，在合适位置按下左键拉出一个矩形，松开左键即可绘制好一个矩形。
❷ 在"工具面板"对话框中可设置矩形的属性。
❸ 还可在矩形上双击，弹出"设置 矩形"对话框，将矩形颜色改为蓝色。全部制作完成的画面如图 16-30 所示。

图 16-29　绘制矩形的过程　　　　　　图 16-30　全部制作完成的画面

 16.3.3　画面数据的上传与下载

GT Designer 软件不但可以制作触摸屏画面，也可以将制作好的画面数据上传到触摸屏中，还可以从触摸屏中将画面数据下载到计算机中重新编辑。

1. 画面数据的上传

在 GT Designer 软件中将画面数据上传至 F940GOT 的操作过程如下：

❶ 将计算机与 F940GOT 连接。

❷ 执行菜单命令"通信→下载至 GOT→监控数据"，会出现"监控数据下载"对话框，如图 16-31（a）所示。选择"所有数据"和"删除所有旧的监视数据"，并确认 GOT 型号是否与当前触摸屏型号一致，单击"设置"按钮，出现图 16-31（b）所示的"选项"对话框。在该对话框中设置通信端口为 COM，波特率为 38400，单击"确定"按钮返回"监控数据下载"对话框，并在该对话框中单击"下载"按钮，则出现"下载"对话框。阅读其中有关版本的注意事项，若满足要求则单击"确定"按钮，出现如图 16-31（c）所示对话框。单击 Yes 按钮后，开始将制作好的画面数据上传至 F940GOT。

（a）

（b）
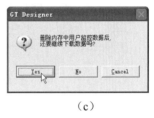
（c）

图 16-31　画面数据的上传

2. 画面数据的上载

在 GT Designer 软件中可将 F940GOT 中的画面数据上载至计算机保存，具体过程如图 16-32 所示。

（a）

（b）

图 16-32　画面数据的上载

❶ 将计算机与 F940GOT 连接。

❷ 执行菜单命令"通信→从 GOT 上载"，出现"数据上载监控"对话框，如图 16-32（a）所示。单击"浏览"按钮，选择上载文件保存路径，并选中"全部数据"，其他选项可根据需要选择，若有口令则要输入口令，单击"设定"按钮，即可设置通信端口和波特率。设置结束后，单击"上载"按钮，出现如图 16-32（b）所示对话框。单击 Yes 按钮后，开始将 GOT 中的画面数据上载到计算机的指定位置。

16.4 用触摸屏操作 PLC 实现电动机正、反转控制的开发实例

16.4.1 根据控制要求确定需要为触摸屏制作的画面

为了达到控制要求，需要制作如图 16-33 所示的三个触摸屏画面，具体说明如下：

❶ 3 个画面名称依次为"主画面""两个通信口的测试""电动机正反转控制"。

❷ 主画面要实现的功能：触摸画面中的"两个通信口的测试"键，切换到第 2 个画面；触摸"电动机正反转控制"键，切换到第 3 个画面；在画面下方显示当前日期和时间。

❸ 第 2 个画面要实现的功能：分别触摸 Y0 和 Y1 键时，PLC 相应输出端子应有动作；触摸"返回"键时，切换到主画面。

❹ 第 3 个画面要实现的功能：分别触摸"正转""反转""停转"键时，应能控制电动机正转、反转和停转；触摸"返回"键时，切换到主画面。

图 16-33 要求制作的三个触摸屏画面

16.4.2 用 GT Designer 软件制作各个画面并设置画面切换方式

1. 制作第 1 个画面（主画面）

❶ 启动 GT Designer 软件，新建一个工程，并选择触摸屏型号为 F940GOT，PLC 型号为 MELSEC-FX。

❷ 执行菜单命令"公共→标题→屏幕"，弹出"屏幕标题"对话框，设置当前画面标题为"主画面"，如图 16-34 所示。

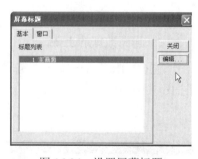

图 16-34 设置屏幕标题

❸ 单击绘图及对象工具栏中的 A 图标，弹出"文本设置"对话框，如图 16-35 所示。在"文本"输入框内输入"触摸屏与 PLC 通信测试"，将"文本色"设为"黄色"，"文本大小"设为"2×1"，单击"确定"按钮，文本会出现在工作区，此时在合适的地方单击即可放置文本。

图 16-35 放置文本

❹ 单击绘图及对象工具栏中的 ■ 图标，弹出"触摸键"对话框。在"基本"选项卡下选择"显示触发"为"键"，在"形状"选项组中选中"基本形状"，如图 16-36 所示。打开"类型"选项卡，设置触摸键在开和闭状态时的样式（单击"图形"按钮即可选择样式）、键的主体色及边框色、键上显示的文字和键的大小，如图 16-37 所示。设置键上显示文字的方法：单击"文本"按钮，弹出"文本"对话框，输入文本"两个通信口的测试"；返回"类型"选项卡，单击"复制开状态"按钮，可使闭状态键的样式和文字与开状态相同，如图 16-38 所示；单击"确定"按钮关闭对话框，此时在软件工作区会出现设置的键，如图 16-39 所示，从图中可以看出，文字超出键的范围；这时可调节框的大小，使之略大于文字范围。

图 16-36 "基本"选项卡

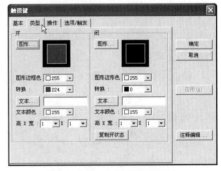

图 16-37 "类型"选项卡

❺ 利用相同的方法放置第 2 个键，将键显示的文字设为"电动机正反转控制"，结果如图 16-40 所示。

❻ 单击绘图及对象工具栏中的 ⏰ 图标，弹出"时钟"对话框，如图 16-41 所示。在"基本"选项卡中将"显示类型"设为"日期"，还可设置时钟的图形边框色、底色和颜色。若要设置时钟显示的样式，可选中"图形"复选框，单击"图形"按钮，即可选择时钟样式。打开"格式"选项卡，可设置时钟的格式和大小，如图 16-42 所示。单击"确定"按钮，软件工作区内将出现时钟对象，如图 16-43 所示，拖动鼠标可调节其大小。选中时钟对象，然后进行复制、粘贴操作，在工作区出现两个相同的时钟对象，双击右边的时钟对象，弹出"时钟"对话框，如图 16-44 所示。若在"基本"选项卡中将"显示类型"设为"时间"，切换到"格式"选项卡，并设置时间格式，则选中的时钟对象由日期型变为时间型，如图 16-45 所示。

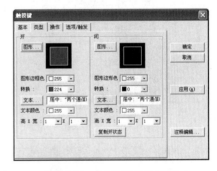

图 16-38 "类型"选项卡

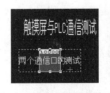

图 16-39 出现设置键　图 16-40 放置完毕

图 16-41 "时钟"对话框

图 16-42 "格式"选项卡　　图 16-43 出现时钟对象　　图 16-44 "时钟"对话框　　图 16-45 "格式"选项卡

❼ 排列对象。如果画面上的对象排列不整齐，则会影响画面效果，这时可通过拖动对象来排列，也可先选中要排列的对象，单击鼠标右键，在弹出的快捷菜单中选择"排列"命令，如图 16-46 所示，弹出"排列"对话框，如图 16-47 所示。在该对话框中可对选中的对象进行水平或垂直方向的排列，单击水平方向的"居中"按钮，选中的对象即可在水平方向居中排列。

❽ 预览画面效果。执行菜单命令"视图→预览"，将出现画面预览窗口，如图 16-48 所示。在"格式"菜单下可设置画面"开""关"状态和画面显示颜色，画面显示的时间与画面切换到"开"时刻的时间一致（计算机的时间）。另外，在编辑状态时，通过 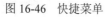 图标，可查看画面开、关、元件名显示、ID 号显示和设置画面的背景色。

 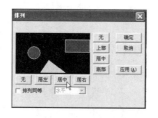 

　　图 16-46　快捷菜单　　　　图 16-47　"排列"对话框　　　图 16-48　预览画面效果

2. 制作第 2 个画面（通信口测试画面）

❶ 执行菜单命令"屏幕→新屏幕"，弹出"新屏幕"对话框。在该对话框中将新画面标题设为"两个通信口的测试"，如图 16-49 所示。单击"确定"按钮后，进入编辑新画面的状态。

❷ 利用绘图及对象工具栏中的 A 工具，放置文本"两个通信口的测试"，如图 16-50 所示。

　　图 16-49　设置第 2 个画面标题　　　图 16-50　放置文本"两个通信口的测试"

❸ 单击绘图及对象工具栏中的▣图标，弹出"触摸键"对话框，如图 16-51 所示。在"基本"选项卡下选择"显示触发"为"位"，单击"元件"按钮，弹出"元件"对话框。在该对话框中设置元件为"Y0000"，单击"确定"按钮返回"触摸键"对话框。切换到"类型"选项卡。在该选项卡下，将键显示文本设为"Y0"，大小设为"2×2"，并复制开状态，如图 16-52 所示。切换到"操作"选项卡，如图 16-53 所示，单击"位"按钮，弹出如图 16-54 所示的"按键操作（位设备）"对话框。在该对话框中设置元件为"Y0000"，"操作"为"点动"，此时在"操作"选项卡中自动增加一行操作命令（高亮部分），如图 16-55 所示，单击"确定"按钮关闭对话框，在软件工作区中将出现一个 Y0 键，如图 16-56 所示。

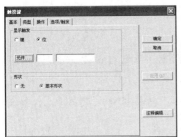
图 16-51 "触摸键"对话框

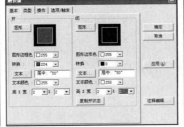
图 16-52 "类型"选项卡

图 16-53 "操作"选项卡

图 16-54 "按键操作（位设备）"对话框

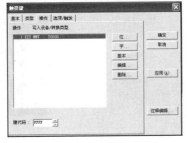
图 16-55 "操作"选项卡

图 16-56 出现 Y0 键

❹ 利用之前的方法在画面上放置 Y1 键，也可采用复制 Y0 键并修改的方法得到 Y1 键，如图 16-57 所示。

❺ 利用绘图及对象工具栏中的▣工具放置说明文本，如图 16-58 所示。

图 16-57 放置 Y1 键　　图 16-58 放置说明文本

❻ 单击绘图及对象工具栏中的▣图标，弹出"触摸键"对话框，在"基本"选项卡中选择"显示触发"为"键"。切换到"类型"选项卡，单击"文本"按钮，设置显示文本为"返回"。切换到"操作"选项卡，单击"基本"按钮，弹出图 16-59 所示的"键盘操作（基本转换）"对话框。在该对话框中选中"确定"，并单击"浏览"按钮，弹出如图 16-60 所示的"屏幕图像"对话框。依次单击"主画面"（返回的目标画面）按钮和"跳至"按钮，并单击"确定"按钮关闭对话框。此时在软件工作区中出现"返回"按钮。制作完成的第 2 个画面如图 16-61 所示。

图 16-59 "键盘操作（基本转换）"对话框

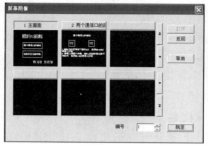
图 16-60 "屏幕图像"对话框

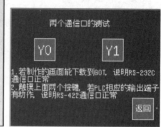
图 16-61 制作完成

3. 制作第 3 个画面（电动机正反转控制画面）

❶ 执行菜单命令"屏幕→新屏幕"，弹出"新屏幕"对话框，在该对话框中将"标题"设为"电动机正反转控制"，如图 16-62 所示。

❷ 利用绘图及对象工具栏中的 A 工具，在画面上放置文本"电动机正反转控制"，如图 16-63 所示。

图 16-62 "新屏幕"对话框

图 16-63 放置文本

❸ 单击绘图及对象工具栏中的 ■ 图标，弹出"触摸键"对话框。在"基本"选项卡下选择"显示触发"为"位"。单击"元件"按钮，在弹出的"元件"对话框中设置元件为"X000"。切换到"类型"选项卡，将键的显示文本设为"正转"，并复制开状态。切换到"操作"选项卡，单击"位"按钮，在弹出的"按键操作"对话框中设置元件为"X000"，操作为"置位"。返回"触摸键"对话框，单击"确定"按钮关闭对话框。此时在软件工作区中出现"正转"键，如图 16-64 所示。

❹ 在画面上放置"反转"和"停转"键的过程与第 3 步基本相同。在放置这两个键时，除要将键的显示文字设为"反转"和"停转"外，还要将两个键元件分别设为"X001"和"X002"；X001 的动作设为"置位"，X002 的动作设为"复位"。放置三个键的画面如图 16-65 所示。

❺ 放置"返回"键。第 3 个画面的"返回"键功能与第 2 个画面一样，都是返回主画面，因此可复制之前的方法得到该键。单击绘图及对象工具栏中的 ← （上一屏幕）图标，切换到第 2 个画面，复制"返回"键。单击 → （下一屏幕）图标，切换到第 3 个画面进行粘贴操作。制作完成的第 3 个画面如图 16-66 所示。

图 16-64 "正转"键

图 16-65 放置三个键的画面

图 16-66 完成画面

4. 设置画面切换

在第 1 个画面中有两个键："两个通信口的测试""电动机正反转控制"。下面设置它们的切换功能。

❶ 单击绘图及对象工具栏中的 图标，切换到主画面。双击主画面中的"两个通信口的测试"键，弹出"触摸键"对话框。在"基本"选项卡下将"显示触发"设为"键"。切换到"操作"选项卡，单击"基本"按钮，弹出"键盘操作（基本转换）"对话框，如图 16-67 所示，选中"确定"，单击"浏览"按钮，弹出"屏幕图像"对话框，如图 16-68 所示。在该对话框中依次单击"两个通信口的测试"（切换的目标画面）按钮和"跳至"按钮。关闭对话框即可完成"两个通信口的测试"键的切换功能设置。

❷ 利用同样的方法将"电动机正反转控制"键的切换目标设为"电动机正反转控制"画面。

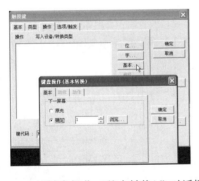
图 16-67 "键盘操作（基本转换）"对话框

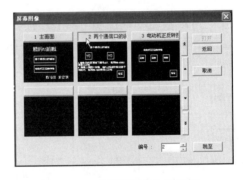
图 16-68 "屏幕图像"对话框

16.4.3　连接计算机与触摸屏并下载画面数据

在利用 GT Designer 软件制作好触摸屏画面后，可将计算机与触摸屏利用 FX232-CAB-1 电缆连接起来，如图 16-69 所示。该电缆的一端连接计算机的 COM 口（又称 RS-232 口），另一端连接触摸屏的 COM 口。计算机与触摸屏连接好后，在 GT Designer 软件中执行下载操作，并将制作好的画面数据下载到触摸屏。

图 16-69　FX232-CAB-1 电缆

16.4.4 用 PLC 编程软件编写电动机正、反转控制程序

触摸屏仅是一种操作和监视设备，若要控制电动机运行，还要依靠 PLC 执行有关程序来完成。为了实现在触摸屏上控制电动机运行，除要为触摸屏制作控制画面外，还要为 PLC 编写电动机运行控制程序，并且 PLC 程序中的软元件要与触摸屏画面中对应的按键元件名一致。

启动三菱 PLC 编程软件，编写如图 16-70 所示的电动机正、反转 PLC 控制程序，其中的 X000、X001、X002 触点应为正转、反转和停转控制触点，与触摸屏画面对应按键元件名保持一致；否则，操作触摸屏画面时按键无效或控制出错。

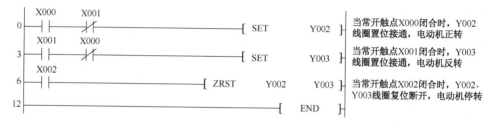

图 16-70　电动机正、反转的 PLC 控制程序

 16.4.5 触摸屏、PLC 和电动机控制电路的硬件连接和触摸操作测试

触摸屏、PLC 和电动机控制电路的连接如图 16-71 所示。该电路连接完成并通电后，在触摸屏上触摸画面上的按键时，将先进行通信口测试，再进行电动机正、反转控制测试。

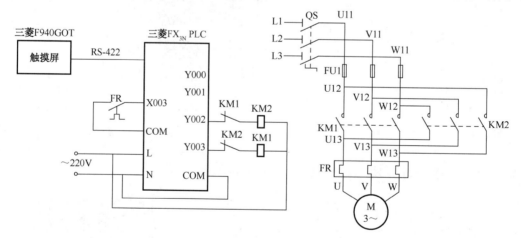

图 16-71　触摸屏、PLC 和电动机控制电路的连接

步进电动机与步进驱动技术

17.1 步进电动机

步进电动机是一种用电脉冲控制运转的电动机。每输入一个电脉冲,步进电动机就会旋转一定的角度,因此步进电动机又被称为脉冲电动机。步进电动机的转速与脉冲频率成正比,脉冲频率越高,单位时间内输入电动机的脉冲个数越多,旋转角度越大,即转速越快。步进电动机广泛应用在雕刻、激光制版机、贴标机、激光切割机、喷绘机、数控机床、机械手等各种中大型自动化设备和仪器中。

17.1.1 步进电动机的外形

步进电动机的外形如图 17-1 所示。在说明步进电动机的工作原理前,先来分析如图 17-2 所示的实验现象。

图 17-1 步进电动机的外形

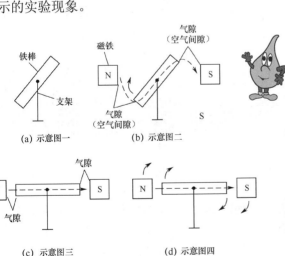

图 17-2 与步进电动机有关的实验现象

在图 17-2 中,一根铁棒斜放在支架上,若将一对磁铁靠近铁棒,则 N 极磁铁产生的磁感线会通过气隙、铁棒和气隙到达 S 极磁铁,如图 17-2(b)所示。**由于磁感线总是力图通过磁阻最小的途径**,因此对铁棒产生作用力,使铁棒旋转到水平位置,如图 17-2(c)所示。此时磁感线所经磁路的磁阻最小(磁阻主要由 N 极与铁棒间的气隙和 S 极与铁棒间的气隙大小决定,气隙越大,磁阻越大,铁棒处于图示位置时的气隙最小,因此磁阻也最小)。这时若顺时针旋转磁铁,则为了保持磁路的磁阻最小,磁感线对铁棒产生作用力使之顺时针旋转,如图 17-2(d)所示。

17.1.2 步进电动机的工作原理

步进电动机的种类很多,根据运转方式的不同可分为旋转式、直线式和平面式。其中,旋转式应用最为广泛。旋转式步进电动机又分为永磁式和反应式：永磁式步进电动机的转子采用永久磁铁制成；反应式步进电动机的转子采用软磁性材料制成。由于反应式步进电动机具有反应快、惯性小和速度高等优点，因此应用很广泛。

1. 反应式步进电动机

三相六极反应式步进电动机的工作原理如图17-3所示，主要由凸极式定子、定子绕组和带有4个齿的转子组成。

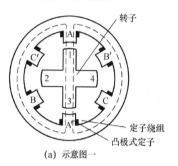

(a) 示意图一

(b) 示意图二

(c) 示意图三

❶ 当A相定子绕组通电时，如图17-3（a）所示，绕组产生磁场，由于磁场磁感线力图通过磁阻最小的路径，因此在磁场的作用下，转子旋转使齿1、3分别正对A、A′极。

❷ 当B相定子绕组通电时，如图17-3（b）所示，绕组产生磁场，在绕组磁场的作用下，转子旋转使齿2、4分别正对B、B′极。

❸ 当C相定子绕组通电时，如图17-3（c）所示，绕组产生磁场，在绕组磁场的作用下，转子旋转使齿3、1分别正对C、C′极。

从图中可以看出，当A、B、C相按A→B→C顺序依次通电时，转子逆时针旋转，并且齿1由正对A极运动到正对C′极；若按A→C→B顺序通电，则转子会顺时针旋转。在给某定子绕组通电时，步进电动机会旋转一个角度；若按A→C→B→A→B→C→…顺序依次给定子绕组通电，则转子会连续不断地旋转。图17-3中的步进电动机为三相单三拍反应式步进电动机，其中"三相"是指定子绕组为三组；"单"是指每次只有一相绕组通电；"三拍"是指在一个通电循环周期内绕组有3次供电切换。

图17-3 三相六极反应式步进电动机的工作原理

步进电动机的定子绕组每切换一相电源，转子就会旋转一定的角度，称该角度为步距角。 在图17-3中，步进电动机定子圆周上平均分布着6个凸极，任意两个凸极之间的角度为60°，转子每个齿由一个凸极移到相邻的凸极需要前进两步，因此该转子的步距角为30°。步进电动机的步距角可用下面的公式计算：

$$\theta = \frac{360°}{ZN}$$

式中，Z表示转子的齿数；N表示一个通电循环周期的拍数。图17-3中，步进电动机的转子齿数$Z=4$，一个通电循环周期的拍数$N=3$，则步距角$\theta=30°$。

2. 三相单双六拍反应式步进电动机

三相单三拍反应式步进电动机的步距角较大，稳定性较差。三相单双六拍反应式步进电动机的步距角较小，稳定性更好，结构示意如图17-4所示。

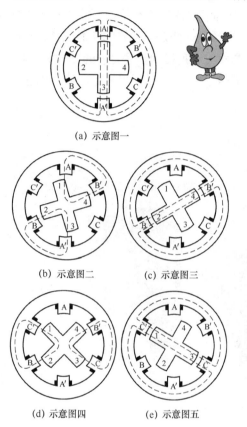

❶ 当 A 相定子绕组通电时，如图17-4（a）所示，绕组产生磁场，由于磁场磁感线力图通过磁阻最小的路径，因此在磁场的作用下，转子旋转使1、3分别正对 A、A′极。

❷ 当 A、B 相定子绕组同时通电时，绕组产生图17-4（b）所示的磁场，在绕组磁场的作用下，转子旋转使齿2、4分别向 B、B′极靠近。

❸ 当 B 相定子绕组通电时，如图17-4（c）所示，绕组产生磁场，在绕组磁场的作用下，转子旋转使齿2、4分别正对 B、B′极。

❹ 当 B、C 相定子绕组同时通电时，如图17-4（d）所示，绕组产生磁场，在绕组磁场的作用下，转子旋转使齿3、1分别向 C、C′极靠近。

❺ 当 C 相定子绕组通电时，如图17-4（e）所示，绕组产生磁场，在绕组磁场的作用下，转子旋转使齿3、1分别正对 C、C′极。

从图中可以看出，当 A、B、C 相按 A→AB→B→BC→C→CA→A…顺序依次通电时，转子逆时针旋转，每一个通电循环分6拍，其中3个单拍通电，3个双拍通电，因此这种反应式步进电动机称为三相单双六拍反应式步进电动机。三相单双六拍反应式步进电动机的步距角为15°。

图17-4 三相单双六拍反应式步进电动机结构示意

不管是三相单三拍反应式步进电动机还是三相单双六拍反应式步进电动机，步距角都比较大，若用作传动设备动力源，则往往不能满足精度要求。为了减小步距角，实际的三相步进电动机通常在定子凸极和转子上开很多小齿，可以大大减小步距角。三相步进电动机的结构示意图如图17-5所示。三相步进电动机的结构如图17-6所示。

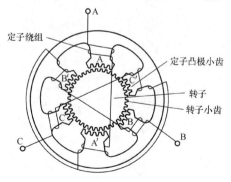

图17-5 三相步进电动机的结构示意图

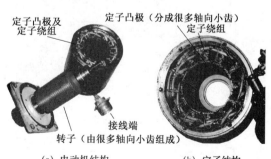

图17-6 三相步进电动机的结构

17.2 步进驱动器

步进电动机在工作时需要由专门的电路来不断切换提供给定子绕组的脉冲信号。为了使用方便，通常将这些电路做成一个成品设备——步进驱动器。**步进驱动器的功能就是在控制设备（如 PLC、单片机）的控制下，为步进电动机提供工作所需的幅度足够的脉冲信号。**

步进驱动器的种类很多，使用方法大同小异。下面以 HM275D 型步进驱动器为例进行说明。

17.2.1 步进驱动器的内部组成与工作原理

图 17-7 给出两种常见的步进驱动器外形，其中，(a) 为 HM275D 型步进驱动器。

图 17-7 两种常见的步进驱动器

步进驱动器的组成框图如图 17-8 所示，主要由环形分配器和功率放大器组成。

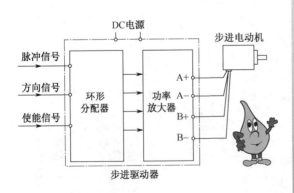

图 17-8 步进驱动器的组成框图

步进驱动器有三种输入信号，分别是脉冲信号、方向信号和使能信号。这些信号来自控制器（如 PLC、单片机等）。在工作时，步进驱动器的环形分配器先将输入的脉冲信号分成多路脉冲信号，并送到功率放大器中进行功率放大，然后输出大幅度脉冲信号去驱动步进电动机；方向信号的功能是控制环形分配器分配脉冲信号的顺序，比如先送 A 相脉冲信号再送 B 相脉冲信号，会使步进电动机逆时针旋转，那么先送 B 相脉冲信号再送 A 相脉冲信号，则会使步进电动机顺时针旋转；使能信号的功能是允许或禁止步进驱动器工作，当使能信号为禁止时，即使输入脉冲信号和方向信号，步进驱动器也不会工作。

17.2.2 步进驱动器的接线及说明

步进驱动器的接线包括输入信号接线、电源与输出信号接线。HM275D 型步进驱动器的典型接线如图 17-9 所示。

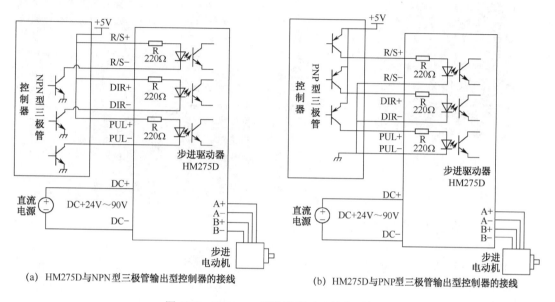

(a) HM275D 与 NPN 型三极管输出型控制器的接线　　(b) HM275D 与 PNP 型三极管输出型控制器的接线

图 17-9　HM275D 型步进驱动器的典型接线

1. 输入信号接线

HM275D 型步进驱动器的输入信号接线有 6 个接线端子，如图 17-10 所示。这 6 个端子分别是 R/S+、R/S−、DIR+、DIR−、PUL+ 和 PUL−。

图 17-10　6 个输入信号接线端子

❶ R/S+（+5V）、R/S−（R/S）端子：使能信号，用于使能和禁止。当 R/S+ 接 +5V，R/S− 接低电平时，驱动器切断电动机各相电流使电动机处于自由状态，此时步进脉冲信号不被响应。如果不需要这项功能，则悬空此接线端子即可。

❷ DIR+（+5V）、DIR−（DIR）端子：当采用单脉冲控制方式时为方向信号，用于改变电动机的转向；在采用双脉冲控制方式时为反转脉冲信号。单、双脉冲控制方式由 SW5 控制，为了保证电动机的可靠响应，方向信号应先于脉冲信号至少 5μs 建立。

❸ PUL+（+5V）、PUL−（PUL）端子：在采用单脉冲控制方式时为步进脉冲信号，脉冲上升沿有效；在采用双脉冲控制方式时为正转脉冲信号，脉冲上升沿有效。脉冲信号的低电平时间应大于 3μs，以保证电动机可靠响应。

2. 电源与输出信号接线

HM275D 型步进驱动器的电源与输出信号接线有 6 个接线端子，如图 17-11 所示。这 6 个端子分别是 DC+、DC−、A+、A−、B+ 和 B−。

❶ DC-端子：直流电源负极，即电源地。
❷ DC+端子：直流电源正极，电压范围为 24～90V，推荐理论值 DC 70V 左右。电源电压在 DC24～90V 之间时可以正常工作。步进驱动器最好采用无稳压功能的直流电源供电，也可以采用"变压器降压＋桥式整流＋电容滤波"方式供电，电容可取>2200μF。但注意应使整流后的电压纹波峰值不超过 95V，以避免电网波动超过驱动器电压的工作范围。
❸ A+、A-端子：A 相脉冲输出。若 A+、A-互调，则电动机运转方向会改变。
❹ B+、B-端子：B 相脉冲输出。若 B+、B-互调，则电动机运转方向会改变。
在连接电源时要特别注意：接线时，电源正、负极切勿反接；最好采用非稳压型电源；采用非稳压型电源时，电源电流的输出能力应大于驱动器设定电流的 60%，采用稳压型电源时，应大于驱动器设定电流；为了降低成本，两三个驱动器可共用一个电源。

图 17-11　6 个电源与输出信号接线端子

17.2.3　步进电动机的接线及说明

HM275D 型步进驱动器可驱动所有相电流为 7.5A 以下的四线、六线和八线的两相、四相步进电动机。由于 HM275D 型步进驱动器只有 A+、A-、B+和 B-四个脉冲输出端子，故连接四线以上的步进电动机时，需要先对步进电动机进行必要的接线。步进电动机的接线如图 17-12 所示。图中，NC 表示该接线端子悬空不用。

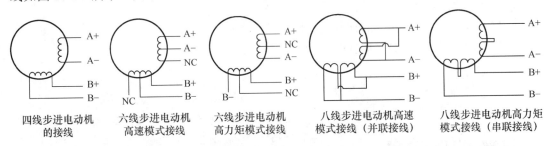

图 17-12　步进电动机的接线

为了达到最佳的电动机驱动效果，需要给步进驱动器选取合理的供电电压并设定合适的输出电流值。

一般来说，供电电压越高，电动机高速时力矩越大，越能避免高速时掉步。但电压太高也会导致过电压保护，甚至可能损害驱动器，而且在高压下工作时，低速运动的振动较大。**对于同一电动机，电流设定值越大，电动机输出的力矩越大，电动机和驱动器的发热越严重。**因此，一般情况下，应把电流设定成电动机长时间工作出现温热但不过热时的数值。输出电流的具体设置如下：

❶ 四线电动机和六线电动机高速模式：输出电流等于或略小于电动机额定电流。
❷ 六线电动机高力矩模式：输出电流设成电动机额定电流的 70%。

❸ 八线步进电动机串联接线：由于串联时电阻增大，因此输出电流应设成步进电动机额定电流的 70%。

❹ 八线步进电动机并联接线：输出电流可设成步进电动机额定电流的 1.4 倍。

注意：设定输出电流后，应让步进电动机运转 15～30min，如果步进电动机升温太高，则应降低输出电流设定值。

17.2.4 细分设置

为了提高步进电动机的控制精度，现在的步进驱动器都具备细分设置功能。**所谓细分，是指通过设置驱动器来减小步距角**。例如，若步进电动机的步距角为 1.8°，则旋转一周需要 200 步；若将细分设置为 10，则步距角被调整为 0.18°，旋转一周需要 2000 步。

HM275D 型步进驱动器面板上有 SW1～SW9 共 9 个开关，如图 17-13 所示：SW1～SW4 用于设置驱动器的工作电流；SW5 用于设置驱动器的脉冲输入模式；SW6～SW9 用于设置细分。SW6～SW9 开关的位置及细分关系如表 17-1 所示。例如，当 SW6～SW9 分别为 ON、ON、OFF、OFF 时，将细分数设置为 4，电动机旋转一周需要 800 步。

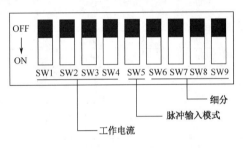

图 17-13 面板上的 SW1～SW9 开关

表 17-1 SW6～SW9 开关的位置及细分关系

SW6	SW7	SW8	SW9	细分数	步数/圈
ON	ON	ON	OFF	2	400
ON	ON	OFF	OFF	4	800
ON	OFF	ON	OFF	8	1600
ON	OFF	OFF	OFF	16	3200
OFF	ON	ON	OFF	32	6400
OFF	ON	OFF	OFF	64	12800
OFF	OFF	ON	OFF	128	25600
OFF	OFF	OFF	OFF	256	51200
ON	ON	ON	ON	5	1000
ON	ON	OFF	ON	10	2000
ON	OFF	ON	ON	25	5000
ON	OFF	OFF	ON	50	10000
OFF	ON	ON	ON	125	25000
OFF	ON	OFF	ON	250	50000

在细分设置时要注意以下事项：

❶ 一般情况下，细分不能设置得过大，因为在步进驱动器输入脉冲不变的情况下，细分设置得越大，电动机转速越慢，输出力矩会越小。

❷ 步进电动机的驱动脉冲频率不能太高，否则输出力矩会迅速减小。细分设置得过大，会使步进驱动器输出的驱动脉冲频率过高。

17.2.5 工作电流的设置

为了能驱动多种功率的步进电动机，大多数步进驱动器具有工作电流（也称动态电流）设置功能。当连接功率较大的步进电动机时，应将步进驱动器的输出工作电流设大一些。

在 HM275D 型步进驱动器面板上有 SW1～SW4 四个开关用来设置工作电流。SW1～SW4 开关的位置与工作电流值关系如表 17-2 所示。

表 17-2　SW1～SW4 开关的位置与工作电流值关系

SW1	SW2	SW3	SW4	电流值/A
ON	ON	ON	ON	3.0
OFF	ON	ON	ON	3.3
ON	OFF	ON	ON	3.6
OFF	OFF	ON	ON	4.0
ON	ON	OFF	ON	4.2
OFF	ON	OFF	ON	4.6
ON	OFF	OFF	ON	4.9
ON	ON	ON	OFF	5.1
OFF	OFF	OFF	ON	5.3
OFF	ON	OFF	OFF	5.5
ON	OFF	ON	OFF	5.8
OFF	OFF	ON	OFF	6.2
ON	ON	OFF	OFF	6.4
OFF	ON	OFF	OFF	6.8
ON	OFF	OFF	OFF	7.1
OFF	OFF	OFF	OFF	7.5

17.2.6 静态电流的设置

在停止时，为了锁住步进电动机，步进驱动器仍会输出一路电流给步进电动机的某相定子线圈，该相定子凸极产生的磁场像磁铁一样吸住转子，使转子无法旋转。**步进驱动器在停止时提供给步进电动机的单相锁定电流被称为静态电流。**

HM275D 型步进驱动器的静态电流由内部 S3 跳线来设置，如图 17-14 所示。当 S3 接通时，静态电流与设定的工作电流相同，即静态电流为全流；当 S3 断开（出厂设定）时，静态电流为待机自动半电流，即静态电流为半流。一般情况下，如果步进电动机的负载为提升类负载（如升降机），则静态电流应设为全流；对于平移动类负载，静态电流可设为半流。

S3断开时静态　　S3接通时静态
电流为半流　　　电流为全流
（出厂设定）

图 17-14　设置静态电流

17.2.7 脉冲输入模式的设置

HM275D 型步进驱动器的脉冲输入模式有单脉冲和双脉冲两种。脉冲输入模式由 SW5 开关来设置：当 SW5 为 OFF 时，脉冲输入模式为单脉冲输入模式，即脉冲+方向模式，PUL 端子定义为脉冲输入端，DIR 定义为方向控制端；当 SW5 为 ON 时，脉冲输入模式为双脉冲输入模式，即脉冲+脉冲模式，PUL 端子定义为正向（CW）脉冲输入端，DIR 定义为反向（CCW）脉冲输入端。

单脉冲输入模式和双脉冲输入模式的输入信号波形如图 17-15 所示。下面对照图 17-9（a）来说明两种模式的工作过程。

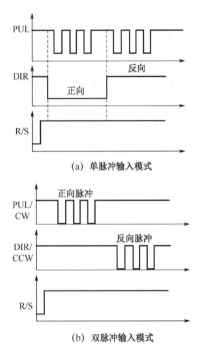

图 17-15 两种脉冲输入模式的信号波形

当步进驱动器工作在单脉冲输入模式时，控制器先送高电平（控制器内的三极管截止）到驱动器的 R/S-端子，R/S+、R/S-端子之间的内部光电耦合器不导通，驱动器内部电路被允许工作；然后控制器送低电平（控制器内的三极管导通）到驱动器的 DIR-端子，DIR+、DIR-端子之间的内部光电耦合器导通，让驱动器内部电路控制步进电动机正转；接着控制器输出脉冲信号到驱动器的 PUL-端子，当脉冲信号为低电平时，PUL+、PUL-端子之间的光电耦合器导通；当脉冲信号为高电平时，PUL+、PUL-端子之间的光电耦合器截止。光电耦合器不断导通、截止，就为内部电路提供脉冲信号，在 R/S、DIR、PUL 端子输入信号的控制下，驱动器控制电动机正向旋转。

当步进驱动器工作在双脉冲输入模式时，控制器先送高电平到驱动器的 R/-端子，驱动器内部电路被允许工作，然后控制器输出脉冲信号到驱动器的 PUL-端子，同时控制器送高电平到驱动器的 DIR-端子，驱动器控制步进电动机正向旋转，如果驱动器的 PUL-端子变为高电平、DIR-端子输入脉冲信号，则驱动器控制电动机反向旋转。

为了让步进驱动器和步进电动机均能可靠运行，应注意以下要点：

❶ R/S 要提前 DIR 至少 5μs 为高电平，通常建议 R/S 悬空。
❷ DIR 要提前 PUL 下降沿至少 5μs 确定其状态的高或低。
❸ 输入脉冲的高、低电平宽度均不能小于 2.5μs。
❹ 输入信号的低电平要低于 0.5V，高电平要高于 3.5V。

17.3 步进电动机正、反向定角循环运行的电气线路及 PLC 程序

17.3.1 控制要求

采用 PLC 作为上位机来控制步进驱动器，可驱动步进电动机定角循环运行，具体控制

要求如下：

❶ 按下启动按钮，控制步进电动机先顺时针旋转 2 周（720°），停 5s，再逆时针旋转 1 周（360°），停 2s，如此反复运行。按下停止按钮，步进电动机停转，同时转轴被锁住。

❷ 按下脱机按钮，松开电动机转轴。

17.3.2　电气线路及说明

步进电动机正、反向定角循环运行的电气电路如图 17-16 所示。

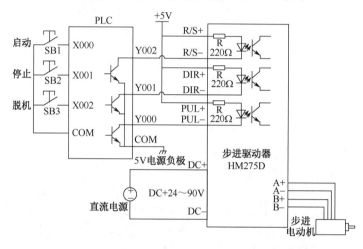

图 17-16　步进电动机正、反向定角循环运行的电气电路

1. 启动控制

先按下启动按钮 SB1，PLC 的 X000 端子输入为 ON，内部程序运行，从 Y002 端子输出高电平（Y002 端子内部三极管处于截止状态），从 Y001 端子输出低电平（Y001 端子内部三极管处于导通状态），从 Y000 端子输出脉冲信号（Y000 端子内部三极管导通、截止状态不断切换），使驱动器的 R/S−端子得到高电平、DIR−端子得到低电平、PUL−端子输入脉冲信号，驱动器输出脉冲信号驱动步进电动机顺时针旋转 2 周；然后 PLC 的 Y000 端子停止输出脉冲，Y001 端子和 Y002 端子输出高电平，驱动器只输出一相电流到电动机，锁住电动机转轴，电动机停转；5s 后，PLC 的 Y000 端子又输出脉冲，Y001 端子输出高电平，Y002 端子仍输出高电平，驱动器驱动电动机逆时针旋转 1 周；接着 PLC 的 Y000 端子又停止输出脉冲，Y001 端子输出高电平、Y002 端子输出仍为高电平，驱动器只输出一相电流锁住电动机转轴，电动机停转；2s 后，驱动器驱动电动机顺时针旋转 2 周。以后重复上述过程。

2. 停止控制

在步进电动机运行过程中，如果按下停止按钮 SB2，则 PLC 的 Y000 端子停止输出脉冲（输出高电平），Y001 端子和 Y002 端子输出高电平，驱动器只输出一相电流到电动机，锁住电动机转轴，电动机停转，此时无法手动转动电动机转轴。

3. 脱机控制

在步进电动机运行或停止时，按下脱机按钮 SB3，PLC 的 Y002 端子输出低电平，R/S-端子得到低电平，如果步进电动机先前处于运行状态，则 R/S-端子在得到低电平后，驱动器马上停止输出两相电流，电动机处于惯性运转状态；如果步进电动机先前处于停止状态，则 R/S-端子在得到低电平后，驱动器马上停止输出一相锁定电流，这时可手动转动电动机转轴。松开脱机按钮 SB3，步进电动机又开始运行或进入自锁停止状态。

17.3.3 细分、工作电流和脉冲输入模式的设置

驱动器配接的步进电动机的步距角为 1.8°、工作电流为 3.6A，驱动器的脉冲输入模式为单脉冲输入模式，可将驱动器面板上的 SW1～SW9 开关按如图 17-17 所示进行设置，其中将细分设为 4。

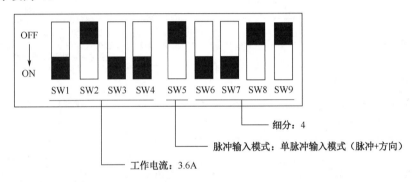

图 17-17　细分、工作电流和脉冲输入模式的设置

17.3.4　PLC 控制程序及说明

步进电动机正、反向定角循环运行的 PLC 程序梯形图如图 17-18 所示。下面对照图 17-16 来说明图 17-18 的工作原理。

注意：步进电动机的步距角为 1.8°，如果不设置细分，则电动机旋转 1 周需要走 200 步（360°/1.8°=200），步进驱动器需要输入 200 个脉冲；如果步进驱动器设细分为 4，则需要输入 800 个脉冲才能让电动机旋转 1 周，旋转 2 周则输入 1600 个脉冲。

1. 启动控制

❶ 按下启动按钮 SB1，梯形图中的[3]X000 常开触点闭合，"SET S20" 指令执行，状态继电器 S20 置位，[7]S20 常开触点闭合，M0 线圈和 Y001 线圈均得电。"MOV K1600 D0" 指令执行，将 1600 送入数据存储器 D0 中作为输出脉冲的个数值，M0 线圈得电，使[43]M0 常开触点闭合，"PLSY K800 D0 Y000" 指令执行，从 Y000 端子输出频率为 800Hz、个数为 1600（D0 中的数据）的脉冲信号，送到驱动器的 PUL-端子，Y001 线圈得电，Y001 端子内部的三极管导通，Y001 端子输出低电平，送到驱动器的 DIR-端子，驱动器驱动电动机顺时针旋转。当脉冲输出指令 PLSY 送完 1600 个脉冲后，电动机正好旋转 2 周，[15]完

成标志继电器 M8029 常开触点闭合,"SET S21"指令执行,状态继电器 S21 置位,[18]S21 常开触点闭合,定时器 T0 开始 5s 计时,计时期间电动机处于停止状态。

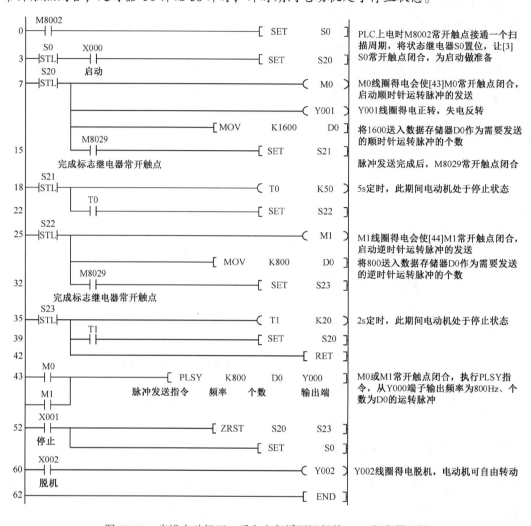

图 17-18 步进电动机正、反向定角循环运行的 PLC 程序梯形图

❷ 5s 后,定时器 T0 执行动作,[22]T0 常开触点闭合,"SET S22"指令执行,状态继电器 S22 置位,[25]S22 常开触点闭合,M1 线圈得电,"MOV K800 D0"指令执行,将 800 送入数据存储器 D0 中作为输出脉冲的个数值,M1 线圈得电,使[44]M1 常开触点闭合,PLSY 指令执行,从 Y000 端子输出频率为 800Hz、个数为 800(D0 中的数据)的脉冲信号,送到驱动器的 PUL-端子,由于此时 Y001 线圈已失电,Y001 端子内部的三极管截止,Y001 端子输出高电平,送到驱动器的 DIR-端子,驱动器驱动电动机逆时针旋转。当 PLSY 送完 800 个脉冲后,电动机正好旋转 1 周,[32]完成标志继电器 M8029 常开触点闭合,"SET S23"指令执行,状态继电器 S23 置位,[35]S23 常开触点闭合,T1 定时器开始 2s 计时,计时期间电动机处于停止状态。

❸ 2s 后,T1 定时器执行动作,[39]T1 常开触点闭合,"SET S20"指令执行,状态继电器 S20 置位,[7]S20 常开触点闭合,开始下一个周期的步进电动机正、反向定角运行控制。

2. 停止控制

在步进电动机正、反向定角循环运行时，如果按下停止按钮 SB2，则[52]X001 常开触点闭合，ZRST 指令执行，将 S20～S23 状态继电器复位，S20～S23 常开触点断开，[7]～[43]之间的程序无法执行，PLC 的 Y000 端子停止输出脉冲，Y001 端子输出高电平，驱动器仅输出一相电流给电动机绕组，锁住电动机转轴。[52]X001 常开触点闭合会使"SET S0"指令执行，将[3]S0 常开触点闭合，为重新启动电动机运行做准备。如果按下启动按钮 SB1，则 X000 常开触点闭合，程序会重新开始电动机正、反向定角运行控制。

3. 脱机控制

在步进电动机运行或停止时，按下脱机按钮 SB3，则[60]X002 常开触点闭合，Y002 线圈得电，PLC 的 Y002 端子内部的三极管导通，Y002 端子输出低电平，R/S-端子得到低电平。如果步进电动机先前处于运行状态，则 R/S-端子得到低电平后，驱动器马上停止输出两相电流，PUL-端子输入脉冲信号无效，电动机处于惯性运转状态；如果步进电动机先前处于停止状态，则 R/S-端子得到低电平后，驱动器马上停止输出一相锁定电流，这时可手动转动电动机转轴。松开脱机按钮 SB3，步进电动机又开始运行或进入自锁停止状态。

17.4 步进电动机定长运行的电气线路及 PLC 程序

17.4.1 控制要求

图 17-19 是一个自动切线装置组成示意图，具体控制要求如下。

❶ 按下启动按钮，步进电动机开始运转并抽送线材。当达到设定长度时电动机停转，执行切刀动作，即切断线材，之后电动机又开始抽送线材，如此反复，直到切刀动作次数达到指定值时，步进电动机停转并停止切割线材。在切线装置工作过程中，按下停止按钮，步进电动机停转，自锁转轴，停止切割线材。按下脱机按钮，步进电动机停转，松开转轴，可手动抽拉线材。

❷ 步进电动机抽送线材的压辊周长为 50mm。切割线材（短线）的长度值用 2 位 BCD 数字开关来输入。

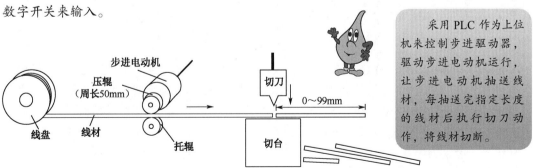

图 17-19 自动切线装置组成示意图

17.4.2 电气线路及说明

步进电动机定长运行控制电路图如图 17-20 所示。

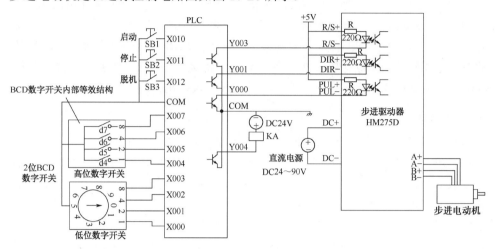

图 17-20 步进电动机定长运行控制电路图

下面对照图 17-19 来说明图 17-20 的工作原理。

1. 设定移动的长度值

步进电动机通过压辊抽送线材，抽送的线材长度达到设定值时执行切刀动作，即切断线材。本系统采用 2 位 BCD 数字开关来设定切割线材的长度值。**BCD 数字开关是一种将十进制数 0~9 转换成 BCD 数 0000~1001 的电子部件。**常见的 BCD 数字开关外形如图 17-21 所示。1 位 BCD 数字开关内部由 4 个开关组成，当 BCD 数字开关拨到某个十进制数字，如拨到数字 6 时，内部 4 个开关通、断情况分别为 d7 断、d6 通、d5 通、d4 断，X007~X004 端子输入分别为 OFF、ON、ON、OFF，即给 X007~X004 端子输入 BCD 数 0110。如果高、低位 BCD 数字开关分别拨到 7、2，则 X007~X004 输入为 0111，X003~X000 输入为 0010，即将 72 转换成 01110010，并通过 X007~X000 端子送入 PLC 内部的输入继电器 X007~X000。

图 17-21 常见的 BCD 数字开关外形

2. 启动控制

按下启动按钮 SB1，PLC 的 X010 端子输入为 ON，内部程序运行，从 Y003 端子输出高电平（Y003 端子内部三极管处于截止状态），从 Y001 端子输出低电平（Y001 端子内部三极管处于导通状态），从 Y000 端子输出脉冲信号（Y000 端子内部三极管在导通、截止状态间不断切换），驱动器的 R/S-端子得到高电平、DIR-端子得到低电平、PUL-端子输入脉冲信号，驱动器驱动步进电动机顺时针旋转，通过压辊抽拉线材，当 Y000 端子发送完指定数量的脉冲信号后，线材会抽拉到设定长度值，电动机停转并自锁转轴，同时 Y004 端子内部三极管导通，有电流流过 KA 继电器线圈，执行切刀动作，即切断线材；之后 PLC

的 Y000 端子又开始输出脉冲，驱动器驱动电动机抽拉线材，以后重复上述工作过程，当切刀动作次数达到指定值时，Y001 端子输出低电平、Y003 端子输出高电平，驱动器只输出一相电流到电动机，锁住电动机转轴，令电动机停转。更换新线盘后，按下启动按钮 SB1，又开始按上述过程切割线材。

3. 停止控制

在步进电动机运行过程中，如果按下停止按钮 SB2，则 PLC 的 X011 端子输入为 ON，PLC 的 Y000 端子停止输出脉冲（输出高电平）、Y001 端子输出高电平、Y003 端子输出高电平，驱动器只输出一相电流到电动机，锁住电动机转轴，令电动机停转，此时无法手动转动电动机转轴。

4. 脱机控制

在步进电动机运行或停止时，按下脱机按钮 SB3，则 PLC 的 X012 端子输入为 ON，Y003 端子输出低电平，R/S−端子得到低电平。如果步进电动机先前处于运行状态，则 R/S−端子得到低电平后驱动器马上停止输出两相电流，电动机处于惯性运转状态；如果步进电动机先前处于停止状态，则 R/S−端子得到低电平后驱动器马上停止输出一相锁定电流，这时可手动转动电动机转轴来抽拉线材。松开脱机按钮 SB3，步进电动机又开始运行或进入自锁停止状态。

17.4.3 细分、工作电流和脉冲输入模式的设置

驱动器配接的步进电动机的步距角为 1.8°、工作电流为 5.5A，驱动器的脉冲输入模式为单脉冲输入模式，可将驱动器面板上的 SW1～SW9 开关按图 17-22 所示进行设置，其中细分设为 5。

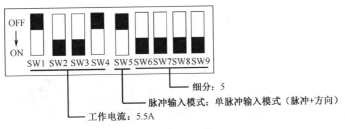

图 17-22　细分、工作电流和脉冲输入模式的设置

17.4.4　PLC 控制程序及说明

步进电动机定长运行控制的梯形图如图 17-23 所示。下面对照图 17-19 和图 17-20 来说明图 17-23 的工作原理。

注意：步进电动机的步距角为 1.8°，如果不设置细分，则电动机旋转 1 周需要走 200 步（360°/1.8°=200），步进驱动器输入 200 个脉冲；如果步进驱动器设细分为 5，则需要输入 1000 个脉冲才能让电动机旋转 1 周。与步进电动机同轴旋转的用来抽送线材的压辊周长为 50mm，旋转一周会抽送 50mm 线材。如果设定线材的长度为 D0（mm），则抽送 D0（mm）长度的线材需旋转 D0/50（周），需要给驱动器输入脉冲数为 $\frac{D0}{50} \times 1000 = D0 \times 20$。

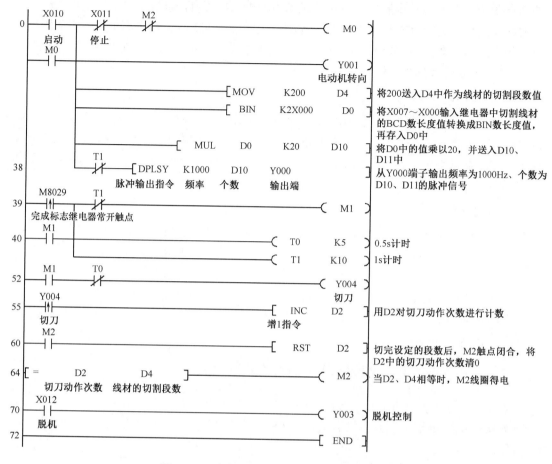

图 17-23 步进电动机定长运行控制的梯形图

1. 设定线材的切割长度值

在控制步进电动机工作前，先用 PLC 输入端子 X007～X000 外接的 2 位 BCD 数字开关设定线材的切割长度值，如设定的长度值为 75，则 X007～X000 端子输入为 01110101。该 BCD 数据由输入端子送入内部的输入继电器 X007～X000 保存。

2. 启动控制

❶ 按下启动按钮 SB1，PLC 的 X010 端子输入为 ON，梯形图中的 X010 常开触点闭合，[0]M0 线圈得电，[1]M0 常开自锁触点闭合，锁定 M0 线圈供电，X010 触点闭合还会使 Y001 线圈得电，以及使 MOV、BIN、MUL、DPLSY 指令相继执行。Y001 线圈得电，Y001 端子内部三极管导通，步进驱动器的 DIR-端子输入为低电平，驱动器控制步进电动机顺时针旋转。如果电动机旋转方向不符合线材的抽拉方向，则可删除梯形图中的 Y001 线圈，让 DIR-端子输入高电平，使电动机逆时针旋转。将电动机的任意一相绕组的首尾端互换，也可以改变电动机的转向。MOV 指令执行，将 200 送入 D4 中作为线材切割的段数值。BIN 指令执行，将输入继电器 X007～X000 中的 BCD 数长度值 01110101 转换成 BIN 数长度值 01001011，并存入数据存储器 D0 中。MUL 指令执行，将 D0 中的数据乘以 20，所得结果

存入 D11、D10（在使用 MUL 指令进行乘法运算时，操作结果为 32 位，故结果存入 D11、D10）中作为 PLC 输出脉冲的个数。DPLSY 指令执行，从 Y000 端子输出频率为 1000Hz、个数为 D10 值的脉冲信号并送入驱动器，驱动电动机旋转，通过压辊抽拉线材。

❷ 在 PLC 的 Y000 端子发送脉冲完毕后，电动机停转，压辊停止抽拉线材，同时[39]完成标志继电器常开触点 M8029 闭合，M1 线圈得电，[40]、[52]M1 常开触点闭合。[40]M1 常开触点闭合，使得 M1 线圈锁定及为定时器 T0、T1 供电，定时器 T0 开始 0.5s 计时，T1 定时器开始 1s 计时。[52]M1 常开触点闭合，使得 Y004 线圈得电，Y004 端子内部三极管导通，继电器 KA 线圈通电，控制切刀动作，切断线材。0.5s 后，定时器 T0 执行动作，[52]T0 常闭触点断开，Y004 线圈失电，切刀回位。1s 后，T1 定时器执行动作，[39]T1 常闭触点断开，M1 线圈失电，[40]、[52]M1 常开触点断开，[40]M1 常开触点断开会使定时器 T0、T1 失电，[38]、[39]T1 常闭触点闭合，[52]T0 常闭触点闭合，[40]M1 常开触点断开还可使[39]T1 常闭触点闭合后，M1 线圈无法得电，[52]M1 常开触点断开，可保证[52]T0 常闭触点闭合后，Y004 线圈无法得电，[38] T1 常闭触点由断开转为闭合，DPLSY 指令又开始执行，重新输出脉冲信号抽拉下一段线材。

在工作时，Y004 线圈每得电一次，[55]Y004 上升沿触点就会闭合一次，增 1 指令 INC 也会执行一次，使 D2 中的值与切刀动作的次数一致。当 D2 与 D4（线材切断的段数值）相等时，M2 线圈得电，[0]M2 常闭触点断开，[0]M0 线圈失电，[1]M0 常开自锁触点断开，[1]~[39]之间的程序不会执行，即 Y001 线圈失电，Y001 端子输出高电平，驱动器的 DIR-端子输入高电平，DPLSY 指令也不执行，Y000 端子停止输出脉冲信号，电动机停转并自锁。M2 线圈得电还会使[60]M2 常开触点闭合，RST 指令执行，将 D2 中的切刀动作次数值清 0，以便下一次启动时从零开始重新计算切刀动作次数。清 0 后，D2、D4 中的值不再相等，M2 线圈失电，[0]M2 常闭触点闭合，为下一次启动做准备，[60]M2 常开触点断开，停止对 D2 复位清 0。

3．停止控制

在自动切线装置工作过程中，若按下停止按钮 SB2，则[0]X011 常开触点断开，M0 线圈失电，[1]M0 常开自锁触点断开，[1]~[64]之间的程序都不会执行，即 Y001 线圈失电，Y000 端子输出高电平，驱动器的 DIR-端子输入高电平，DPLSY 指令也不执行，Y000 端子停止输出脉冲信号，电动机停转并自锁。

4．脱机控制

在自动切线装置工作或停止时，若按下脱机按钮 SB3，则[70]X012 常开触点闭合，Y003 线圈得电，PLC 的 Y003 端子内部的三极管导通，Y003 端子输出低电平，R/S-端子得到低电平。如果步进电动机先前处于运行状态，则 R/S-端子在得到低电平后，驱动器马上停止输出两相电流，PUL-端子输入脉冲信号无效，电动机处于惯性运转状态；如果步进电动机先前处于停止状态，则 R/S-端子在得到低电平后，驱动器马上停止输出一相锁定电流，这时可手动转动电动机转轴。松开脱机按钮 SB3，步进电动机又开始运行或进入自锁停止状态。

伺服电动机与伺服驱动技术

18.1 交流伺服系统的三种控制模式

交流伺服系统是以交流伺服电动机为控制对象的自动控制系统，主要由伺服控制器、伺服驱动器和伺服电动机组成。交流伺服系统主要有三种控制模式：位置控制模式、速度控制模式和转矩控制模式。在不同的模式下，工作原理略有不同。交流伺服系统的控制模式可通过设置伺服驱动器的参数来改变。

18.1.1 交流伺服系统的位置控制模式

当交流伺服系统工作在位置控制模式时，能精确控制伺服电动机的转数和执行部件的移动距离，可对执行部件进行运动定位。

交流伺服系统工作在位置控制模式时的组成结构如图 18-1 所示。

伺服控制器发出控制信号和脉冲信号给伺服驱动器。伺服驱动器输出 U、V、W 三相电源给伺服电动机，驱动伺服电动机工作。与伺服电动机同轴旋转的编码器会将伺服电动机的旋转信息反馈给伺服驱动器。伺服电动机每旋转一周，编码器就会产生一定数量的脉冲送给伺服驱动器。伺服控制器输出的脉冲信号用来确定伺服电动机的转数，在伺服驱动器中，该脉冲信号与编码器送来的脉冲信号进行比较，若两者相等，则表明伺服电动机旋转的转数已达到要求，伺服电动机驱动的执行部件已移动到指定的位置。伺服控制器发出的脉冲个数越多，伺服电动机旋转的转数就越大。伺服控制器既可以是 PLC，也可以是定位模块（如 FX2N-1PG、FX2N-10GM 和 FX2N-20GM）。

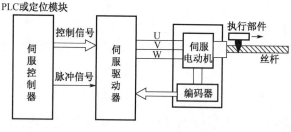

图 18-1 交流伺服系统工作在位置控制模式时的组成结构

18.1.2 交流伺服系统的速度控制模式

当交流伺服系统工作在速度控制模式时，伺服驱动器无须输入脉冲信号即可取消伺服控制器，此时的伺服驱动器类似于变频器。由于伺服驱动器能接收伺服电动机的编码器发送的转速信息，因此能调节伺服电动机转速，并让伺服电动机转速保持稳定。交流伺服系统工作在速度控制模式时的组成结构如图 18-2 所示。

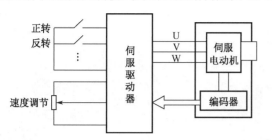

图 18-2 交流伺服系统工作在速度控制模式时的组成结构

> 伺服驱动器输出 U、V、W 三相电源给伺服电动机，以驱动伺服电动机工作。编码器会将伺服电动机的旋转信息反馈给伺服驱动器。伺服电动机的旋转速度越快，编码器反馈给伺服驱动器的脉冲频率就越高。操作伺服驱动器的有关输入开关，可以控制伺服电动机的启动、停止和旋转方向等。调节伺服驱动器的有关输入电位器，可以调节伺服电动机的转速。由伺服驱动器的输入开关、电位器等输入的控制信号也可以由 PLC 等控制设备产生。

 18.1.3　交流伺服系统的转矩控制模式

当交流伺服系统工作在转矩控制模式时，伺服驱动器无须输入脉冲信号即可取消伺服控制器。通过操作伺服驱动器的输入电位器，可以调节伺服电动机的输出转矩（又称扭矩，即转力）。交流伺服系统工作在转矩控制模式时的组成结构如图 18-3 所示。

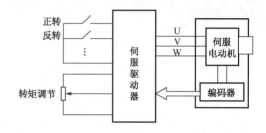

图 18-3 交流伺服系统工作在转矩控制模式时的组成结构

18.2　伺服电动机与伺服驱动器的说明

伺服电动机是指用在伺服系统中，能满足任务所要求的控制精度、快速响应性和抗干扰性的电动机。为了达到控制要求，伺服电动机通常需要安装位置/速度检测部件（如编码器）。**根据伺服电动机的定义不难看出，只要能满足控制要求的电动机均可作为伺服电动机**，故伺服电动机可以是交流异步电动机、永磁同步电动机、直流电动机、步进电动机或直线电动机，但实际广泛使用的伺服电动机通常为永磁同步电动机。如无特别说明，本书介绍的伺服电动机均为永磁同步伺服电动机。

伺服驱动器又称伺服放大器，是交流伺服系统的核心设备。**伺服驱动器的功能是将工频（50Hz 或 60Hz）交流电源转换成幅度和频率均可变的交流电源，并提供给伺服电动机。当伺服驱动器工作在速度控制模式时，通过控制输出电源的频率来对伺服电动机进行调速；当伺服驱动器工作在转矩控制模式时，通过控制输出电源的电压幅度来对伺服电动机进行转矩控制；当伺服驱动器工作在位置控制模式时，根据输入脉冲来决定输出电源的通、断时间。**

 18.2.1　伺服电动机

伺服电动机的外形如图 18-4 所示。永磁同步伺服电动机的结构如图 18-5 所示。

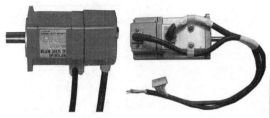

伺服电动机通常引出两组电缆：一组电缆与内部绕组连接；另一组电缆与编码器连接。

图 18-4 伺服电动机的外形

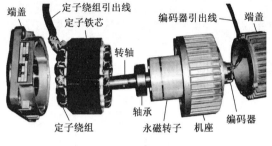

永磁同步伺服电动机主要由端盖、定子铁芯、定子绕组、转轴、轴承、永磁转子、机座、编码器和引出线等组成。

图 18-5 永磁同步伺服电动机的结构

永磁同步伺服电动机的工作原理如图 18-6 所示。

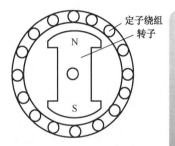

永磁同步伺服电动机主要由定子和转子构成。定子结构与一般异步电动机的定子相同，嵌有定子绕组。永磁同步伺服电动机的转子与异步电动机的转子不同：异步电动机的转子一般为笼型，转子本身不带磁性；永磁同步伺服电动机的转子嵌有永久磁铁。

图 18-6（a）为永磁同步伺服电动机的结构示意，其定子铁芯嵌有定子绕组，转子上安装一个两极磁铁（一对磁极）。当定子绕组接通三相交流电时，定子绕组会产生旋转磁场，此时的定子就像是旋转的磁铁，如图 18-6（b）所示。根据磁极同性相斥、异性相吸的特性可知，装有磁铁的转子会跟随旋转磁场方向转动，转速与磁场的旋转速度相同。

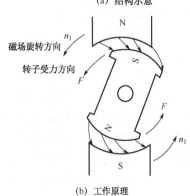

(a) 结构示意

(b) 工作原理

图 18-6 永磁同步伺服电动机的结构示意和工作原理

永磁同步伺服电动机在转子上安装永久磁铁形成磁极，磁极的主要结构形式如图 18-7 所示。

在定子绕组电源频率不变的情况下，永磁同步伺服电动机在运行时转速是恒定的。转速 n 与磁极对数 p、交流电源的频率 f 有关，即

$$n=60f/p$$

根据上式可知，改变转子的磁极对数或定子绕组的电源频率，均可改变转速。永磁同步伺服电动机是通过改变定子绕组的电源频率来调节转速的。

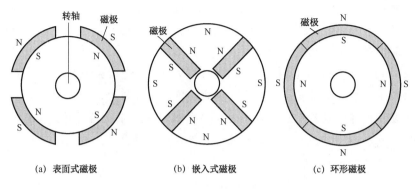

(a) 表面式磁极　　　　　(b) 嵌入式磁极　　　　　(c) 环形磁极

图 18-7　磁极的主要结构形式

 ## 18.2.2　伺服驱动器

伺服驱动器的品牌很多,常见的有三菱、安川、松下和三洋等。图 18-8 列出了一些常见的伺服驱动器及配套使用的伺服电动机。

1. 内部结构及说明

图 18-9 为三菱 MR-J2S-A 系列通用伺服驱动器的内部结构简图。

图 18-8　一些常见的伺服驱动器及配套使用的伺服电动机

伺服驱动器的工作原理说明如下。

- 三相交流电源(220~230V)或单相交流电源(230V)先经断路器 NFB 和接触器触点 MC 送到伺服驱动器内部的整流电路,再经整流电路、开关 S(S 断开时经 R1)对电容 C 充电,在电容 C 上得到上正下负的直流电压。该直流电压送到逆变电路,逆变电路将直流电压转换成 U、V、W 三相交流电压,输出至伺服电动机,驱动伺服电动机运转。

- R1、S 组成浪涌保护电路,在开机时,S 断开,R1 对输入电流进行限制,用于保护整流电路中的二极管不被开机时的冲击电流烧坏。正常工作时,S 闭合,R1 不再限流。R2、VD 为电源指示电路,当电容 C 上存在电压时,VD 就会发光。VT、R3 为再生制动电路,用于加快制动速度,同时避免制动时伺服电动机所产生的电压损坏相关电路。电流传感器用于检测伺服驱动器的输出电流,并通过电流检测电路反馈给控制系统,以便控制系统能随时了解输出电流的情况并做出相应控制。有些伺服电动机除带有编码器外,还带有电磁制动器,在电磁制动器线圈未通电时,伺服电动机转轴被抱闸,线圈通电后,抱闸松开,伺服电动机可正常运行。

- 控制系统有单独的电源电路,除为控制系统供电外,还要为大功率型号驱动器内置的散热风扇供电。主电路中的逆变电路在工作时需要提供驱动脉冲信号。它由控制系统提供,主电路中的再生制动电路所需的控制脉冲也由控制系统提供。过电压检测电路用于检测主电路中的电压。过电流检测电路用于检测逆变电路的电流。它们都反馈给控制系统。控制系统根据设定的程序进行相应的控制（如过电压或过电流时让驱动器停止工作）。

- 如果给伺服驱动器接上备用电源（MR-BAT），则能构成绝对位置系统。这样，在首次原点（零位）设置后，即使伺服驱动器断电或报警后重新运行，也不需要进行原点复位操作。控制系统通过一些接口电路与伺服驱动器的外接接口（如CN1A、CN1B和CN3等）连接，以便接收外部设备送来的指令，也能将伺服驱动器有关信息输出给外部设备。

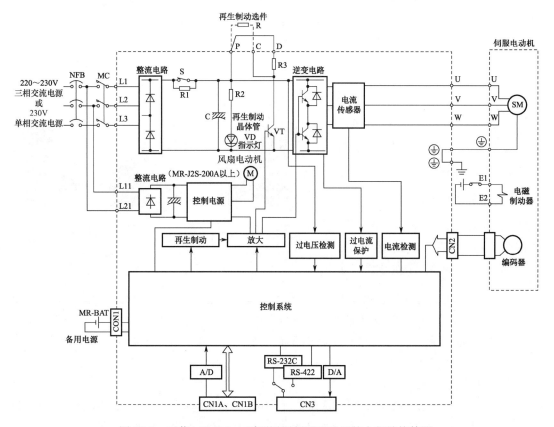

图18-9 三菱MR-J2S-A系列通用伺服驱动器的内部结构简图

2. 伺服驱动器与外围设备的接线

三菱MR-J2S-100A以下伺服驱动器与外围设备的连接如图18-10所示。

这种小功率的伺服驱动器可以使用200~230V的三相交流电压供电，也可以使用230V的单相交流电压供电。由于我国三相交流电压通常为380V，故使用380V三相交流电压供电时需要使用三相降压变压器，即将380V降到220V后再供给伺服驱动器。如果使用220V单相交流电压供电，则只需将220V电压接到伺服驱动器的L1、L2端。

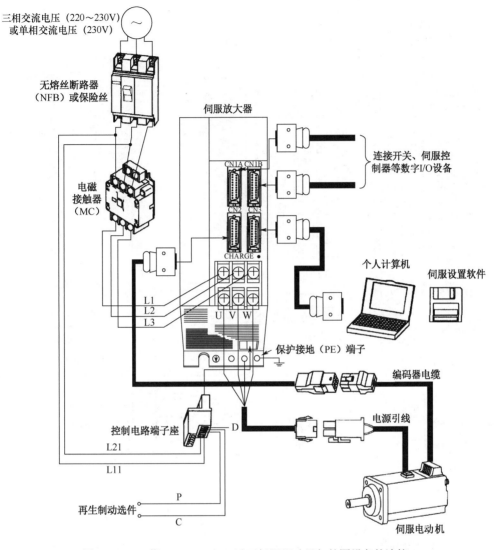

图 18-10 三菱 MR-J2S-100A 以下伺服驱动器与外围设备的连接

3. 伺服驱动器的接头引脚功能及内部接口电路

三菱 MR-J2S 伺服驱动器有位置、速度和转矩三种控制模式。在这三种控制模式下，CN2、CN3 接头各引脚的功能、定义相同。CN1A、CN1B 接头中部分引脚功能在不同控制模式时有所不同，如图 18-11 所示。其中，P 表示位置控制模式，S 表示速度控制模式，T 表示转矩控制模式。例如，CN1B 接头的 2 号引脚在位置控制模式时无功能（不使用），在速度控制模式时的功能为 VC（模拟量速度指令输入），在转矩控制模式时的功能为 VLA（模拟量速度限制输入）。在图 18-11 中，左边引脚为输入引脚，右边引脚为输出引脚。

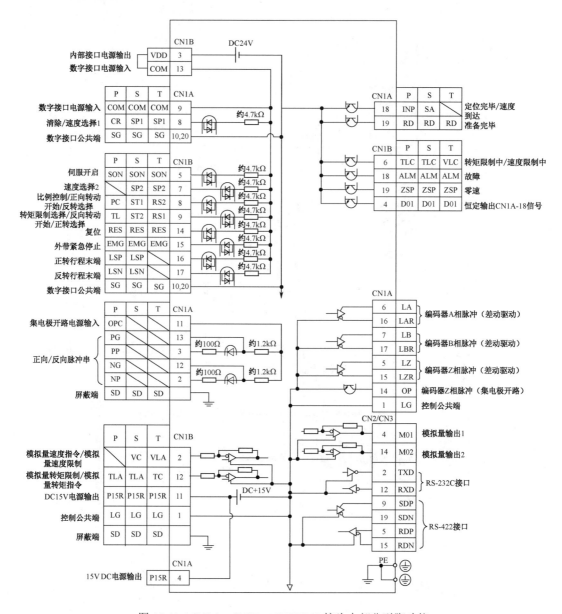

图 18-11　CN1A、CN1B、CN2/CN3 接头中部分引脚功能

18.3　伺服电动机在速度控制模式下的应用电路与标准接线

18.3.1　伺服电动机多段速运行的伺服驱动线路

1. 控制要求

采用 PLC 控制伺服驱动器，使之驱动伺服电动机按图 18-12 所示的速度曲线运行。

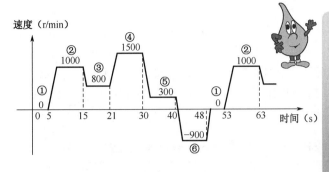

图 18-12　伺服电动机多段速运行的速度曲线

按下启动按钮后，在 0~5s 内停转，在 5~15s 内以 1000r/min 的速度运转，在 15~21s 内以 800r/min 的速度运转，在 21~30s 内以 1500r/min 的速度运转，在 30~40s 内以 300r/min 的速度运转，在 40~48s 内以 900r/min 的速度反向运转，48s 后重复上述运行过程。在运行过程中，若按下停止按钮，则要求运行完当前周期后再停止。由一种速度转为下一种速度运行的加、减速时间均为 1s。

2．电气线路

伺服电动机多段速运行的电路线路如图 18-13 所示。对电路工作过程说明如下。

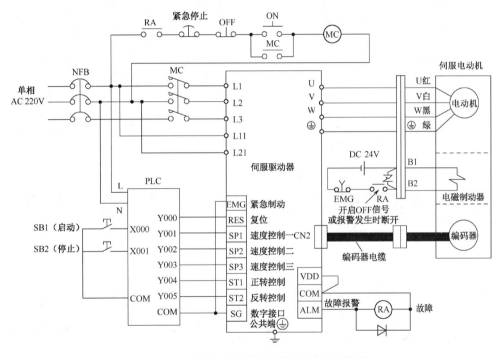

图 18-13　伺服电动机多段速运行的电气线路

（1）电路的工作准备

220V 的单相交流电源经开关 NFB 被送到伺服驱动器的 L11、L21 端子，伺服驱动器内部的控制电路开始工作。ALM 端内部变为 ON，VDD 端的输出电流经继电器 RA 线圈进入 ALM 端，电磁制动器外接的 RA 触点闭合，电磁制动器线圈因得电而使抱闸松开，停止对伺服电动机刹车，同时伺服驱动器启停保护电路中的 RA 触点闭合。如果这时按下启动 ON 触点，则接触器 MC 线圈得电，MC 自锁触点闭合，锁定 MC 线圈供电。另外，MC 主触点也闭合，220V 电源被送到伺服驱动器的 L1、L2 端，为内部的主电路供电。

（2）多段速运行控制

按下启动按钮 SB1，PLC 中的程序开始运行，即按设定的时间从 Y003~Y001 端子输出速度选择信号到伺服驱动器的 SP3～SP1 端子，从 Y004、Y005 端子输出正、反转控制信号到伺服驱动器的 ST1、ST2 端子，选择伺服驱动器中已设置好的 6 种速度。ST1、ST2 端子和 SP3～SP1 端子的控制信号与伺服驱动器的速度对应关系如表 18-1 所示。例如，当 ST1=1、ST2=0、SP3～SP1 为 011 时，选择伺服驱动器的 3 速输出（3 速的值由参数 No.10 设定），伺服电动机按 3 速设定的值运行。

表 18-1　ST1、ST2 端子和 SP3～SP1 端子的控制信号与伺服驱动器的速度对应关系

ST1（Y4）	ST2（Y5）	SP3（Y3）	SP2（Y2）	SP1（Y1）	对应速度
0	0	0	0	0	伺服电动机停转
1	0	0	0	1	1 速（No.8=0）
1	0	0	1	0	2 速（No.9=1000）
1	0	0	1	1	3 速（No.10=800）
1	0	1	0	0	4 速（No.72=1500）
1	0	1	0	1	5 速（No.73=300）
0	1	1	1	0	6 速（No.74=900）

说明：0—OFF，该端子与 SG 端断开；1—ON，该端子与 SG 端接通。

3. 参数设置

由于伺服电动机的运行速度有 6 种，故需要给伺服驱动器设置 6 种速度值。另外，还要对相关参数进行设置。伺服驱动器的参数设置如表 18-2 所示。

表 18-2　伺服驱动器的参数设置

参　数	名　　称	初　始　值	设　定　值	说　　明
No.0	控制模式选择	0000	0002	设置成速度控制模式
No.8	1 速	100	0	0r/min
No.9	2 速	500	1000	1000r/min
No.10	3 速	1000	800	800r/min
No.11	加速时间常数	0	1000	速度转换的加、减速度时间均为 1000ms
No.12	减速时间常数	0	1000	速度转换的加、减速度时间均为 1000ms
No.41	用于设定 SON、LSP、LSN	0000	0111	SON、LSP、LSN 信号由伺服驱动器内部自动产生
No.43	输入信号选择 2	0111	0AA1	在速度控制模式、转矩控制模式下把 CN1B-5（SON）改成 SP3
No.72	4 速	200	1500	1500r/min
No.73	5 速	300	300	300r/min
No.74	6 速	500	900	900r/min

18.3.2　工作台往返限位运行的伺服驱动线路

1. 控制要求

采用 PLC 控制伺服驱动器来驱动伺服电动机运转，通过与伺服电动机同轴的丝杆带动工作台移动。对工作台往返限位运行的说明如图 18-14 所示。

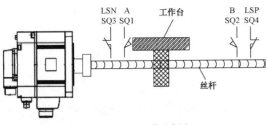

(a) 工作示意图

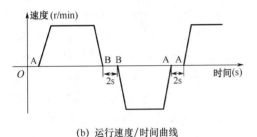

(b) 运行速度/时间曲线

图 18-14 对工作台往返限位运行的说明

❶ 在自动工作时，按下启动按钮后，丝杆先带动工作台往右移动，当工作台到达 B 位置（该处安装有限位开关 SQ2）时，工作台停止 2s，然后往左返回，当到达 A 位置（该处安装有限位开关 SQ1）时，工作台停止 2s，又往右运动，如此反复。运行速度/时间曲线如图 18-14(b)所示。按下停止按钮，工作台停止移动。

❷ 在手动工作时，通过操作慢左、慢右按钮，可使工作台在 A、B 间慢速移动。

❸ 为了安全起见，在 A、B 位置的外侧安装两个极限保护开关 SQ3、SQ4。

2. 电气线路

工作台往返限位运行的电气线路如图 18-15 所示。

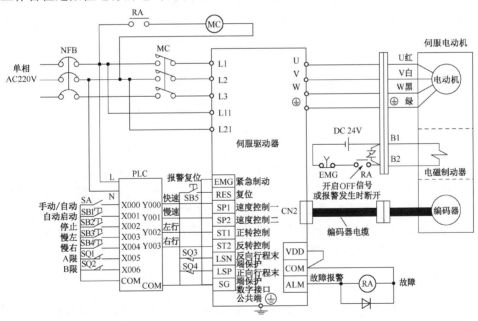

图 18-15 工作台往返限位运行的电气线路

（1）电路的工作准备

220V 的单相交流电源经开关 NFB 送到伺服驱动器的 L11、L21 端，伺服驱动器内部的控制电路开始工作，ALM 端子内部变为 ON，VDD 端子的输出电流经继电器 RA 线圈进入 ALM 端，RA 线圈得电，电磁制动器外接的 RA 触点闭合，电磁制动器线圈因得电而使抱闸松开，停止对伺服电动机刹车。与此同时，附属电路中的 RA 触点也闭合，接触器 MC

线圈得电，MC 主触点闭合，220V 电源被送到伺服驱动器的 L1、L2 端子，为内部的主电路供电。

（2）工作台往返限位运行控制

❶ 自动控制过程。将手动/自动开关 SA 闭合，选择自动控制，按下自动启动按钮 SB1，PLC 中的程序开始运行，即令 Y000、Y003 端输出为 ON，伺服驱动器的 SP1、ST2 端输入为 ON，选择已设定好的高速度驱动伺服电动机反转，伺服电动机通过丝杆带动工作台快速往右移动，当工作台碰到 B 位置的限位开关 SQ2 时，SQ2 闭合，PLC 的 Y000、Y003 端输出为 OFF，伺服电动机停转；2s 后，PLC 的 Y000、Y002 端输出为 ON，伺服驱动器的 SP1、ST1 端输入为 ON，伺服电动机通过丝杆带动工作台快速往左移动，当工作台碰到 A 位置的限位开关 SQ1 时，SQ1 闭合，PLC 的 Y000、Y002 端输出为 OFF，伺服电动机停转；2s 后，PLC 的 Y000、Y003 端的输出又为 ON，之后不断重复上述过程。在自动控制时，若按下停止按钮 SB2，则 Y000～Y003 端的输出均为 OFF，伺服驱动器停止输出，伺服电动机停转，工作台停止移动。

❷ 手动控制过程。将手动/自动开关 SA 断开，选择手动控制，按住慢右按钮 SB4，PLC 的 Y001、Y003 端输出为 ON，伺服驱动器的 SP2、ST2 端输入为 ON，选择已设定好的低速度驱动伺服电动机反转，伺服电动机通过丝杆带动工作台慢速往右移动，当工作台碰到 B 位置的限位开关 SQ2 时，SQ2 闭合，PLC 的 Y000、Y003 端子输出为 OFF，伺服电动机停转；按住慢左按钮 SB3，PLC 的 Y001、Y002 端子输出为 ON，伺服驱动器的 SP2、ST1 端输入为 ON，伺服电动机通过丝杆带动工作台慢速往左移动，当工作台碰到 A 位置的限位开关 SQ1 时，SQ1 闭合，PLC 的 Y000、Y002 端子输出为 OFF，伺服电动机停转。在手动控制时，松开慢左、慢右按钮，工作台马上停止移动。

❸ 保护控制。为了防止因 A、B 位置的限位开关 SQ1、SQ2 出现问题，无法使工作台停止而发生事故，可在 A、B 位置的外侧安装正、反向行程末端保护开关 SQ3、SQ4。如果限位开关出现问题，工作台继续往外侧移动，则保护开关 SQ3 或 SQ4 断开，LSN 端或 LSP 端输入为 OFF，伺服驱动器的主电路停止输出，从而使工作台停止。在工作时，如果伺服驱动器出现故障，则故障报警 ALM 端输出变为 OFF，继电器 RA 线圈失电，附属电路中的常开 RA 触点断开，接触器 MC 线圈失电，MC 主触点断开，切断伺服驱动器的主电源。在排除故障后，按下报警复位按钮 SB5，RES 端输入为 ON，进行报警复位，ALM 端输出变为 ON，继电器 RA 线圈得电，附属电路中的常开 RA 触点闭合，接触器 MC 线圈得电，MC 主触点闭合，重新接通伺服驱动器的主电源。

3. 参数设置

由于伺服电动机的运行速度有快速和慢速之分，故需要给伺服驱动器设置两种速度值。此外还要对相关参数进行设置。伺服驱动器的参数设置如表 18-3 所示。

表 18-3　伺服驱动器的参数设置

参数	名称	出厂值	设定值	说明
No.0	控制模式选择	0000	0002	设置成速度控制模式
No.8	1 速	100	1000	1000r/min
No.9	2 速	500	300	300r/min

(续表)

参数	名称	出厂值	设定值	说明
No.11	加速时间常数	0	500	1000ms
No.12	减速时间常数	0	500	1000ms
No.20	功能选择2	0000	0010	停止时伺服锁定，停电时不能自动重新启动
No.41	用于设定 SON、LSP、LSN 是否由内部自动置为 ON	0000	0001	SON 信号可由伺服电动机内部自动产生；LSP、LSN 信号依靠外部输入

18.3.3 伺服电动机在速度控制模式下的标准接线

伺服电动机在速度控制模式下的标准接线如图 18-16 所示。

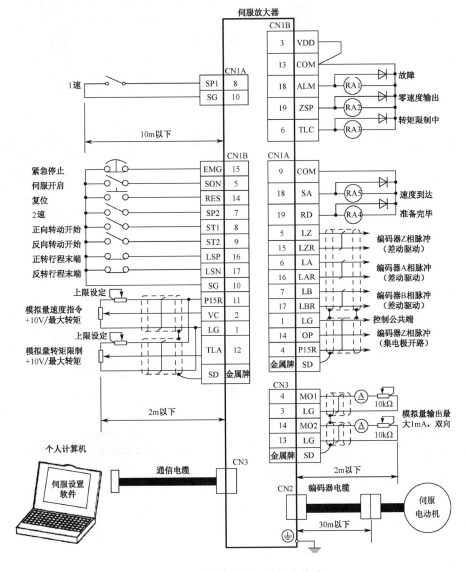

图 18-16　速度控制模式下的标准接线

18.4 伺服驱动器在转矩控制模式下的应用电路与标准接线

18.4.1 卷纸机的收卷恒张力控制实例

1. 控制要求

图 18-17 为卷纸机的结构示意图。在卷纸时,压纸辊将纸压在托纸辊上,卷纸辊在伺服电动机的驱动下卷纸,托纸辊与压纸辊也随之旋转,当收卷的纸达到一定长度时,切刀执行动作,将纸切断,之后开始下一个卷纸过程。卷纸的长度由与托纸辊同轴旋转的编码器来测量。

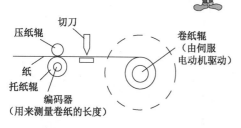

卷纸系统由 PLC、伺服驱动器、伺服电动机和卷纸机组成,控制要求如下:

❶ 按下启动按钮后开始卷纸,在卷纸过程中,要求卷纸张力保持不变,即卷纸开始时卷纸辊快速旋转,随着卷纸直径的不断增大,要求卷纸辊逐渐变慢,当卷纸长度达到 100m 时,切刀执行动作,将纸切断。

❷ 按下暂停按钮时卷纸机工作暂停,卷纸辊停转,编码器记录的纸长度保持不变,按下启动按钮后卷纸机重新工作,在暂停前的卷纸长度上继续卷纸,直到 100m 为止。

❸ 按下停止按钮时,卷纸机停止工作,不记录停止前的卷纸长度,按下启动按钮后,卷纸机重新从零开始卷纸。

图 18-17 卷纸机的结构示意图

2. 电气线路

卷纸机的收卷恒张力电气线路如图 18-18 所示。

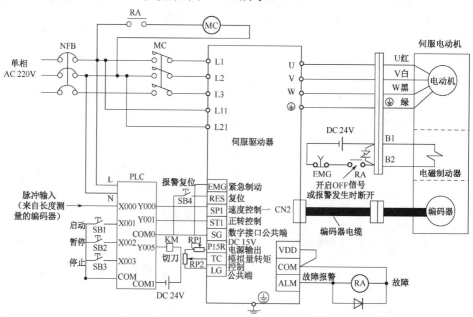

图 18-18 卷纸机的收卷恒张力电气线路

(1) 电路的工作准备

220V 的单相交流电源经开关 NFB 送到伺服驱动器的 L11、L21 端，伺服驱动器内部的控制电路开始工作，ALM 端内部变为 ON，VDD 端的输出电流经继电器 RA 线圈进入 ALM 端，RA 线圈得电，电磁制动器外接的 RA 触点闭合，电磁制动器线圈因得电而使抱闸松开，停止对伺服电动机刹车。与此同时，附属电路中的 RA 触点闭合，接触器 MC 线圈得电，MC 主触点闭合，220V 电源被送到伺服驱动器的 L1、L2 端，从而为内部的主电路供电。

(2) 收卷恒张力控制

❶ 启动控制。按下启动按钮 SB1，PLC 的 Y000、Y001 端子输出为 ON，伺服驱动器的 SP1、ST1 端子输入为 ON，伺服驱动器按设定的速度输出驱动信号，并驱动伺服电动机运转，伺服电动机带动卷纸辊旋转，从而进行卷纸。在开始卷纸时，伺服驱动器 U、V、W 端子输出的驱动信号频率较高，伺服电动机转速较快。随着卷纸辊上的卷纸直径不断增大，伺服驱动器输出的驱动信号频率不断降低，伺服电动机和卷纸辊的转速变慢，从而保证卷纸时卷纸辊对纸的张力（拉力）恒定。在卷纸过程中，可调节 RP1、RP2 电位器的阻值，使伺服驱动器的 TC 端子输入电压在 0~8V 范围内变化，TC 端子的输入电压越高，伺服驱动器输出的驱动信号幅度越大，伺服电动机的运行转矩（转力）越大。在卷纸过程中，PLC 的 X000 端子不断输入用于测量卷纸长度的编码器送来的脉冲，脉冲数量越多，表明已收卷的纸张越长，当输入脉冲总数达到一定值时，说明卷纸已达到指定的长度，PLC 的 Y005 端子输出为 ON，KM 线圈得电，控制切刀执行动作，将纸张切断，同时 PLC 的 Y000、Y001 端子输出为 OFF，伺服电动机停止输出驱动信号，伺服电动机停转，停止卷纸。

❷ 暂停控制。在卷纸过程中，若按下暂停按钮 SB2，则 PLC 的 Y000、Y001 端子输出为 OFF，伺服驱动器的 SP1、ST1 端子输入为 OFF，伺服驱动器停止输出驱动信号，伺服电动机停转，即停止卷纸。与此同时，PLC 将 X000 端子输入的脉冲数量记录下来。按下启动按钮 SB1 后，PLC 的 Y000、Y001 端子输出又为 ON，伺服电动机开始运行，PLC 在先前记录的脉冲数量上累加计数，直到达到指定值时才让 Y005 端子输出 ON，即进行切纸动作，并从 Y000、Y001 端子输出 OFF，让伺服电动机停转，即停止卷纸。

❸ 停止控制。在卷纸过程中，若按下停止按钮 SB3，则 PLC 的 Y000、Y001 端子输出为 OFF，伺服驱动器的 SP1、ST1 端子输入为 OFF，伺服驱动器停止输出驱动信号，伺服电动机停转，即停止卷纸。与此同时，Y005 端子输出 ON，切刀执行动作，将纸切断。另外，PLC 将 X000 端子输入反映卷纸长度的脉冲数量清 0，这时可取下卷纸辊上的卷纸，再按下启动按钮 SB1 重新开始卷纸。

3. 参数设置

伺服驱动器的参数设置内容如表 18-4 所示。

表 18-4 伺服驱动器的参数设置内容

参 数	名 称	出 厂 值	设 定 值	说 明
No.0	控制模式选择	0000	0004	设置成转矩控制模式
No.8	1 速	100	1000	输出速度为 1000r/min
No.11	加速时间常数	0	1000	速度转换的加、减速度时间为 1000ms

（续表）

参 数	名 称	出厂值	设定值	说 明
No.12	减速时间常数	0	1000	速度转换的加、减速度时间为1000ms
No.20	功能选择2	0000	0010	停止时伺服锁定，停电时不能自动重新启动
No.41	用于设定 SON、LSP、LSN	0000	0001	SON 信号由伺服驱动器内部自动产生，LSP、LSN 信号依靠外部输入

18.4.2 伺服驱动器在转矩控制模式下的标准接线

伺服驱动器在转矩控制模式下的标准接线如图 18-19 所示。

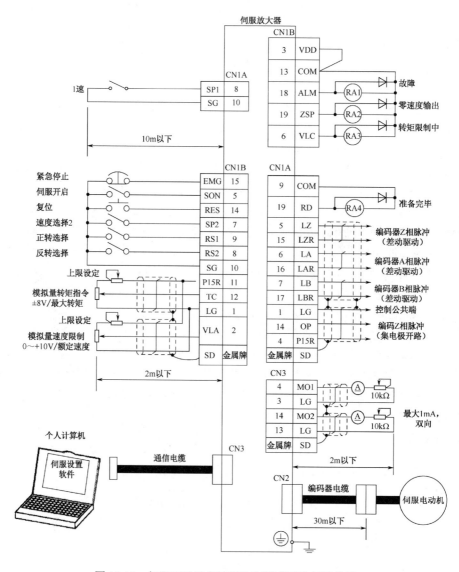

图 18-19 伺服驱动器在转矩控制模式下的标准接线

18.5 伺服驱动器在位置控制模式下的应用电路与标准接线

18.5.1 工作台往返定位运行的伺服驱动线路

1. 控制要求

采用 PLC 控制伺服驱动器来驱动伺服电动机运转,通过与伺服电动机同轴的丝杆带动工作台移动。工作台往返定位运行的示意图如图 18-20 所示。

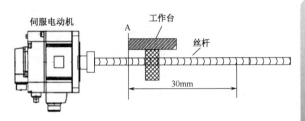

❶ 按下启动按钮,伺服电动机通过丝杆驱动工作台从 A 点(起始位置)往右移动。当移动 30mm 后停止 2s,之后返回,当到达 A 点后,工作台停止 2s,又往右运动,如此反复。

❷ 在工作台移动时,按下停止按钮,工作台运行完一周后,返回到 A 点并停止移动。

❸ 要求工作台的移动速度为 10mm/s,已知丝杆的螺距为 5mm。

图 18-20 工作台往返定位运行的示意图

2. 电气线路

工作台往返定位运行的电气线路如图 18-21 所示。

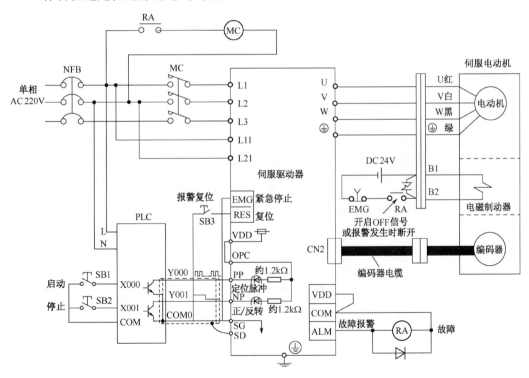

图 18-21 工作台往返定位运行的电气线路

对电路工作过程的说明如下。

(1) 电路的工作准备

220V 的单相交流电源经开关 NFB 送到伺服驱动器的 L11、L21 端，伺服驱动器内部的控制电路开始工作，ALM 端子内部变为 ON，VDD 端子输出电流经继电器 RA 线圈进入 ALM 端，RA 线圈得电，电磁制动器的外接 RA 触点闭合，电磁制动器线圈因得电而使抱闸松开，停止对伺服电动机刹车。与此同时，附属电路中的 RA 触点闭合，接触器 MC 线圈得电，MC 主触点闭合，220V 电源被送到伺服驱动器的 L1、L2 端，为内部的主电路供电。

(2) 往返定位运行控制

按下启动按钮 SB1，PLC 的 Y001 端输出为 ON（Y001 端内部的三极管导通），伺服驱动器的 NP 端子输入为低电平，确定伺服电动机正向旋转。与此同时，PLC 的 Y000 端子输出一定数量的脉冲信号进入伺服驱动器的 PP 端，以确定伺服电动机旋转的转数。在 NP、PP 端子输入信号的控制下，伺服驱动器驱动伺服电动机正向旋转一定的转数，并通过丝杆带动工作台从起始位置往右移动 30mm，之后 Y000 端子停止输出脉冲，伺服电动机停转，工作台停止。2s 后，Y001 端输出为 OFF（Y001 端子内部的三极管截止），伺服驱动器的 NP 端子输入为高电平。与此同时，Y000 端子又输出一定数量的脉冲到 PP 端子，伺服驱动器驱动伺服电动机反向旋转一定的转数，通过丝杆带动工作台往左移动 30mm 返回起始位置。停止 2s 后，又重复上述过程，从而使工作台在起始位置至右方 30mm 之间往返运行。

在工作台往返运行的过程中，若按下停止按钮 SB2，则 PLC 的 Y000、Y001 端子并不会马上停止输出，而是必须等到 Y001 端子输出为 OFF 时，Y000 端子的脉冲输出才完毕，从而确保工作台停在起始位置。

3. 参数设置

伺服驱动器的参数设置如表 18-5 所示。

表 18-5 伺服驱动器的参数设置

参 数	名 称	出 厂 值	设 定 值	说 明
No.0	控制模式选择	0000	0000	设定成位置控制模式
No.3	电子齿轮分子	1	16384	设定上位机 PLC 发出 5000 个脉冲，伺服电动机旋转一周
No.4	电子齿轮分母	1	625	
No.21	功能选择 3	0000	0001	用于设定伺服电动机转数和转向的脉冲串输入形式为"脉冲+方向"
No.41	用于设定 SON、LSP、LSN	0000	0001	设定 SON 信号由伺服驱动器内部自动产生，LSP、LSN 信号由外部输入

在伺服驱动器处于位置控制模式时，需要设置伺服驱动器的电子齿轮值。电子齿轮值的设置规律：电子齿轮值=编码器产生的脉冲数/输入脉冲数。由于使用的伺服电动机的编码器分辨率为 131 072（编码器每旋转一周会产生 131 072 个脉冲），如果要求伺服驱动器输入 5000 个脉冲，伺服电动机旋转一周，则电子齿轮值应为 131 072/5000=16 384/625，故将电子齿轮分子 No.3 设为 16 384，电子齿轮分母 No.4 设为 625。

18.5.2 伺服驱动器在位置控制模式下的标准接线

当伺服驱动器工作在位置控制模式时，需要接收脉冲信号。脉冲信号可由 PLC 产生，也可以由专门的定位模块产生。图 18-22 为伺服驱动器在位置控制模式时与定位模块 FX-10GM 的标准接线。

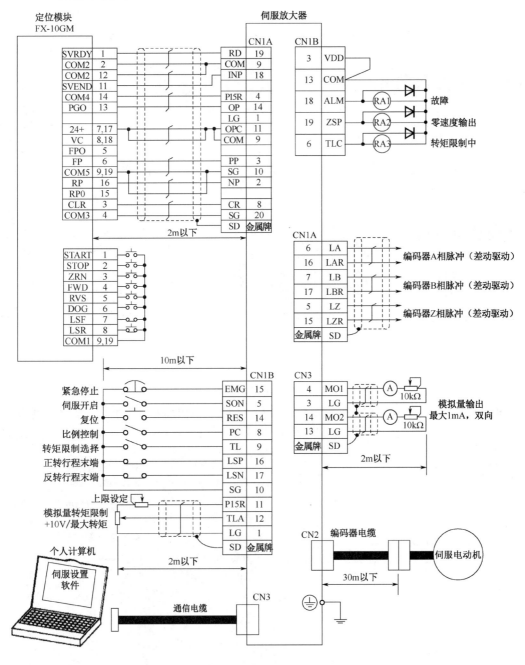

图 18-22　伺服驱动器在位置控制模式时与定位模块 FX-10GM 的标准接线

单片机入门实战

19.1 单片机简介

19.1.1 什么是单片机

单片机是一种内部集成了很多电路的 IC 芯片（又称集成电路、集成块）。图 19-1 列出了几种常见单片机的外形。

(a) 直插式引脚封装

(b) 贴片式引脚封装

图 19-1 几种常见单片机的外形

有的单片机引脚较多，有的引脚较少。同种型号的单片机可以采用直插式引脚封装，也可以采用贴片式引脚封装。

单片机是单片微型计算机（Single Chip Microcomputer）的简称。由于单片机主要用于控制领域，所以又称微型控制器（Micro-Controller Unit，MCU）。**单片机与微型计算机都是由 CPU、存储器和输入/输出接口电路（I/O 接口电路）等组成的**，但两者又有所不同。微型计算机（PC）和单片机（MCU）的基本结构如图 19-2 所示。

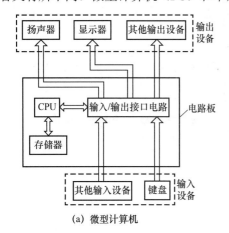

(a) 微型计算机

图 19-2 微型计算机与单片机的基本结构

从图 19-2 可以看出，微型计算机将 CPU、存储器和输入/输出接口电路等安装在电路板（又称电脑主板）上，外部的输入/输出设备（I/O 设备）通过接插件与电路板上的输入/输出接口电路相连。单片机则将 CPU、存储器和输入/输出接口电路等固定在半导体硅片上，再接出引脚并封装起来构成集成电路，外部的输入/输出设备通过单片机的外部引脚与内部的输入/输出接口电路相连。与单片机相比，微型计算机具有性能高、功能强的特点，但其价格昂贵，并且体积大，所以在一些不是很复杂的控制设备中，如电动玩具、缤纷闪烁的霓虹灯和家用电器等，完全可以采用价格低廉的单片机进行控制。

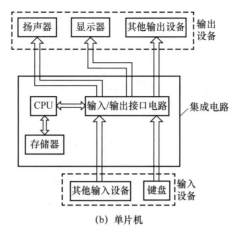

(b) 单片机

图 19-2　微型计算机与单片机的基本结构（续）

 19.1.2　单片机应用系统的组成及实例

1. 组成

单片机是一块内部包含 CPU、存储器和输入/输出接口等电路的 IC 芯片，但单独一块单片机芯片是无法工作的，必须给它增加一些相关的外围电路来组成单片机应用系统，才能完成指定的任务。 典型的单片机应用系统的组成如图 19-3 所示。

2. 实例

如图 19-4 所示是一种采用单片机控制的 DVD 影碟机托盘检测及驱动电路。下面以该电路为例说明单片机应用系统的一般工作过程。

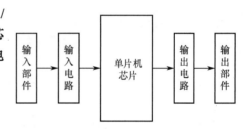

图 19-3　典型的单片机应用系统的组成

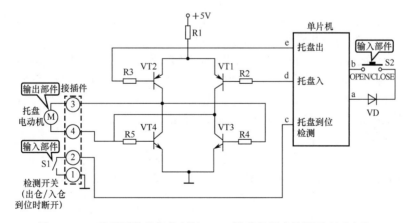

图 19-4　一种采用单片机控制的 DVD 影碟机托盘检测及驱动电路

当按下 OPEN/CLOSE 键时，单片机 a 脚的高电平（一般为 3V 以上的电压，常用 1 或 H 表示）经二极管 VD 和闭合的按键 S2 送入 b 脚，触发单片机内部相应的程序运行。在程序运行后从 e 脚输出低电平（一般为 0.3V 以下的电压，常用 0 或 L 表示）。低电平经电阻

R3 送到 PNP 型三极管 VT2 的基极，VT2 导通。+5V 电压经 R1、导通的 VT2 和 R4 送到 NPN 型三极管 VT3 的基极，VT3 导通。于是有电流流过托盘电动机（电流通过路径：+5V→R1→VT2 的发射极→VT2 的集电极→接插件的 3 脚→托盘电动机→接插件的 4 脚→VT3 的集电极→VT3 的发射极→地），托盘电动机运转，并通过传动机构将托盘推出机器。当托盘出仓到位后，托盘检测开关 S1 断开，单片机的 c 脚变为高电平（在出仓过程中 S1 一直是闭合的，c 脚为低电平）。运行内部程序，使单片机的 e 脚变为高电平，三极管 VT2、VT3 均由导通转为截止。这时无电流流过托盘电动机，电动机停转，托盘出仓完成。

在托盘上放好碟片后，再按压一次 OPEN/CLOSE 键，单片机的 b 脚再一次接收到 a 脚送来的高电平，于是触发单片机内部相应的程序运行。在程序运行后从 d 脚输出低电平，低电平经电阻 R2 送到 PNP 型三极管 VT1 的基极，VT1 导通。+5V 电压经 R1、VT1 和 R5 送到 NPN 型三极管 VT4 的基极，VT4 导通。于是有电流流过托盘电动机（电流通过路径：+5V→R1→VT1 的发射极→VT1 的集电极→接插件的 4 脚→托盘电动机→接插件的 3 脚→VT4 的集电极→VT4 的发射极→地）。由于流过托盘电动机的电流反向，故电动机反向运转，通过传动机构将托盘收回机器。当托盘入仓到位后，托盘检测开关 S1 断开，单片机的 c 脚变为高电平（在入仓过程中 S1 一直是闭合的，c 脚为低电平）。运行内部程序，使单片机的 d 脚变为高电平，三极管 VT1、VT4 均由导通转为截止。这时无电流流过托盘电动机，电动机停转，托盘入仓完成。

在图 19-4 中，检测开关 S1 和按键 S2 均为输入部件，与之连接的电路称为输入电路；托盘电动机为输出部件，与之连接的电路称为输出电路。

19.1.3 单片机的分类

设计、生产单片机的公司很多，较常见的产品有 Intel 公司生产的 MCS-51 系列单片机、Atmel 公司生产的 AVR 系列单片机、MicroChip 公司生产的 PIC 系列单片机和美国德州仪器（TI）公司生产的 MSP430 系列单片机等。

8051 单片机是 Intel 公司推出的较为成功的单片机产品。后来由于 Intel 公司将重点放在 PC 芯片（如 8086、80286、80486 和奔腾 CPU 等）开发上，故将 8051 单片机内核使用权以专利出让或互换的形式转给许多世界著名的 IC 制造厂商，如 Philips、NEC、Atmel、AMD、Dallas、Siemens、Fujitsu、OKI、华邦和 LG 等。这些公司在保持与 8051 单片机兼容的基础上改善和扩展了许多功能，设计生产出与 8051 单片机兼容的一系列单片机。这种具有 8051 硬件内核且兼容 8051 指令的单片机称为 MCS-51 系列单片机，简称 51 单片机。新型 51 单片机可以运行 8051 单片机的程序，而 8051 单片机可能无法正常运行新型 51 单片机为新增功能编写的程序。

51 单片机是目前应用最为广泛的单片机。由于生产 51 单片机的公司很多，故其型号众多，但不同公司各型号的 51 单片机之间也有一定的对应关系。如表 19-1 所示是部分公司的 51 单片机常见型号及对应表，对应型号的单片机功能基本相似。

表 19-1 部分公司的 51 单片机常见型号及对应表

STC 公司的 51 单片机	Atmel 公司的 51 单片机	Philips 公司的 51 单片机	Winbond 公司的 51 单片机
STC89C516RD	AT89C51RD2/RD+/RD	P89C51RD2/RD+、89C61/60X2	W78E516
STC89LV516RD	AT89LV51RD2/RD+/RD	P89LV51RD2/RD+/RD	W78LE516

（续表）

STC公司的51单片机	Atmel公司的51单片机	Philips公司的51单片机	Winbond公司的51单片机
STC89LV58RD	AT89LV51RC2/RC+/RC	P89LV51RC2/RC+/RC	W78LE58, W77LE58
STC89C54RC2	AT89C55, AT89S8252	P89C54	W78E54
STC89LV54RC2	AT89LV55	P87C54	W78LE54
STC89C52RC2	AT89C52, AT89S52	P89C52, P87C52	W78E52
STC89LV52RC2	AT89LV52, AT89LS52	P87C52	W78LE52
STC89C51RC2	AT89C51, AT89S51	P87C51, P87C51	W78E51

19.1.4 单片机的应用领域

单片机的应用非常广泛，已深入到工业、农业、商业、教育、国防及日常生活等多个领域。下面简单介绍一下单片机在一些领域中的应用。

- 单片机在家电方面的应用：彩色电视机、影碟机内部的控制系统；数码相机、数码摄像机中的控制系统；中高档电冰箱、空调器、电风扇、洗衣机、加湿器和消毒柜中的控制系统；中高档微波炉、电磁炉和电饭煲中的控制系统等。
- 单片机在通信方面的应用：移动电话、传真机、调制解调器和程控交换机中的控制系统；智能电缆监控系统；智能线路运行控制系统；智能电缆故障检测仪的控制系统等。
- 单片机在商业方面的应用：自动售货机的控制系统、无人值守系统、防盗报警系统、灯光和音响设备的控制系统、IC卡系统等。
- 单片机在工业方面的应用：数控机床、数控加工中心、无人操作、机械手操作、工业过程控制、生产自动化、远程监控、设备管理、智能控制和智能仪表的控制系统等。
- 单片机在航空、航天和军事方面的应用：航天测控系统、航天制导系统、卫星遥控遥测系统、载人航天系统、导弹制导系统和电子对抗系统等。
- 单片机在汽车方面的应用：汽车娱乐系统、汽车防盗报警系统、汽车信息系统、汽车智能驾驶系统、汽车全球卫星定位导航系统、汽车智能化检测系统、汽车自动诊断系统和交通信息接收系统等。

19.2 实例：单片机应用系统的开发过程

19.2.1 明确控制要求并选择合适型号的单片机

1．明确控制要求

在开发单片机应用系统时，先要明确需要实现的控制功能，之后再围绕要实现的控制功能进行单片机硬件和软件开发。若要实现的控制功能不多，则可一条一条列出来；若要实现的控制功能比较多，则需要分析控制功能及控制过程，并明确表述出来（如控制的先后顺序、同时进行几项控制等），这样在进行单片机软件和硬件开发时才会目标明确。

本节以开发一个用按键控制一只发光二极管（LED）亮灭的项目为例介绍单片机应用系统

的软件和硬件开发过程。其控制要求是当按下按键时，LED 亮；当松开按键时，LED 灭。

2. 选择合适型号的单片机

在明确单片机应用系统要实现的控制功能后，再选择单片机的种类和型号。单片机的种类很多，不同种类、型号的单片机结构和功能有所不同，软件、硬件的开发也有区别。在选择单片机型号时，一般应注意以下几点：

- 选择自己熟悉的单片机。不同系列的单片机内部硬件结构和软件指令或多或少有些不同，而选择自己熟悉的单片机可以提高开发效率，缩短开发时间。
- 在功能够用的情况下考虑性价比。有些型号的单片机功能强大，但相应的价格也较高。在选择单片机型号时功能足够即可，不要盲目选用功能强大的单片机。

在目前市面上使用广泛的 51 单片机中，STC 公司的 51 系列单片机最为常用。其优点是编写的程序可以在线写入单片机，无须专门的编程器；可反复擦写单片机的内部程序；价格较低且容易买到。

19.2.2 设计单片机电路原理图

在明确控制要求并选择合适型号的单片机后，接下来就是设计单片机电路，即给单片机添加工作条件电路、输入电路、输出电路等。如图 19-5 所示是设计好的用一个按键控制一只发光二极管亮灭的单片机电路原理图。该电路采用了 STC 公司设计的具有 8051 内核的 STC89C51 型单片机。

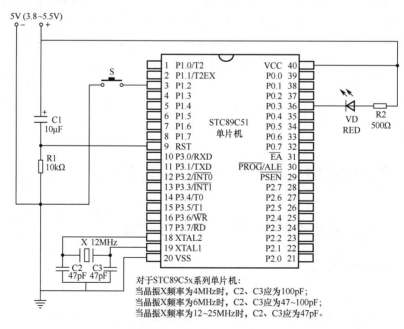

图 19-5 用一个按键控制一只发光二极管亮灭的单片机电路原理图

单片机是一种集成电路。普通的集成电路只提供电源即可使其内部电路开始工作，而要让单片机的内部电路正常工作，除需要提供电源外，还需要提供时钟信号和复位信号。

提供这三者的电路称为单片机的工作条件电路。

STC89C51 单片机的工作电源为 5V，电压允许范围为 3.8～5.5V。5V 电源的正极接到单片机的正电源脚（40 脚），负极接到单片机的负电源脚（20 脚）。由晶振 X、电容 C1、电容 C2 与单片机时钟脚（18 脚、19 脚）的内部电路组成时钟振荡电路，并将产生的 12MHz 时钟信号提供给单片机的内部电路，从而让内部电路有条不紊地按节拍工作。C1、R1 构成单片机复位电路。在接通电源的瞬间，C1 还未充电，C1 两端电压为 0V，R1 两端电压为 5V。5V 电压为高电平，它作为复位信号经复位脚（9 脚）送入单片机，对内部电路进行复位，使内部电路全部进入初始状态。随着电源对 C1 充电，C1 上的电压迅速上升，R1 两端电压则迅速下降。当 C1 上的电压达到 5V 时充电结束，R1 两端电压为 0V（低电平），单片机的 RST 脚变为低电平。这时结束对单片机内部电路的复位，内部电路开始工作。如果单片机的 RST 脚始终为高电平，则内部电路一直处于初始状态，无法工作。

在按键 S 闭合时，单片机的 P1.2 脚（3 脚）通过 S 接地（电源负极），P1.2 脚输入为低电平。在内部电路检测到该脚电平后再执行程序：让 P0.3 脚（36 脚）输出低电平（0V）；发光二极管 VD 导通，有电流流过 VD（电流通过路径：5V 电源正极→R2→VD→单片机的 P0.3 脚→内部电路→单片机的 VSS 脚→电源负极），VD 点亮。在按键 S 松开时，单片机的 P1.2 脚（3 脚）变为高电平（5V）。在内部电路检测到该脚电平后再执行程序：让 P0.3 脚（36 脚）输出高电平；发光二极管 VD 截止（即 VD 不导通），VD 熄灭。

19.2.3　制作单片机电路

按控制要求设计好单片机电路原理图后，还要依据电路原理图将实际的单片机电路制作出来。制作单片机电路有两种方法：一种是先用电路板设计软件（如 Protel 99 SE 软件）设计出与电路原理图相对应的 PCB 图，再交给厂家生产出相应的 PCB，并将单片机及有关元件焊接在电路板上；另一种是使用万能电路板，即先将单片机及有关元件焊接在电路板上，再按电路原理图的连接关系用导线或焊锡将单片机及元件连接起来。前一种方法适合大批量生产，后一种方法适合少量制作实验。这里使用万能电路板制作单片机电路。

如图 19-6 所示是一个按键控制一只发光二极管亮灭的单片机电路元件和万能电路板（又称洞洞板）。在安装单片机电路时，从正面将元件引脚插入电路板的圆孔，在背面将引脚焊接好。由于万能电路板各圆孔间是断开的，故还需要按电路原理图的连接关系，用焊

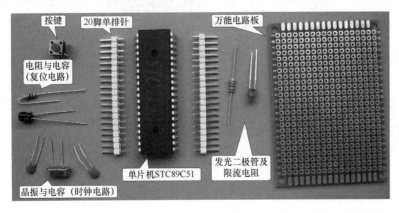

图 19-6　一个按键控制一只发光二极管亮灭的单片机电路元件和万能电路板

锡或导线将有关元件引脚连接起来。为了便于将单片机各引脚与其他电路连接起来，可在单片机两列引脚旁安装两排 20 脚的单排针。在安装时将单片机各引脚与各自对应的排针脚焊接在一起，暂时不用的单片机引脚可不焊接。制作完成的单片机电路如图 19-7 所示。

图 19-7 制作完成的单片机电路

19.2.4 用 Keil 软件编写单片机控制程序

单片机是一种由软件驱动的芯片。若要让它进行某些控制就必须为其编写相应的控制程序。 Keil μVision2 是一款常用的 51 单片机编程软件，在该软件中可以使用汇编语言或 C 语言编写单片机程序。下面对该软件编程进行简要介绍。

1．编写程序

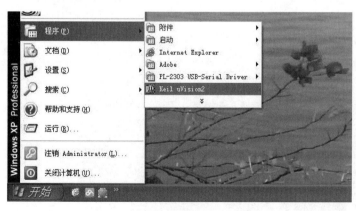

❶ 执行"开始→程序→Keil μVision2"，如图 19-8 所示，打开 Keil μVision2 软件，如图 19-9 所示。

图 19-8 执行"开始→程序→Keil μVision2"

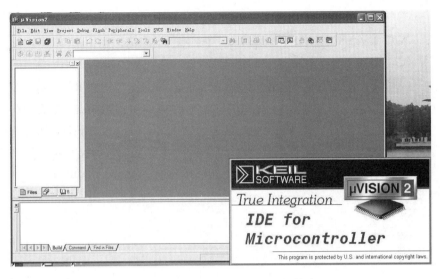

图 19-9　打开 Keil μVision2 软件

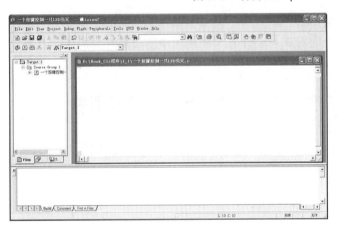

图 19-10　新建"一个按键控制一只 LED 亮灭.c"文件

❷ 在该软件中新建一个项目"一个按键控制一只 LED 亮灭.Uv2",再在该项目中新建一个"一个按键控制一只 LED 亮灭.c"文件,如图 19-10 所示。

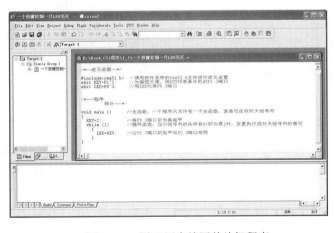

图 19-11　用 C 语言编写单片机程序

❸ 在该文件中用 C 语言编写单片机控制程序(采用英文半角输入),如图 19-11 所示。

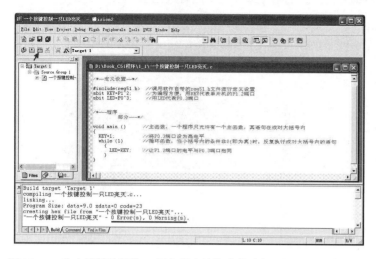

❹ 单击工具栏上的（编译）按钮，将当前 C 语言程序转换成单片机能识别的程序，在软件窗口下方出现编译信息，如图 19-12 所示。如果出现"0 Error(s),0 Warning(s)"，表示程序编译通过。

图 19-12　单击编译按钮将 C 语言程序转换成单片机可识别的程序

❺ C 语言程序文件（.c）在编译后会得到一个十六进制程序文件（.hex），如图 19-13 所示。利用专门的下载软件将该十六进制程序文件写入单片机即可让单片机工作并产生相应的控制功能。

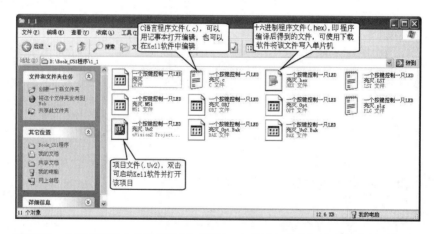

图 19-13　C 语言程序文件被编译后可得到一个能写入单片机的十六进制程序文件

2．程序说明

对"一个按键控制一只 LED 亮灭.c"文件的 C 语言程序说明如图 19-14 所示。在程序中，如果将"LED=KEY"改成"LED=!KEY"，即让 LED（P0.3 端口）的电平与 KEY（P1.2 端口）的反电平相同，则当按键按下时 P1.2 端口为低电平，P0.3 端口为高电平，LED 灯不亮。如果将程序中的"while(1)"改成"while(0)"，则 while 函数大括号内的语句"LED= KEY"不会执行，即未将 LED（P0.3 端口）的电平与 KEY（P1.2 端口）对应起来，操作按键无法控制 LED 灯的亮灭。

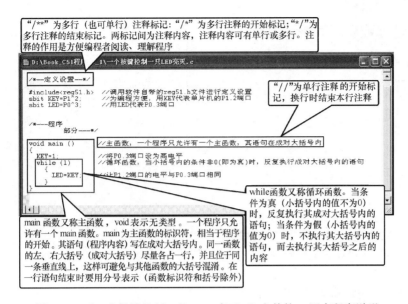

图 19-14 "一个按键控制一只 LED 亮灭.c"文件的 C 语言程序说明

19.2.5 计算机、下载器和单片机的连接

1. 计算机与下载器的连接、驱动

计算机需要通过下载器（又称烧录器）才能将程序写入单片机。如图 19-15 所示是一种常用的 USB 转 TTL 的下载器及连接线，使用它可以将程序写入 STC 单片机。

❶ 在将下载器连接到计算机前，需要先在计算机中安装下载器的驱动程序，再将下载器插入计算机的 USB 接口，计算机才能识别并与下载器建立联系。下载器驱动程序的安装如图 19-16 所示。由于笔者的计算机操作系统为 Windows XP，故选择与 Windows XP 对应的驱动程序文件。双击该文件即可开始安装。

图 19-15 USB 转 TTL 的下载器及连接线

图 19-16 下载器驱动程序的安装

363

❷ 在驱动程序安装完成后，将下载器的 USB 插口插入计算机的 USB 接口，计算机即可识别出下载器。在计算机的"设备管理器"中查看下载器与计算机的连接情况：在计算机屏幕桌面上右击"我的电脑"图标，在弹出的快捷菜单中选择"设备管理器"，弹出"设备管理器"窗口，如图 19-17 所示。展开其中的"端口（COM 和 LPT）"项，可以看出下载器的连接端口为 COM3，下载器实际连接的是计算机的 USB 端口。COM3 端口是一个模拟端口，应记住该端口序号，以便在下载程序时选用。

图 19-17 "设备管理器"窗口

2. 下载器与单片机的连接

USB 转 TTL 的下载器一般有 5 个引脚，分别是 3.3V 电源脚、5V 电源脚、TXD（发送数据）脚、RXD（接收数据）脚和 GND（接地）脚。下载器与 STC89C51 单片机的连接如图 19-18 所示。

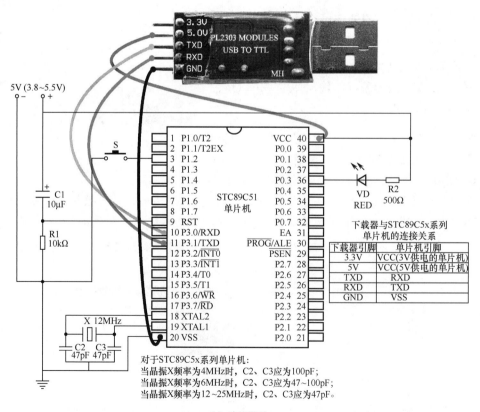

(a) 连接说明

图 19-18 下载器与 STC89C51 单片机的连接

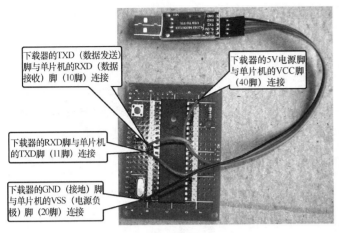

从图中可以看出，除两者的电源正、负脚要连接起来外，下载器的 TXD（数据发送）脚与 STC89C51 单片机的 RXD（数据接收）脚（10 脚，与 P3.0 为同一个引脚）、下载器的 RXD 脚与 STC89C51 单片机的 TXD 脚（11 脚，与 P3.1 为同一个引脚）也要连接起来。在下载器与其他型号的 51 单片机连接时，其连接方法与此基本相同，只是对应的单片机引脚序号可能不同。

(b) 实际连接

图 19-18　下载器与 STC89C51 单片机的连接（续）

 19.2.6　用烧录软件将程序写入单片机

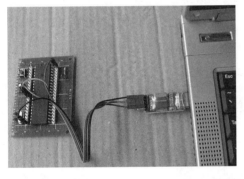

❶ 若要将编写并编译好的计算机程序下载到单片机中，则必须先将下载器与计算机、单片机电路连接起来，如图 19-19 所示，然后在计算机中打开 STC-ISP 烧录软件，用该软件将程序写入单片机。

图 19-19　计算机、下载器与单片机电路的连接

❷ STC-ISP 烧录软件只能烧写 STC 系列单片机，它分为安装版本和非安装版本，其中非安装版本使用更为方便。如图 19-20 所示是非安装版本的 STC-ISP 烧录软件。

图 19-20　打开非安装版本的 STC-ISP 烧录软件

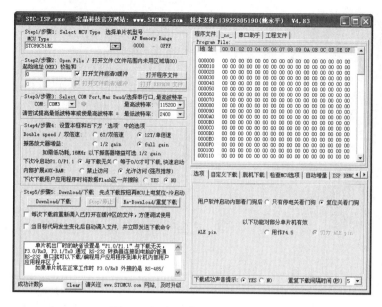

❸ 双击 STC_ISP_V483.exe 文件，打开 STC-ISP 烧录软件，如图 19-21 所示。

图 19-21　打开的 STC-ISP 烧录软件

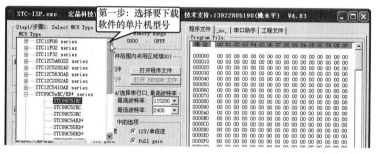

❹ 用 STC-ISP 烧录软件将程序写入单片机的操作如图 19-22 所示。

(a) 选择单片机型号

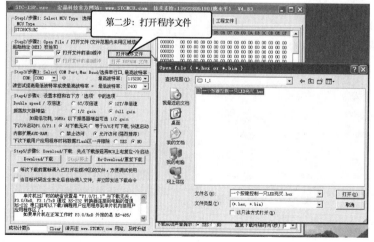

需要注意的是，单击软件中的"Download/下载"按钮后，计算机会反复向单片机发送数据，但单片机不会接收该数据。这时需要切断单片机的电源，几秒后再接通电源，待单片机重新上电后才能检测到计算机发送过来的数据，并将该数据接收下来，存到内部的程序存储器中，从而完成程序的写入。

(b) 打开要写入单片机的程序文件

图 19-22　用 STC-ISP 烧录软件将程序写入单片机的操作

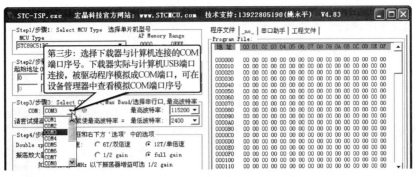

(c) 选择计算机与下载器连接的 COM 端口序号

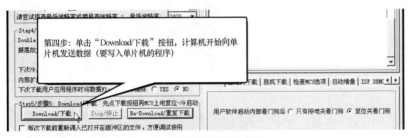

(d) 开始往单片机写入程序

(e) 程序写入完成

图 19-22 用 STC-ISP 烧录软件将程序写入单片机的操作（续）

 19.2.7 单片机电路的供电与测试

在程序写入单片机后，需要再给单片机电路通电，并测试其能否实现控制要求。如若不能，则需要检查是单片机硬件电路有问题还是程序有问题，并解决这些问题。

1. 用下载器为单片机供电

在给单片机供电时，如果单片机电路简单、消耗电流少，可让下载器（需要与计算机的 USB 接口连接）为单片机提供 5V 或 3.3V 电源，如图 19-23 所示。该电压实际来自计算机的 USB 接口。在单片机通电后再次进行测试。

图 19-23 用下载器为单片机供电

2. 用 USB 电源适配器为单片机供电

如果单片机电路消耗电流大，则需要使用专门的 5V 电源为其供电。操作步骤如下。

❶ 如图 19-24 所示是一种在手机充电时常见的 5V 电源适配器及数据线。该数据线的一端为标准 USB 接口，另一端为 Micro USB 接口。在 Micro USB 接口附近将数据线剪断，可看见有 4 根不同颜色的线，分别是"红—电源线（VCC，5V+）""黑—地线（GND，5V-）""绿—数据正(DATA+)""白—数据负（DATA-）"。将绿线、白线剪短不用，红线、黑线剥掉绝缘层露出铜芯线，再将红线、黑线分别接到单片机电路的电源正端、负端，如图 19-25 所示。

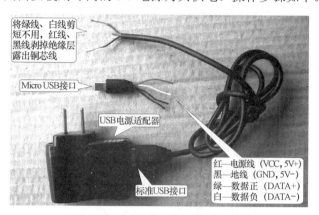

图 19-24 5V 电源适配器及数据线

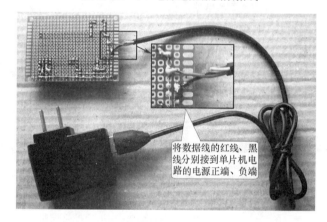

图 19-25 将红线、黑线接到单片机电路的电源正端、负端

❷ USB 电源适配器可以将 220V 交流电压转换成 5V 直流电压。如果单片机的供电不是 5V 而是 3.3V，则可在 5V 电源线上串接 3 只整流二极管。由于每只整流二极管电压可降为 0.5~0.6V，故可得到 3.2~3.5V 的电压，如图 19-26 所示。

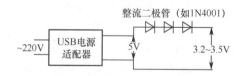

图 19-26 利用 3 只整流二极管可将 5V 电压降成 3.3V 左右的电压

❸ 用 USB 电源适配器给单片机电路供电并进行测试，如图 19-27 所示。

图 19-27 用 USB 电源适配器给单片机电路供电并进行测试